BIBLIOTHÈQUE SCIENTIFIQUE

Inventions mathématiques

Jouer avec l'arithmétique et la géométrie

Jean-Paul Delahaye

Belin : POUR LA SCIENCE

8 rue Férou - 75278 Paris Cedex 06
www.editions-belin.com – www.pourlascience.fr

Aux éditions Belin-Pour la Science

- Thérèse Encrenaz et James Lequeux, *L'exploration des planètes. De Galilée à nos jours... Et au-delà*, 2014.
- Danielle Briot et Noël Robichon, *Ce que disent les étoiles*, 2013.
- Georg Glaeser et Konrad Polthier, *Surprenantes images des mathématiques*, 2013
- Jean-Michel Courty et Édouard Kierlik, La physique surprise, 2013.
- Patrick Verstichel, *Les sens trompés. Des anomalies du cerveau aux comportements étranges*, 2013.
- Jean-Paul Delahaye, *Merveilleux nombres premiers*, réédition augmentée et corrigée, 2013.
- Jean-Paul Delahaye, *La logique, un aiguillon pour la pensée*, 2012.
- Claude Allègre et René Dars, *La géologie. Passé, présent et avenir de la Terre*, 2e édition corrigée, 2012.
- Bernard Valeur, *La couleur dans tous ses éclats*, 2011.
- Étienne Guyon, Jean-Pierre Hulin & Luc Petit, *Ce que disent les fluides*, 2e édition augmentée, 2011.
- *Les mathématiciens. De l'Antiquité au XXIe siècle*, ouvrage collectif, nouvelle édition augmentée, 2010.
- Pierre Causeret, Jean-Luc Fouquet et Liliane Sarrazin-Vilas, *La Lune à portée de main*, 2010.
- Sebastien Dieguez, *Maux d'artistes*, 2009.
- Jean-Michel Courty et Édouard Kierlik, *La physique buissonnière*, 2010.
- Étienne Guyon (sous la dir. de), *Matière et matériaux. De quoi est fait le monde ?*, 2010.
- Jean-Paul Delahaye, *Mathématiques pour le plaisir*, 2010.
- Lucas Salomon, *Cerveau, drogues et dépendances*, 2010.
- Robert Pascal, Hervé Martin, Muriel Gargaud, Purificación López-García et Thierry Montmerle, *Le Soleil, la Terre... la vie*, 2009.
- Yaël Nazé, *L'astronomie des Anciens*, 2009.
- Nicolas Gauvrit, *Vous avez dit hasard ? Entre mathématiques et psychologie*, 2009.
- Sébastien Steyer et Alain Bénéteau, *La Terre avant les dinosaures*, 2009.
- Hans-Peter Nollert et Hanns Ruder, *Carnets de voyages relativistes*, 2008.
- Audouin Dollfus, *Les autres mondes*, 2008.
- Patrick Cordier et Hugues Leroux, *Ce que disent les minéraux*, 2008.
- Bernard Valeur, *Sons et lumière*, 2008.
- Yves Corboz, *Météorologie*, 2008.
- Alessandra Benuzzi-Mounais, *La fusion nucléaire*, 2008.
- Alain Doressoundiram et Emmanuel Lellouch, *Aux confins du système solaire*, 2008.
- Rémi Cadet, *L'invention de la physiologie*, 2008.
- Gilbert Pietryk (sous la dir. de), *Panorama de la physique*, 2007.
- Bernard Francou et Christian Vincent, *Les glaciers à l'épreuve du climat*, 2007.
- Cédric Ray et Jean-Claude Poizat, *La physique par les objets quotidiens*, 2007.
- Hervé This, *De la science aux fourneaux*, 2007.
- Adolphe Nicolas, *Futur empoisonné – Quels défis ? Quels remèdes ?*, 2007.
- Jean-Paul Delahaye, *Complexités*, 2006.
- Denis Savoie, *Cosmographie – Comprendre les mouvements du Soleil, de la Lune et des planètes*, 2006.
- Louis Boyer, *Feu et flammes*, 2006.
- Marcel Bournérias & Christian Bock, *Le génie des végétaux*, 2006.
- François Forget, François Costard & Philippe Lognonné, *La planète Mars*, 2e édition, 2006.
- Alain Nicolas, *Parcelles d'infini – Promenades au jardin d'Escher*, 2005.
- Bernard Valeur, *Lumière et luminescence*, 2005.
- Pierre Chauve, *Des grottes et des sources*, 2005.
- Yaël Nazé, *Les couleurs de l'Univers*, 2005.
- Thérèse Encrenaz et Fabienne Casoli, *Planètes extrasolaires*, 2005.
- François Michel, *Roches et paysages*, 2005.

Illustration couverture : Francesco De Comité

ISSN 0224-5159 ISBN 978-2-8424-5128-8

Remerciements à Philippe Boulanger
et à toute l'équipe de *Pour la Science* sans laquelle
rien de tout cela n'existerait.

S O M M A I R E

PRÉFACE

Ceux qui disent ne pas aimer les mathématiques bien souvent se trompent, et cela vient de leur idée trop étroite de ce que recouvre le mot « mathématiques ».

Le mot désigne tout ce qui, par le raisonnement ou le calcul, permet de résoudre un problème ou simplement d'y réfléchir en ne s'occupant que de sa structure abstraite. C'est le domaine par excellence de l'invention en toute liberté. Quand vous jouez aux dames ou aux échecs, vous faites des mathématiques, car la forme précise des pions ou le bois du plateau où sont posées les pièces n'ont pas d'importance. Seule compte la configuration générale géométrique du jeu, qui est codée par quelques symboles quand, dans les journaux spécialisés, des parties sont décrites. Si cette configuration du jeu revient dans une partie future et si vous avez découvert comment vous assurer la victoire, vous serez à nouveau certain de gagner.

La physique, elle aussi, se transforme parfois en un tel jeu formel. Il en va de même pour l'informatique, mais aussi pour le droit où de grands principes jouent le rôle d'axiomes comme il y en a en géométrie. Les relations entre humains comportent souvent aussi une composante stratégique qui les transforme en un jeu mathématique.

Bien sûr, ce ne sont pas ces mathématiques partout présentes et infiniment inventives qu'on apprend à l'école... et c'est bien dommage, car alors moins de gens se vanteraient de ne pas les aimer et de n'y comprendre rien. L'honnête homme, en acceptant de s'y consacrer un peu, serait mieux armé pour affronter les modèles économiques, les données statistiques, les sciences du vivant, etc., car partout les mathématiques y sont nécessaires pour agir au mieux et réussir. Elles stimulent l'imagination et la création et sont le moteur parfait de la découverte.

Les figures impossibles finies ou infinies abordées dans les deux premiers chapitres sont l'exemple même d'un thème mathématique où n'interviennent aucune formule compliquée ni aucun raisonnement délicat. Il s'agit bien de formes abstraites et de géométrie – dans un encadré, vous y rencontrerez même un théorème – mais tout le monde sans exception comprendra de quoi il s'agit et s'amusera de ces déconcertantes images, où ce qui semble possible au premier abord apparaît impossible en y regardant de près et, dans un troisième temps, se révèle finalement possible pour celui qui fait l'effort d'oublier les « réflexes de l'œil ».

Le *Tangram,* dont on a dit qu'il venait de Chine et qui plaît aux enfants dès l'âge de quatre ans, le cube de Rubik qui engendre la passion et donne naissance à d'incroyables exploits mentaux, l'empilement des sucres, le découpage des pizzas, la cryptographie visuelle, les nombres premiers insolites, la suite du lézard, voilà quelques thèmes de ces aventures dans lesquelles vous vous trouverez projeté chapitre après chapitre. Ils proviennent de la rubrique mensuelle *Logique et calcul* de la revue *Pour la Science* et sont donc indépendants les uns des autres : lisez-les dans l'ordre qui vous plaît. Ils vous feront saisir ce qu'est le monde mathématique considéré au sens large, comme il devrait toujours l'être. Vous y verrez comment il devient source d'agréments, donne du plaisir à l'intelligence et encourage l'invention.

Le monde mathématique par nature est éternel et atemporel : ce que nous en disons aujourd'hui, si nous ne nous trompons pas, pourra être répété dans un siècle ou dans mille ans. En revanche, ce que nous en savons évolue et, même sur des sujets récréatifs, des découvertes se produisent régulièrement. Il y a une actualité étonnamment vivante des mathématiques, car, sans répit, de nouvelles idées naissent et s'élaborent. Ce n'est que très récemment, par exemple, qu'on sait que 20 mouvements bien choisis permettent de remettre en ordre un cube de Rubik même bien mélangé, et qu'on connaît les surplombs maximaux qu'on peut obtenir avec des sucres.

Vivantes et récréatives, destinées à tous et provoquant mille émerveillements, telles sont les mathématiques pour ceux qui acceptent d'ouvrir les yeux et l'esprit.

Jean-Paul Delahaye

Shutterstock/Skripnichenko Tatiana

PARTIE 1

Arts géométriques sur un plan

L'esprit s'amuse des paradoxes, et ceux de la géométrie sont les figures impossibles. Aujourd'hui on a créé des milliers de ces images en deux dimensions qui défient notre œil et notre esprit. Le triangle, le disque d'une pizza ou les sept pièces du *Tangram* conduisent aussi à des découvertes dont la variété et la subtilité semblent inépuisables.

Impossible ! En êtes-vous certain ?

Les fausses perspectives ont inspiré les créateurs des énigmatiques « figures impossibles ». Notre système visuel nous fait croire qu'elles sont absurdes alors qu'elles sont réalisables et suscitent un double plaisir, l'étonnement suivi de la compréhension.

Le bouton à quatre trous, procédé d'attache vestimentaire proposé en 1872 par Alexandre Massé, né en 1829 à Quimper, est un objet d'une extrême simplicité qui possède l'avantage sur son ancêtre, le bouton à deux trous, de ne pas glisser car il ne pivote pas. Après avoir rendu riche son génial inventeur, il est aujourd'hui présent sur plus d'un vêtement sur deux et il existe en plusieurs centaines de milliards d'exemplaires (vous en avez certainement quelques-uns sur vous). Il aurait pu être inventé un millénaire plus tôt et même dans l'Antiquité : il est amusant de penser que le grand Aristote ignorait l'existence de ce bouton qui lui aurait pourtant amélioré la vie.

La bicyclette, l'énoncé du théorème des quatre couleurs, l'impossibilité d'une bijection entre les entiers et les points d'une droite, le jeu de la vie de Conway, les *Post-it* et les figures impossibles sont d'autres découvertes récentes d'une grande simplicité dont on s'explique

a

Bayerische Staatsbibliothek de Munich

b

1 Précurseurs des figures impossibles. Dans le livre des *Péricopes* d'Henri II, datant d'avant 1025, figure un portrait de la Vierge *(a)* où la position des colonnes du décor est paradoxale. On peut penser que l'erreur n'est pas voulue, mais un défaut dans la compréhension de la perspective. La peinture de Bruegel de 1568, *La pie sur le gibet (b)*, comporte en son centre une potence dont la forme géométrique est bizarre : l'artiste a-t-il intentionnellement placé cet étrange objet dans son œuvre ou s'agit-il d'une maladresse dans le rendu en mal qu'elles aient tant tardé à surgir dans l'esprit humain. Elles nous conduisent à nous demander si aujourd'hui nous ne passons pas à côté d'autres idées qu'un aveuglement – qui semblera incompréhensible à nos descendants – nous empêche de formuler.

Reutersvärd et personne d'autre !

Le cas des figures impossibles et leur inépuisable variété nous conduira du monde de la psychologie à celui de l'informatique graphique en passant bien sûr par celui de l'art fantastique et des mathématiques. Des résultats récents montrent à la fois les progrès réalisés dans la compréhension des figures impossibles et les insuffisances de notre réflexion.

En cherchant bien, nous retrouvons des traces – plutôt confuses – d'objets impossibles dans des peintures ou des gravures anciennes *(voir la figure 1)*. Il n'est pas bien certain cependant que leurs auteurs aient opéré volontairement ces tracés, et on se demande s'il ne s'agit pas simplement d'ignorance, de négligence ou d'erreurs dans l'application des lois de la perspective. Dans le cas de la gravure de William Hogarth ou du lit impossible de Marcel Duchamp, le dessin est délibéré, mais on est loin d'une idée simple et aucune de ces prétendues figures impossibles anciennes n'est dégagée du monde concret qui semble, à tort, indispensable à leur pouvoir de tromperie.

L'inventeur des figures impossibles ne fait aucun doute : c'est le Suédois Oscar Reutersvärd (1915-2002). En 1934, durant un cours de latin, le jeune Oscar s'ennuie et se met à dessiner, sans bien comprendre ce qu'il fait, une série de

A

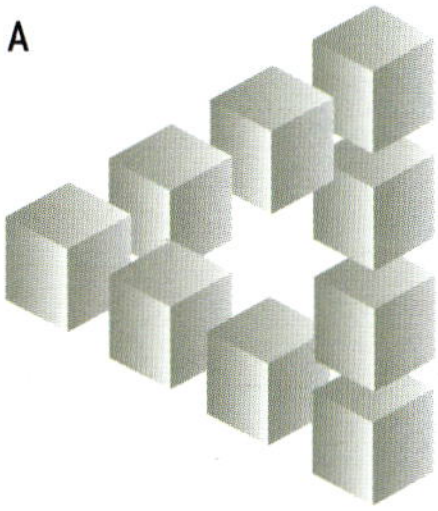

B

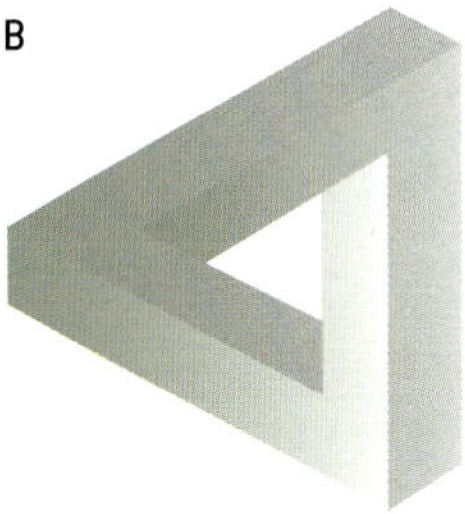

c

d

perspective de la potence ? La gravure de William Hogarth *(c)* de 1754 est un jeu sur la perspective comportant des fautes volontaires. Le personnage qui allume sa pipe est situé sur une colline loin derrière la maison où quelqu'un lui tend du feu. Similairement, dans le troupeau, la taille des animaux les plus éloignés est la plus grande ! De même pour les arbres. Marcel Duchamp, en 1917 *(d)*, reprend une affiche publicitaire et en fait un tableau comportant un lit paradoxal.

neuf cubes *(A)* dont la disposition est paradoxale. En les reliant, on obtient le fameux « triangle impossible » *(B)*. L'invention des figures impossibles est faite ; conscient de ce qu'il dessine, Oscar Reutersvärd continuera de mener ses recherches sur les paradoxes de la perspective durant le reste de sa vie.

Ce triangle réinventé deux décennies plus tard par le mathématicien Roger Penrose et son père Lionel Penrose fut présenté en 1958 dans un article scientifique du *British Journal of Psychology*. Il est aujourd'hui injustement appelé tripoutre de Penrose ou tribarre de Penrose. D'innombrables déclinaisons en ont été proposées.

Oscar Reutersvärd, qui inventa et dessina des centaines de figures impossibles, a été honoré par son pays, la Suède, qui édita en 1982 une série de timbres-poste reproduisant certaines de ses œuvres *(voir la vignette ci-contre)*. Par ses magnifiques gravures, Maurits Cornelis Escher conféra une immense notoriété à ces objets géométriques troublants et, le premier, les mit au centre de créations graphiques complexes rayonnant d'une beauté magique.

Aujourd'hui, d'autres artistes poursuivent ce jeu des figures impossibles et des perspectives faussées. Ils créent des œuvres provocantes dont le pouvoir hypnotique

2. Comment les rendre possibles?

« Peut-on rendre possibles des figures paradoxales ? » Une réponse simple consiste à créer des structures en fil de fer : un fil pour chaque segment ! Des méthodes plus intéressantes existent et le théorème suivant montre qu'à de nombreux dessins au trait (même des figures impossibles) on peut associer des objets polyédriques qui en donnent l'image.

Théorème. *Pour toute figure F composée de segments de droites et décomposable en une réunion de polygones, il existe une série de polyèdres* $P_1, \ldots, P_n$ *et une direction D, tels que la projection des polyèdres* $P_1, \ldots, P_n$ *parallèlement à la direction D sur un plan orthogonal à D donne la figure F.*

Autrement dit, un œil placé à l'infini dans la direction *D* voit la figure *F* en regardant $P_1, \ldots, P_n$. Ce théorème s'applique au triangle de Penrose et à la plupart des objets considérés. Il peut être généralisé pour englober des dessins contenant des courbes ou pour prendre en compte d'autres types de perspectives.

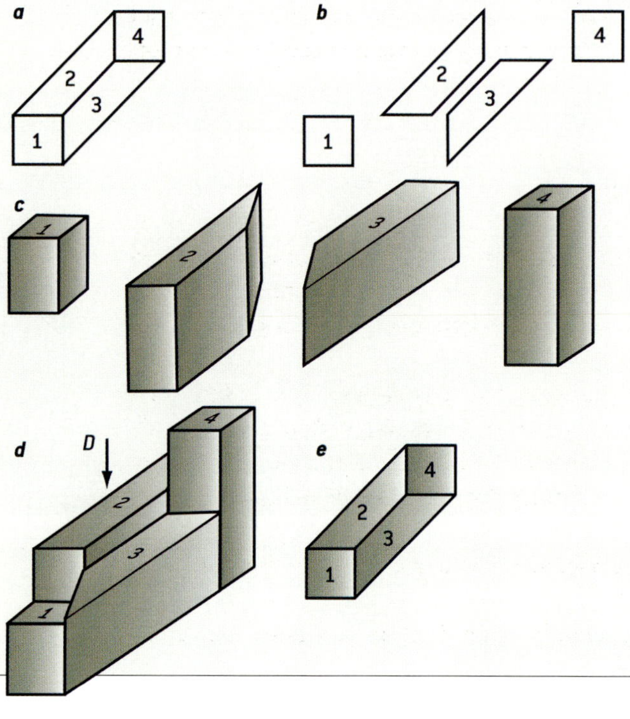

La démonstration de ce théorème est facile. Les hypothèses sur la figure *F (a)* permettent de la décomposer en un pavage *(b)* de polygones $A_1, \ldots, A_n$ ne se coupant pas (certains segments peuvent être utilisés deux fois pour cette décomposition). On crée pour chaque polygone A_i de la décomposition *(c)* un polyèdre P_i ayant deux faces de forme A_i perpendiculaires à *D* et jointes entre elles, sommet par sommet (P_i est un cylindre de base A_i). Vu de loin *(d)* dans la direction *D*, le polyèdre P_i donne l'image A_i. En prenant des hauteurs différentes pour les polyèdres associés aux A_i (de façon à ce qu'aucun côté ne disparaisse quand on fusionne les polyèdres) on obtient l'ensemble recherché de polyèdres *(e)*. Remarquons que le théorème ne s'applique pas aux figures impossibles *3g* et *3j* dont le dessin au trait ne se décompose pas en une série de polygones.

3. Petite collection de figures impossibles

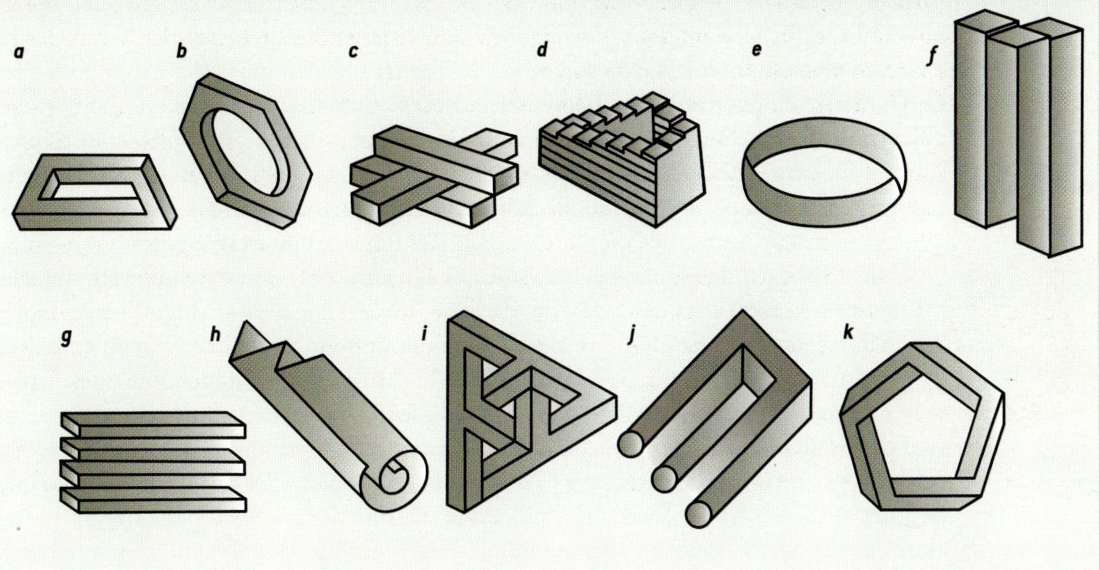

amuse et émerveille ; parmi les plus habiles de ces artistes, citons Sandro Del Prete, pour nous le premier, R. Gonsalves, Jos De Mey, S. Burato, G. Moretti, B. Ernst, S. Fukuda, M. Hamaekers, R. Shepard, I. Orosz.

Outre l'incroyable variété des objets impossibles inventés depuis 1934 par les amateurs de paradoxes graphiques, de nombreuses questions à leur sujet ont été examinées dans les centaines d'articles qui leur ont été consacrés. Ces petits dessins prétendument absurdes posent de nombreuses énigmes et les recherches récentes à leur sujet améliorent notre compréhension de la perception humaine de l'espace, laquelle reste pourtant toujours un défi.

Définition d'une figure impossible

Au premier coup d'œil, une figure impossible semble représenter un objet tridimensionnel habituel, mais son examen détaillé révèle une impossibilité : aucune interprétation cohérente du dessin entier ne semble concevable. La figure impossible tend un piège à notre système visuel.

Le fonctionnement général du piège est le suivant : chaque partie de la figure est interprétée immédiatement par notre cerveau comme la représentation d'un objet de l'espace, et c'est seulement en passant d'une partie à l'autre et en tentant de concilier l'interprétation des différents morceaux, que le caractère paradoxal de la figure se manifeste. Selon les figures, il s'agit :

– de deux plans qui ne devraient pas se rejoindre, parce que l'un est plus éloigné que l'autre, et qui pourtant le font ;

– d'une face de l'objet représenté qui, selon la façon dont on la regarde, est vue de dessus ou de dessous ;

– d'une zone dans le dessin qui semble pleine ou vide selon qu'on la regarde avec une partie du dessin ou avec une autre ;

– d'un angle joignant deux plans, qui est « en creux » ou « en bosse » ; etc.

Aussi étonnant que cela paraisse, toutes les figures dites « impossibles » sont possibles. On le prouve en énonçant des théorèmes généraux *(voir la figure 2)* ou en réalisant des objets dans l'espace qui, lorsqu'on les photographie, produisent sur la photo les figures voulues. Une série d'exemples est présentée à la figure 3. La contradiction que l'observateur croit percevoir au sein même de ces figures provient des hypothèses simplificatrices que fait notre esprit et qui le conduisent dans des impasses interprétatives.

Dans la plupart des situations courantes, ces hypothèses – par exemple « les surfaces délimitant les objets sont des bouts de plan » ou « ce qui apparaît rectiligne sur le dessin est effectivement une droite de l'espace » – lui permettent de déchiffrer rapidement et correctement les images du monde réel. Dans le cas des figures impossibles, ces hypothèses conduisent à imaginer des agencements relatifs de surfaces et de volumes qui ne sont pas compatibles d'une partie du dessin à une autre. Le système visuel piégé ne trouve pas le moyen de revenir en arrière sur les interprétations partielles qu'il produit, alors que de telles remises en cause le conduiraient à une solution de l'apparent paradoxe. Il tourne alors en rond dans la recherche vaine d'une interprétation globale qui existe pourtant, mais qu'il ne découvre jamais.

Matérialiser l'impossible

De nombreux exemples de photos de figures paradoxales ont été proposés depuis longtemps. Ces matérialisations de l'impossible furent d'abord élémentaires, puis plus complexes comme celle de Shigeo Fukuda qui proposa dès 1982 une version en bois et plastique de la gravure *Le Belvédère* d'Escher.

Fukuda réalisa aussi en 1985 une version de la *Chute d'eau* de Escher dont Andrew Lipson, un passionné du Lego, a depuis proposé une version en Lego (http://www.andrewlipson.com/lego.htm), alors qu'un génial bricoleur, James Dyson, trouva une méthode pour réaliser une fontaine analogue avec de l'eau véritable semblant s'écouler indéfiniment (http://news.bbc.co.uk/1/hi/uk/3046791.stm).

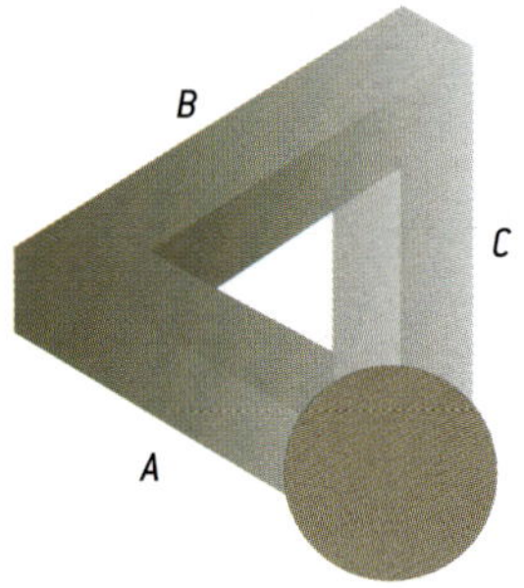

L'exemple de la tripoutre impossible va illustrer le mécanisme de l'apparente contradiction et sa résolution par la fabrication d'objets qui, sous le bon angle, se présentent comme des figures impossibles. Considérons deux coins du triangle impossible et masquons le troisième, comme ci-contre.

L'interprétation qui s'impose pour cette figure est celle de trois bâtons à section carrée *A*, *B* et *C*, collés orthogonalement deux à deux et formant une sorte de zigzag dans l'espace. Bien sûr, les extrémités des bâtons *A* et *C*, selon cette interprétation, ne se rejoignent pas, et donc, en découvrant la jonction entre *A* et *C* surgit un dessin complet que le système visuel juge alors impossible. Deux des coins du triangle sont toujours compatibles, mais pas trois – semble-t-il.

Pourtant, trois méthodes au moins permettent de construire un objet de l'espace qui produit l'image de la tripoutre.

(a) La première méthode consiste à ne pas respecter l'hypothèse implicite de notre système visuel selon laquelle « les surfaces délimitant les objets sont des bouts de plan ».

Les photographies suivantes, de Gershon Elber (http://www.cs.technion.ac.il/~gershon/EscherForReal/), montrent un objet géométrique réel qui, photographié sous le bon angle (A_1), correspond exactement à la tripoutre paradoxale. Bien sûr, vue sous un autre angle (B_1) on comprend l'arnaque : les faces de l'objet réel sont en en réalité des surfaces complexes et non pas des morceaux de plan.

(b) La seconde méthode consiste à ne pas respecter l'hypothèse implicite que « ce qui apparaît rectiligne sur le dessin est effectivement une droite de l'espace » (A_2, B_2).

(c) Parmi les méthodes utilisées pour rendre possibles les figures paradoxales, l'une des plus efficaces consiste à faire coïncider deux segments distincts de l'objet réel. Notre système visuel, qui fait l'hypothèse qu'à chaque segment qu'il voit correspond un seul segment S de l'objet tridimensionnel, considère alors comme jointives des parties de l'objet qui ne le sont pas en réalité (A_3, B_3).

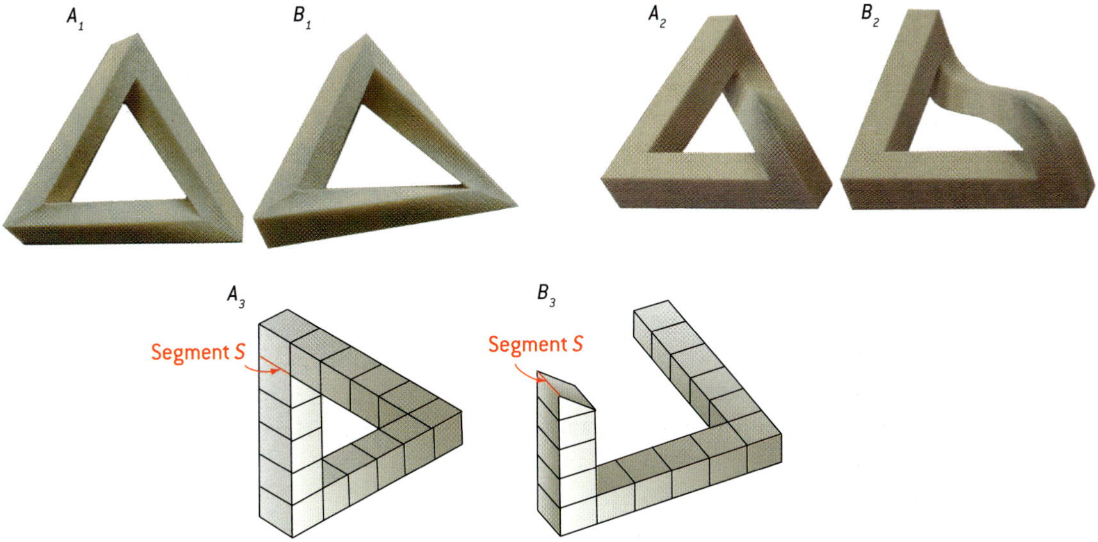

L'identification des hypothèses implicites que fait notre système visuel est essentielle pour la mise au point de systèmes de vision artificielle. L'algorithme de Waltz inventé en 1972, publié en 1975 et présenté aujourd'hui dans tous les cours d'intelligence artificielle, a pour but de donner une interprétation tridimensionnelle à des dessins au trait composés uniquement de segments rectilignes.

Cet algorithme fonctionne convenablement sous la réserve que l'objet représenté ne coupe pas le cadre du dessin, que jamais plus de trois traits ne se rejoignent en un même point, que les objets représentés soient des polyèdres (donc des objets à faces planes et à arêtes rectilignes).

Si on lui soumet un objet impossible, deux cas se présentent :

– l'algorithme de Waltz n'en trouve aucune interprétation tridimensionnelle, ce qui signifie en quelque sorte qu'il a repéré qu'il s'agit d'une figure impossible (sous les hypothèses qui sont les siennes) ;

– ou alors, comme un être humain, il se fait piéger, et propose une sorte d'interprétation, dont l'observation attentive montre qu'elle n'est pas globalement cohérente.

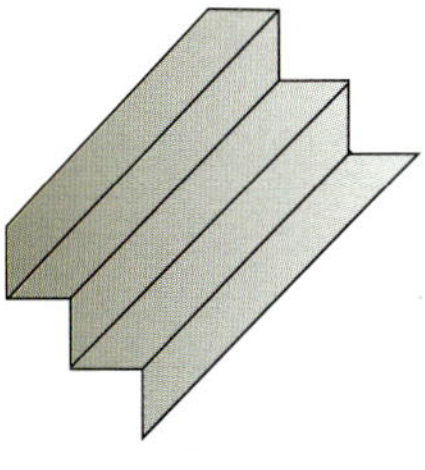

L'algorithme de Waltz détecte par exemple l'impossibilité de l'escalier ci-contre, mais pas celle de la tripoutre.

Depuis 1972, une multitude de perfectionnements – et de complications ! – ont été proposés à cet algorithme pour améliorer ses capacités à interpréter les dessins au trait et affaiblir les hypothèses concernant les dessins qu'on lui soumet. Aujourd'hui cependant aucun programme informatique n'obtient de résultats totalement satisfaisants. Dans un article de synthèse sur le sujet faisant le bilan de 30 ans de recherche, P. Varley, R. Martin et H. Suzuki, trois spécialistes de la vision par ordinateur, formulaient la conclusion suivante :

« À la question : "Les ordinateurs peuvent-ils comprendre les dessins au trait ?", la réponse est donc : "Oui, jusqu'à un certain point, mais ils sont très loin d'avoir une compétence équivalente à celle de l'esprit humain". Les améliorations progressives des méthodes utilisées permettent aux programmes d'interpréter convenablement un nombre de situations de plus en plus grand, cependant bien des aspects de la capacité humaine à analyser les figures au trait n'ont pas encore été intégrées dans les programmes, tout simplement parce qu'ils n'ont pas encore été compris et identifiés. »

Notons que certaines formes d'agnosie visuelle ont pour conséquence l'incapacité des patients qui en sont atteints à reconnaître les figures impossibles, lesquelles ne leur apparaissent pas paradoxales (non pas parce qu'ils en trouvent une interprétation complexe, mais parce que leur système visuel a perdu la capacité à percevoir l'incompatibilité des interprétations partielles). En quelque sorte, nos ordinateurs en sont arrivés au niveau de ces agnosiques, mais n'ont pas atteint le niveau humain complet.

Certaines approches mathématiques ont tenté de caractériser les figures paradoxales : Roger Penrose propose d'utiliser les concepts de la cohomologie et Corine Cerf ceux de la théorie des tresses. Il semble cependant que ces méthodes sont plutôt moins puissantes que celles de l'algorithme de Waltz et de ses variantes, fondées sur l'énumération des divers types des jonctions possibles entre deux ou trois segments et leurs successions quand on suit les segments d'un dessin.

Concevoir les pièges tridimensionnels

Les difficultés rencontrées en tentant de mettre au point des algorithmes qui égalent les capacités humaines d'analyse tridimensionnelle proviennent du subtil jeu d'hypothèses que notre cerveau adopte (parce qu'elles conduisent le plus souvent au bon résultat) et qu'il désactive lorsque cela devient nécessaire. Face à ce que nous appelons une figure impossible – et qui ne l'est jamais totalement, comme nous l'avons dit – l'ordinateur est mis en difficulté car il ne dispose pas d'un tel jeu d'hypothèses (encore mal identifié) ! Face à une image banale, l'ordinateur est aussi gêné, car plusieurs interprétations cohérentes en sont possibles. Ne retenir que la plus probable – ce que fait notre système visuel – est une tâche d'une extrême délicatesse.

L'ordinateur avec sa logique implacable est cependant d'une grande utilité pour concevoir les objets tridimensionnels qui, vus sous un certain angle, produisent une image bidimensionnelle donnée – appartenant éventuellement à la catégorie des figures impossibles.

Une théorie générale permettant de concevoir des objets tridimensionnels correspondant à des figures en apparence impossibles a été formulée en 1999 par Guillermo Savransky, Dan Dimerman et Graig Gotsman. En s'aidant de programmes informatiques, cette théorie a été appliquée systématiquement à une série de figures impossibles célèbres, produisant des modèles tridimensionnels des créations complexes de Maurits Escher, Sandro del Prete, Istvan Orosz et Jos De Mey.

Tous ces objets ont la propriété qu'ils ne produisent leur effet paradoxal que vus sous un angle particulier unique, et avec un seul œil. Se posent donc deux questions.

Peut-on imaginer des pièges visuels qui fonctionneraient en vision binoculaire, c'est-à-dire des couples d'images stéréoscopiques qui produiraient l'impression de voir en relief un objet paradoxal (par exemple la tripoutre impossible) ?

Peut-on imaginer un piège visuel qu'on pourrait faire pivoter et qui continuerait à produire une image paradoxale ?

La réponse à ces deux questions s'est révélée positive. D'une part, Donald Simanek a réussi dès 1998 à produire des images stéréoscopiques diverses correspondant à la tripoutre impossible. Quand vous regardez l'image, vous avez l'impression de voir en relief une image impossible.

Sandro Del Prete

4 **« Tout ce que nous voyons** ne correspond pas nécessairement à la réalité » dit Sandro del Prete, auteur de cette gravure. Les deux trains qui traversent l'image de gauche et en font partie vont-ils entrer en collision ?

Sandro Del Prete

5 La gravure du jeu d'échecs *(ci-dessus)*, de Sandro del Prete, est « sens dessus dessous », figure impossible d'un échiquier dont G. Elber montre la possibilité en le photographiant *(ci-contre)*.

De leur côté, Chih Khoh et Peter Kovesi ont réussi pour certains objets paradoxaux possédant un centre de symétrie à créer des animations graphiques où l'objet tourne sur lui-même (en restant paradoxal à chaque instant sous l'hypothèse que l'objet est un polyèdre). Cela se fait au prix d'une déformation continue de l'objet. Une image animée d'un tel objet peut être admirée en : http://www.csse.uwa.edu.au/~pk/Impossible/impossible.html

Comme en logique mathématique où les paradoxes jouent le rôle de stimulant, les paradoxes graphiques, outre le mystère qui semble les entourer et l'amusement qui résulte de leur observation, resteront encore longtemps un sujet de réflexion et d'étude pour ceux qui s'interrogent sur la perception du monde tridimensionnel par un système utilisant seulement deux yeux, c'est-à-dire deux images bidimensionnelles.

Infini et impossible

Placer une infinité d'impossibilités dans un seul dessin peut sembler un peu futile. Cela produit pourtant de troublantes images où l'œil est mis à rude épreuve.

Si l'infini n'existe pas dans le monde physique, ni l'infiniment grand ni l'infiniment petit, alors toute figure infinie est impossible. La représentation des deux rails d'une voie de chemin de fer qui se rejoignent à l'horizon, le flocon de von Koch au tracé découpé à toute échelle seraient des dessins approximatifs de structures mathématiques infinies absentes du monde réel : toute tentative de représentation graphique de l'infini serait illusoire.

Cependant, ni la physique ni la cosmologie n'ont tranché définitivement la question de l'existence réelle de l'infini ; cette question pourrait d'ailleurs être hors du champ de la science. Si l'on fait l'hypothèse que l'infini est une réalité physique, par exemple parce que l'espace n'est pas borné ni refermé sur lui-même (au contraire de la surface d'une sphère), alors le dessin de deux rails qui se rejoignent à l'infini est la représentation de quelque chose de possible.

Dans notre ignorance actuelle de ce qu'est la réalité matérielle ultime et de ce qu'il en est de l'infini physique, la représentation des structures mathématiques infinies n'est pas absurde. Du coup, on peut s'amuser à concevoir dans l'abstrait des objets qui, en plus de leur propriété d'être infinis, seront impossibles à cause de leur structure même.

C'est là un jeu un peu gratuit, un divertissement mathématique, mais récemment, plusieurs contributions ont agrémenté cet art de l'infiniment impossible. C'est le sujet de ce chapitre.

Une première méthode pour créer ces figures « infiniment impossibles » consiste à partir d'une figure impossible finie, par exemple la tripoutre de Penrose (trois poutres non coplanaires et qui semblent cependant se rejoindre en formant un triangle impossible), et à en remplir l'espace de la feuille périodiquement en liant les composants pour conférer une unité apparente au dessin.

Une figure impossible répétée indéfiniment

Selon la représentation précise de la tripoutre utilisée, on obtient divers pavages infinis impossibles dont l'ingénieur et artiste anversois Jos Leys a réalisé de jolies versions *(voir la figure 1)*.

Chacune de ces images est troublante, et cela, plus encore que l'image impossible qui sert de composante élémentaire à sa construction. Ainsi, en regardant la figure 1*b*, on a d'abord le sentiment d'être face à un réseau illimité tridimensionnel, analogue par exemple à un réseau de cubes évidés placés les uns contre les autres et remplissant les trois dimensions de l'espace. Toutefois, cette première impression évolue en une autre, un peu désagréable cette fois, d'incohérence générale et grave de toute l'image. L'incohérence se manifeste dans chaque zone du pseudo-espace que l'image prétend représenter. Nous comprenons, à mesure que nous examinons le dessin, que celui-ci est partout fallacieux et infiniment contradictoire.

Une autre création infiniment impossible de J. Leys est un peu plus simple. Elle a été obtenue en appliquant une translation selon une seule direction à un schéma d'escalier paradoxal. Cet escalier a été conçu de façon que, mis bout à bout, deux exemplaires s'associent parfaitement. Le résultat est un escalier infini, qui, si on l'empruntait dans le sens de la descente, conduirait toujours plus haut *(voir la figure 5)*! On trouvera une collection d'images de cette catégorie réalisée par J. Leys sur son site : http://www.josleys.com/show_gallery.php ?galid=232

Depuis longtemps, on a noté que la tripoutre de Penrose ou l'escalier fou ne sont impossibles qu'à la condition que l'œil interprète les droites apparentes comme des droites réelles et les positionnements relatifs des composants de la façon la plus simple.

De nombreuses pages Internet proposent de remarquables dispositifs de tromperies visuelles réalisant l'impossible géométrique. Les constructions sont parfois fabriquées et parfois présentées sous la forme de modèles informatiques *(voir le chapitre* Impossible ! En êtes-vous certain? *page 10)*.

Mouvement perpétuel à la Escher

Il existe même de petits films dont le plus extraordinaire est la réalisation de la célèbre gravure de l'artiste néerlandais Maurits Escher *La chute d'eau*, dont la mise en fonctionnement produit un mouvement perpétuel que l'on serait tenté de croire réel (voir : www.youtube.com/watch?v=ov2xnl6LwjE).

Deux artistes ont utilisé ces jeux géométriques avec l'absurde pour des sculptures monumentales qu'ils ont su vendre et installer sur des places publiques. L'une, due au Belge Matheau

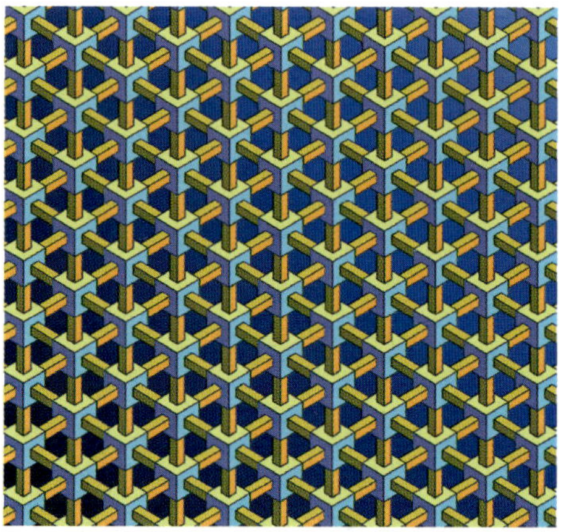

1 Les infinis impossibles de Jos Leys. Obtenus en pavant le plan par un motif impossible répété dans deux directions, ces dessins infinis impossibles créent l'étrange impression d'un espace tridimensionnel et sans profondeur.

Haemakers, se trouve dans le village d'Ophoven en Belgique, non loin de Maastricht, et utilise la méthode de la torsion : les barres de la tripoutre de Penrose ne sont pas rectilignes, contrairement à ce que croit notre œil quand la perspective produit l'illusion.

L'autre réalisation monumentale de la tripoutre se trouve en Australie, dans la ville de Perth. C'est une œuvre créée en 1999 par Brian MacKay et Ahmad Abas, qui ont utilisé cette fois la méthode de la cassure : sous un certain angle, notre œil croit que sont liés des éléments de la construction qui ne le sont pas, et, de ce fait, observe l'image d'une sculpture qu'il juge impossible.

L'infini impossible est-il possible ?

On peut se demander ce qu'il en est pour les schémas infinis proposés par J. Leys : pouvons-nous concevoir des objets tridimensionnels qui occuperaient tout l'espace « pour de vrai » et qui, vus d'un certain point, produiraient l'image impossible infinie dessinée ?

Je ne connais pas la réponse pour chacun d'eux, mais pour certains, il est assez facile de concevoir des formes qui rendent possible l'infini géométrique paradoxal.

Prenons par exemple la figure 1*c*. Elle est composée de la répétition à l'infini de paquets de sept cubes : six cubes entourant un cube central. Ces sept cubes seuls n'ont rien d'impossible et ce n'est que le positionnement relatif des divers paquets de sept cubes qui produit l'apparente absurdité. Pour que cette juxtaposition des paquets devienne possible, il suffit juste d'imaginer que les deux cubes du Sud-Est et du Sud-Ouest de chaque paquet de sept cubes sont en fait des L, c'est-à-dire des cubes découpés comme indiqué sur la figure 3*b*.

Un autre exemple de figure impossible infinie rendue possible est obtenu en considérant une chaîne illimitée d'anneaux carrés disposés en ligne *(voir la figure 3b)*. La réalisation dans l'espace de cette chaîne infinie paradoxale s'obtient par le découpage d'un segment de chaque anneau juste au bon endroit pour que la barre placée en arrière crée l'illusion de passer devant.

Jos Leys

2 Dessins paradoxaux devenus réalité. En se plaçant au bon endroit de cette place du village d'Ophoven près de Maastricht, on observe l'impossible tripoutre de Penrose *(à gauche)*. Pour comprendre l'illusion, il suffit de changer l'angle de vision en se déplaçant : on découvre que les segments du triangle impossible sont en réalité courbés *(au centre)*. Une autre astuce a été mise en œuvre par des artistes australiens à Perth *(à droite)*.

Une animation de cette idée (cette fois en perspective conique et non plus en perspective cavalière) a été réalisée par Francesco De Comité, de l'Université de Lille, et se trouve sur la page : http://www.flickr.com/photos/fdecomite/sets/72157626054113902/.

Des fractales impossibles

Une figure peut être infinie parce qu'elle s'étend (potentiellement) sans limites du fait de sa structure répétitive, ou, en termes savants, du fait de son invariance par translation selon une ou deux directions. Cependant, à côté de cet infiniment grand auquel la géométrie nous a accoutumés depuis plus de deux millénaires, un autre infini géométrique a été mis en évidence, celui des fractales.

Le terme créé en 1974 par Benoît Mandelbrot (1924-2010) désigne de manière générale toute figure ou objet infiniment découpé ou fractionné. Ces constructions possèdent souvent une symétrie interne : on retrouve en elles-mêmes leur forme globale en plus petit, à la façon de poupées russes : en termes savants, elles présentent une invariance par homothétie.

Jos Leys

3 L'infini impossible rendu possible. Pour un « œil qui réfléchit », la figure impossible infinie 1c *(page 21)* devient possible. En découpant deux cubes de chaque paquet de sept cubes comme le dessin l'indique, on obtient des structures qu'on peut réellement disposer en colonnes infinies, ces colonnes infinies pouvant être mises côte à côte. On obtient alors un « papier peint » qui produit exactement l'image de Jos Leys. Une autre figure infinie d'anneaux emboîtés est rendue possible par la technique classique du découpage *(à droite)*.

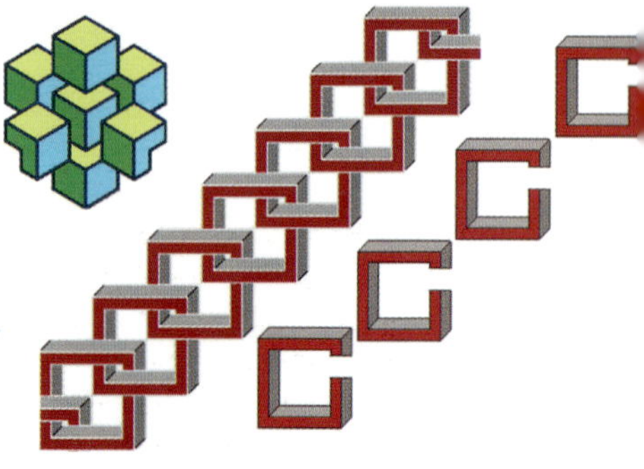

Rappelons que leur première apparition s'est produite il y a maintenant plus d'un siècle, quand les mathématiciens cherchaient à élucider la structure fine du continu, c'est-à-dire de la droite géométrique. Cantor a découvert autour de 1870 ce que l'on dénomme aujourd'hui l'ensemble triadique de Cantor ou poussière de Cantor : partant d'un segment, on en retire le tiers médian, ce qui donne deux segments, dont on retire le tiers médian, ce qui en donne quatre segments, etc.

Les courbes de Peano (1890), puis le flocon de von Koch (1905) rendent visibles des singularités topologiques que l'on pensait impossibles : des courbes passant par chaque point d'un carré plein, des courbes sans tangentes, des courbes de longueur infinie délimitant une aire bornée, etc.

En géométrie classique, on assimile l'espace physique à l'ensemble des couples de nombres réels (pour le plan) ou à l'ensemble des triplets de nombres réels (pour l'espace). C'est bien commode et cette conception nous a permis de comprendre des notions comme la continuité, la vitesse, l'accélération, la connexité, etc.

Cependant, la mécanique quantique et l'impossibilité pratique de descendre très loin dans l'infiniment petit font douter de la validité de ce modèle de l'espace fondé sur les nombres réels : il se pourrait que les objets infiniment découpés de la géométrie fractale soient des illusions théoriques du seul fait de leur finesse sans limite. Nous ne prendrons pas en compte cette objection et nous admettrons que le modèle classique de l'espace est conforme à celui du monde physique réel et que les fractales sont physiquement possibles.

N'existe-t-il pas alors des objets infiniment impossibles de taille bornée ? L'infinie impossibilité de leur structure ne serait plus, comme dans le cas des images de J. Leys, due à leur étendue illimitée (dont la feuille de papier ne rend d'ailleurs qu'imparfaitement l'image), mais se trouverait dans la finesse sans limites de leur organisation paradoxale.

Cameron Browne, de l'*Imperial College* de Londres, a répondu positivement à la question en proposant plusieurs images réalisées à l'aide de programmes informatiques.

4 La limite de l'impossible. En combinant un schéma de figure impossible avec l'algorithme de construction du flocon de von Koch, le spécialiste d'informatique graphique Cameron Browne a obtenu une suite infinie *(A)* de figures impossibles (du moins au premier abord) convergeant vers le flocon de von Koch. Or dans l'espace euclidien des mathématiciens, ce flocon est une figure possible, sans recourir à aucune astuce. Un second exemple de suite de figures impossibles dont la limite est possible est obtenu en partant d'un carré *(B)*.

Il combine dans les images produites le découpage infini des fractales et des objets invariants par homothétie avec l'impossibilité des figures du type triangle de Penrose.

La figure 4 montre les étapes de construction d'un flocon de von Koch, l'un à l'intérieur totalement vide, l'autre avec des barres de supports internes. Le schéma utilisé par C. Browne est tel que chaque étape de construction est une figure impossible. Les figures limites de ces séries seraient donc des figures fractales cumulant les impossibilités introduites étape par étape.

Phénomène amusant : la limite du dessin n'est rien d'autre que le flocon lui-même (ou sa variante avec des tracés internes) : nous avons donc une série d'images impossibles dont la limite est possible. Le cumul d'une infinité d'impossibilités fait disparaître l'absurdité, qui est comme avalée par le passage à la limite !

L'une des figures impossibles les plus populaires est la fourche à deux et trois bouts, ou diapason absurde. C. Browne en a conçu plusieurs versions infinies en utilisant l'idée de la poussière de Cantor *(voir la figure 6a)*.

Fourche impossible à la Cantor

Cette fois, l'impossibilité présente à chaque étape de la construction se retrouve dans la figure limite qui n'est pas dessinée, mais que nous imaginons sans mal. En effet, à mesure qu'on s'éloigne de la partie pleine *(en haut)*, la section de l'objet représenté devient de plus en plus évidée : on en retire le tiers médian, puis on retire le tiers médian des deux parties restantes, etc. Pourtant, à l'extrémité basse de la pièce *(en bas)*, celle-ci est pleine. Nous en tirons la leçon qu'en passant à la limite, l'impossibilité d'une figure fractale peut persister.

Les figures 6b sont construites à partir de courbes de Peano : en associant un procédé classique pour créer des figures impossibles à l'idée des courbes de Peano, C. Browne produit des images impossibles dont à nouveau les limites sont possibles.

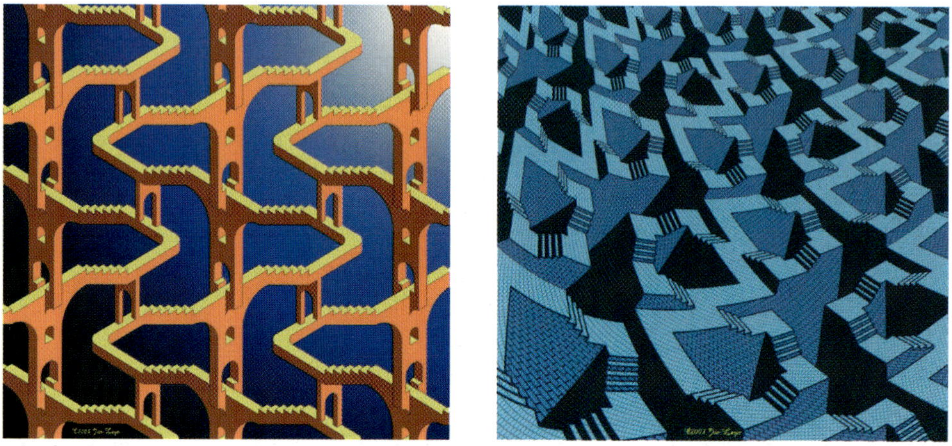

Jos Leys

5 Pour monter, il suffit de descendre. Ces impossibles infinis de Jos Leys sont construits en partant d'un motif d'escalier paradoxal à la Escher qui s'accole à lui-même. On obtient ainsi un dessin périodique d'escalier ascendant... qui descend. L'escalier infini aurait dû figurer sur les armoiries du surintendant Fouquet : *Quo non ascendet* ? Croyant monter dans l'estime de Louis XIV, Fouquet en est descendu.

Cameron Browne

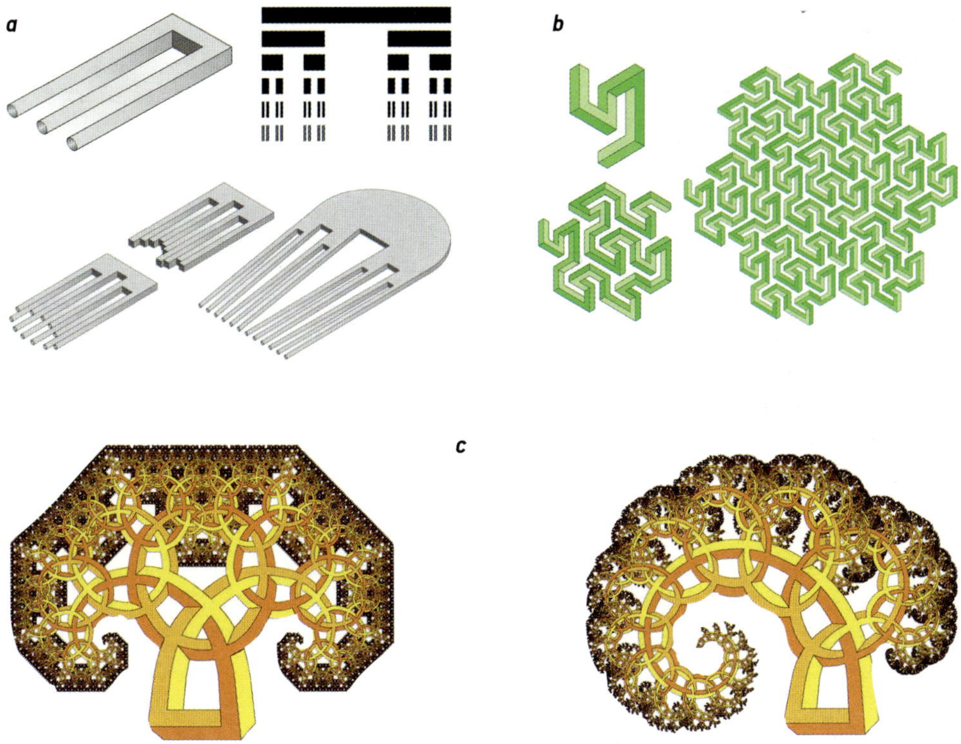

6 **Cameron Browne** combine l'ensemble triadique de Cantor *(a, en haut à droite)* et le diapason impossible *(a, en haut à gauche)*, puis utilise une courbe de Peano *(b)*, pour obtenir des images impossibles *(c)*. Les deux figures *c* sont impossibles à toute échelle.

Pour les figures 6*c*, en revanche, l'impossibilité persiste dans la figure limite. Les deux figures sont cette fois de vraies fractales : elles possèdent des dimensions non entières. Comme le précise leur auteur C. Browne, ces dessins sont des exemples de figures impossibles à toute échelle. Contrairement à une tripoutre de Penrose dont chaque partie est possible (sans avoir à utiliser d'astuce), ici en s'approchant même de très près de la partie supérieure de ces formes, l'impossibilité géométrique persiste : elle est présente quel que soit le niveau de grossissement.

L'analyse des figures impossibles classiques montre toujours qu'en découpant la figure en un ensemble fini de zones, on obtient que chaque zone représente un objet possible. Dans le cas des figures impossibles du type de celles proposées par J. Leys, il faut (si l'on ne trouve pas d'astuce comme celle de la figure 3) une infinité de zones. Chacune cependant a une aire supérieure à une constante valable pour tout le dessin. Pour les deux derniers dessins de C. Browne, un tel découpage en « zones possibles » doit se faire en une infinité de zones dont le diamètre tend vers 0 quand on s'approche de la frontière supérieure, qui a une dimension fractale supérieure à 1. C'est remarquable et cela conduit à une nouvelle question : peut-on faire pire et concevoir des images où l'accumulation des impossibilités se ferait sur une partie bidimensionnelle du plan ?

Nous invitons les lecteurs à nous envoyer d'autres constructions impossibles infinies. Une suggestion : l'éponge de Menger combinée avec le cube impossible donnerait certainement une belle structure paradoxale.

Non, la géométrie du triangle n'est pas morte !

L'espacement optimal des points à l'intérieur d'une figure est un problème de géométrie élémentaire qui fait l'objet d'intéressantes recherches.

N'est-il pas étonnant que l'on publie, en ce début de XXIe siècle, un livre sur les problèmes posés par la géométrie du triangle et que de grandes revues de mathématiques y consacrent des articles ? Le triangle ressuscité illustre la singulière capacité de renouvellement des mathématiques et la possibilité de trouver, à propos de la plus simple des structures géométriques, des problèmes inconnus… et difficiles.

Des livres reprennent les thèmes classiques de géométrie du triangle en tentant d'en faire le tour. Il en est ainsi de *La géométrie du triangle* de Yvonne et René Sortais, publié en 1997 aux éditions Hermann, et du livre distrayant et varié de la *Bibliothèque Tangente,* paru en 2005 aux éditions Pole, sous le titre *Le triangle : trois points c'est tout*. Toutefois, un ouvrage récent *How Does One Cut a Triangle ? (Comment découper un triangle ?)* écrit par Alexander Soifer, de l'Université du Colorado, concentre toute son attention sur le découpage d'un triangle.

Ce livre détaille les découvertes récentes sur le sujet : on y trouve des énoncés surprenants de simplicité associés à des solutions étonnantes d'astuce, voire de génie mathématique. Certains problèmes n'étaient d'ailleurs pas résolus en 1990, dans la première édition du livre et le sont dans l'édition de 2009. D'autres sont toujours en suspens.

Nous verrons cependant que des progrès relativement aisés sont à la portée des mathématiciens… ouverts à l'informatique. Nous consacrerons ce chapitre à un problème du livre de A. Soifer qui constitue aujourd'hui un petit domaine de recherche actif, loin d'avoir été totalement exploré.

Espacer des points est difficile

Voici une première affirmation A :
À chaque fois que l'on dessine neuf points à l'intérieur d'un triangle d'aire unité, il y en a trois qui composent un triangle dont l'aire est inférieure ou égale à 1/4.

Trois points qui déterminent un triangle ayant une aire inférieure ou égale à 1/4 sont nécessairement proches ; l'énoncé exprime donc une forme particulière de la règle qualitativement évidente : en plaçant beaucoup de points à l'intérieur d'une figure, certains d'entre eux sont nécessairement proches. Ici, « beaucoup » est le nombre 9, et « proches » signifie « qui définissent un triangle d'aire inférieure ou égale à 1/4 ».

La démonstration du résultat illustre une méthode de raisonnement : le principe des pigeons, parfois dénommé principe des tiroirs de Dirichlet. Si vous cherchez, dans l'obscurité, une paire de chaussettes de la même couleur dans un tiroir où il y a des chaussettes rouges et des chaussettes noires, il vous suffira de prendre trois chaussettes, il y en aura deux de la même couleur.

Ce principe s'énonce sous la forme générale suivante : si vous devez placer $nm + 1$ pigeons dans m cages, l'une au moins des cages contiendra $n + 1$ pigeons ou plus. En plaçant neuf pigeons dans quatre cages, vous n'éviterez pas qu'une cage contienne trois pigeons ou plus.

La démonstration est immédiate. Supposons que les $nm + 1$ pigeons soient placés dans les m cages ; si chacune des m cages contenait n pigeons ou moins, alors toutes ensemble, elles contiendraient nm pigeons ou moins, ce qui est contraire à l'hypothèse. L'une des cages contient donc $n + 1$ pigeons ou plus. Pour n égal à 1, si vous placez $m + 1$ chaussettes dans m tiroirs, l'un d'eux contiendra deux chaussettes ou plus.

Voici maintenant la démonstration de l'affirmation A.

En joignant deux à deux les milieux des côtés, on découpe le triangle en quatre sous-triangles égaux et donc d'aire 1/4 *(voir la figure 2)*. Si l'on place neuf points dans le grand triangle d'aire unité, alors l'un des quatre triangles (d'aire 1/4) contient trois points au moins (s'ils n'en contenaient tous que deux au maximum, il n'y aurait que huit points au plus). Ces trois points déterminent un triangle dont l'aire est inférieure à celle du triangle d'aire 1/4 qui les contient.

Neuf points, c'est beaucoup. Ne peut-on pas obtenir la même conclusion en ne prenant que huit ou même sept points ? La réponse est oui : sept points (et donc huit aussi) suffisent à assurer l'existence d'un triangle d'aire inférieure ou égale à 1/4. C'est l'affirmation B :

À chaque fois que l'on dessine sept points à l'intérieur d'un triangle d'aire unité, il y en a trois qui composent un triangle dont l'aire est inférieure ou égale à 1/4.

La démonstration est indiquée sur la figure 2. Notons que les affirmations A et B et toutes celles que nous allons envisager ne dépendent pas de la forme du triangle, qu'il soit équilatéral, droit, isocèle, etc., du moment qu'il a une aire unité.

1. Le principe des pigeons

Si vous placez k objets dans m tiroirs et si $k > nm$, alors au moins un des tiroirs contient plus de n objets. Avec $n = 1$, on obtient l'affirmation qu'en plaçant $n + 1$ objets ou plus dans n tiroirs, l'un d'eux contient au moins deux objets, comme les pigeons dans les cases de la figure. Il s'agit d'une évidence, mais elle est souvent bien utile.

– Si 13 personnes sont réunies, deux au moins sont nées le même mois ; si 25 personnes sont réunies, trois au moins sont nées le même mois.

– Si l'on prend dix entiers différents $n_1, n_2, ..., n_9, n_{10}$ compris entre 1 et 100, alors il existe deux sous-ensembles de ces dix nombres qui donnent la même somme (par exemple $n_1 + n_2 + n_7 = n_3 + n_4 + n_9$). Pour s'en persuader, notons qu'il y a $2^{10} = 1024$ façons de prendre un sous-ensemble des dix nombres. Chaque somme associée à un sous-ensemble est inférieure à 1 000 (car il s'agit d'une somme de moins de dix nombres, chacun inférieur ou égal à 100). D'après le principe des tiroirs, deux sous-ensembles donnent donc la même somme.

Revenons à l'affirmation B. Elle est certes meilleure que l'affirmation A, mais ne peut-on faire mieux encore et, de même qu'on est passé de neuf à sept, ne peut-on pas passer à six, à cinq, à quatre ? Pour quatre, la réponse est négative, car quatre points placés aux trois sommets d'un triangle (pour les trois premiers) et au barycentre (intersection des médianes) pour le quatrième déterminent des triangles dont aucun n'a une aire inférieure à 1/4 puisqu'ils ont tous une aire valant 1/3 ou 1.

La réponse définitive est cinq. Elle est due à A. Soifer qui a découvert ce théorème et l'a nommé *Théorème des cinq points* (affirmation C) :

À chaque fois que l'on dessine cinq points à l'intérieur d'un triangle d'aire unité, il y en a trois qui composent un triangle dont l'aire est inférieure ou égale à 1/4.

Nous ne donnerons pas de démonstration de ce résultat, car il n'en existe aucune de moins de trois pages. Les trois preuves connues du théorème des cinq points sont celle d'A. Soifer (cinq pages), celle de Royce Peng (trois pages) et celle de Cecil Rousseau (trois pages). Le théorème est beau et étrange, mais l'aventure ne s'arrête pas là. Elle comporte deux autres volets que nous allons détailler, car ils montrent de façon exemplaire comment une question en amène une autre, les mathématiciens étant conduits de problème en problème jusqu'aux limites des forces du raisonnement logique.

Précisons que A. Soifer est connu autant pour les solutions qu'il a données à de nombreux problèmes de mathématiques, que pour les problèmes qu'il invente lui-même. Il a publié des articles avec Paul Erdös (son nombre de Erdös est donc 1), John Conway et bien

2. Le nombre *S*(T) d'un triangle

Le nombre *S*(T) d'un triangle d'aire unité est le nombre minimal de points tel que trois points parmi eux correspondent aux sommets d'un triangle d'aire inférieure ou égale à 1/4. Ce nombre est inférieur à 9 car, avec neuf points, trois sont nécessairement dans un triangle d'aire 1/4 ***(a)***.

Le nombre *S*(T) est supérieur à 4, car il est possible de placer quatre points comme indiqué ***(b)***.

a

b

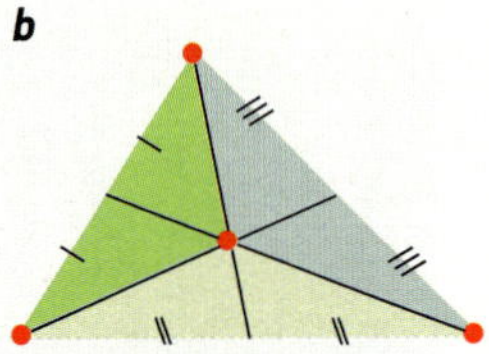

Démontrons que « Dès que sept points sont présents dans un triangle d'aire unité, trois d'entre eux déterminent un triangle d'aire inférieure ou égale à 1/4 ».

Démontrons d'abord que « Trois points A, B, C pris dans un parallélogramme d'aire 1/2 délimitent un triangle d'aire inférieure ou égale à 1/4 ». La figure ***c*** explique cette propriété.

Reprenons le découpage du triangle d'aire unité en quatre petits triangles d'aire 1/4 ***(d)***. Le triangle central associé à l'un des trois autres détermine à chaque fois un parallélogramme d'aire 1/2. Imaginons sept points dans

c

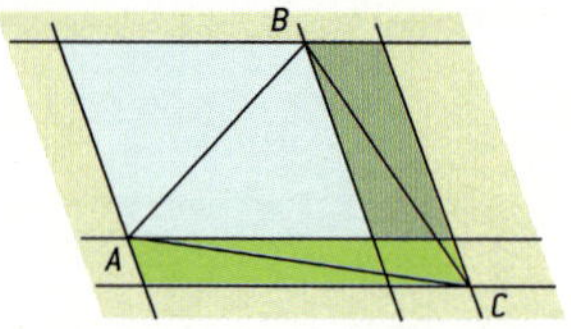

d

le triangle. Si trois d'entre eux sont dans un même petit triangle, ils forment alors un triangle d'aire inférieure ou égale à 1/4, et c'est terminé.

Supposons que ce ne soit pas le cas. Il y a donc au moins un point dans le triangle central. S'il y en a deux, alors en l'associant à un autre triangle contenant un point (il y en a nécessairement), nous aurons un parallélogramme d'aire 1/2 contenant trois points, et donc un triangle d'aire inférieure ou égale à 1/4.

S'il n'y a qu'un seul point dans le triangle central, alors, c'est que chaque autre triangle contient deux points (on a supposé qu'aucun n'en contenait plus de deux, et il y en a six en plus de celui du triangle central). En choisissant n'importe lequel de ces trois triangles et en l'associant au triangle central, nous avons un parallélogramme d'aire 1/2 qui contient trois points (pris parmi ceux donnés au départ) et donc un triangle d'aire inférieure ou égale à 1/4.

En réalité, A. Soifer a montré que *S*(T) = 5.

d'autres mathématiciens prestigieux. Il soutient que « nous sommes toujours libres de nous poser nos propres questions mathématiques et de les approfondir aussi loin que nous en avons les capacités ».

A. Soifer envisage les mathématiques comme un art plutôt que comme une science devant viser aux applications. Il participe à l'organisation des *Olympiades de mathématiques* et, à ce titre, concocte de nouvelles énigmes aux solutions délicates et astucieuses. Il adore les questions qui, sous des apparences anodines, ne cèdent qu'à l'ingéniosité. Pour A. Soifer, un bon mathématicien n'est pas quelqu'un qui connaît beaucoup de mathématiques, mais simplement quelqu'un qui, face à un petit problème comme ceux que nous évoquons aujourd'hui, va concevoir des stratégies d'attaque victorieuses dont l'élégance a presque autant d'importance que l'efficacité, et qui seront d'autant plus intéressantes qu'elles emprunteront des chemins détournés et inattendus.

La première voie de généralisation naturelle est la prise en considération de figures autres que le triangle où l'on place les points. On prend, par exemple, un carré ou un pentagone d'aire unité, et on se demande combien il faut y placer de points pour être certain que trois d'entre eux délimitent un triangle d'aire inférieure ou égale à 1/4.

A. Soifer propose d'introduire la notation S(F) pour désigner le plus petit entier m associé à la forme géométrique F qui garantit que parmi m points placés dans F, figure supposée d'aire unité, trois forment un triangle d'aire inférieure ou égale à 1/4.

3. La fonction de Soifer pour les polygones

Le nombre de Soifer S(F) d'une figure F d'aire unité est le plus petit entier m tel que, dès que m points sont placés dans F, alors on est assuré que trois d'entre eux déterminent un triangle d'aire inférieure ou égale à 1/4.

Pour le triangle, le nombre m vaut 5 : si cinq points sont dans un triangle fixé d'aire unité, il en existe trois parmi eux qui déterminent un triangle d'aire inférieure ou égale à 1/4. Aucune démonstration simple de ce théorème des cinq points n'est connue ***(a)***.

Pour le carré, le nombre m vaut encore 5 et c'est facile à démontrer à partir du résultat de la figure 2 : « Un triangle contenu dans un parallélogramme d'aire 1/2 possède nécessairement une aire inférieure ou égale à 1/4 » ***(b)***.

a

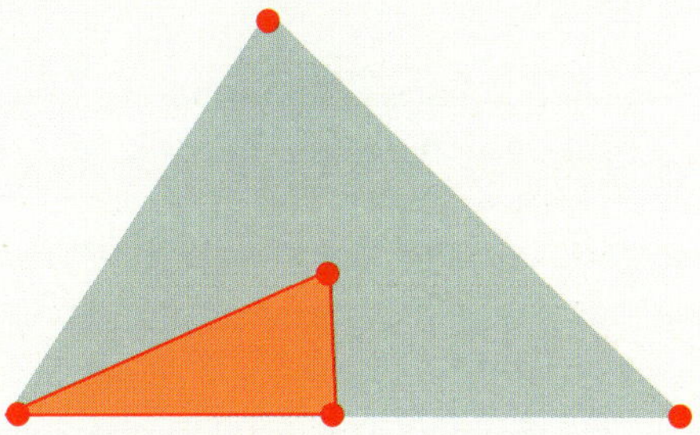

b

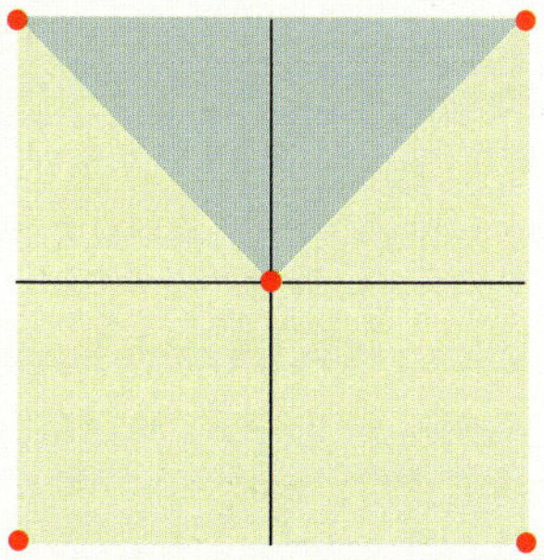

c

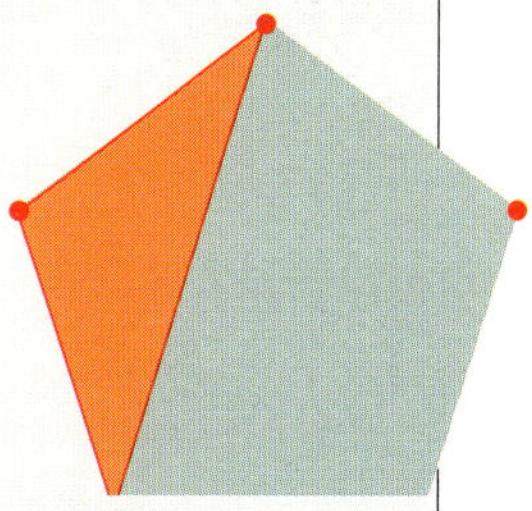

Pour le pentagone régulier ***(c)***, le nombre m vaut 6. En plaçant simplement cinq points aux sommets du pentagone d'aire unité, on découvre que tous les triangles qu'on peut faire ont une aire supérieure à $(5 - \sqrt{(5)})/10 = 0{,}2763$ (car c'est l'aire du triangle dessiné sur la figure). Cela signifie que cinq points sont insuffisants pour assurer un triangle d'aire inférieure ou égale à 1/4, et donc que S(pentagone) > 5.

Pour une figure convexe F du plan, le nombre S(F) vaut 5 ou 6 ; mais on ne sait pas caractériser de manière intéressante les figures convexes pour lesquelles ce nombre est 5, ni celles pour lequel ce nombre est 6. Quelqu'un saura-t-il éclaircir cette énigme ?

4. Grands nombres

Les figures montrent que $S(F)$, le nombre de Soifer d'une figure géométrique plane, peut être aussi grand qu'on le veut.

En effet, considérons la figure A dont la forme évoque une sorte de «soleil» à m rayons. Le triangle d'aire la plus petite possible faisable avec trois points pris parmi les m points $v_1, v_2, ..., v_m$ est celui obtenu avec trois points consécutifs (par exemple v_1, v_2 et v_3).

On peut allonger autant qu'on veut la longueur des rayons tout en gardant une aire totale unité. En prenant des rayons suffisamment étroits et longs, l'aire du triangle v_1, v_2 et v_3 dépasse 1/4. Cela montre que pour certains «soleils» F, m points ne garantissent pas l'existence dans tout m-gone d'un triangle d'aire inférieure ou égale à 1/4, autrement dit $S(F) > m$. Le même raisonnement fonctionne avec la figure B ci-dessous.

A

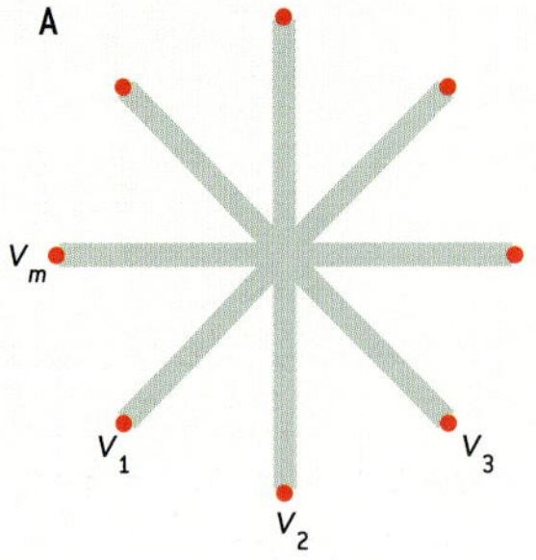

B

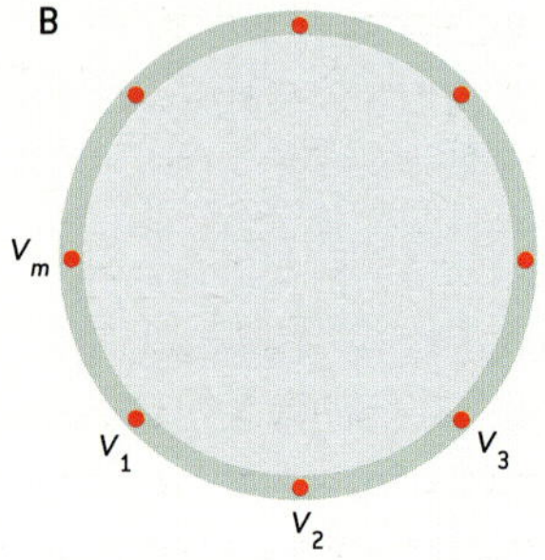

Pour le triangle T, nous savons que $S(T) = 5$ (quatre points ne garantissent pas l'existence d'un triangle d'aire 1/4 ou moins; cinq points donnent cette garantie). Pour le carré C, $S(C) = 5$ (essayez de démontrer le résultat). Pour le pentagone P, $S(P) = 6$ *(voir la figure 3)*.

La valeur de $S(F)$ ne change pas quand on passe d'une forme F à une autre forme F' obtenue par une transformation affine (une transformation $f(x,y)$ telle que $f(x,y) = (ax + by + c, a'x + b'y + c')$), car ces transformations conservent les rapports d'aires.

Parmi les autres résultats démontrés au sujet de la fonction S, en voici deux.

– Pour tout entier m, il existe des formes F telles que $S(F) > m$ *(voir la figure 4)*.

– Si F est une forme convexe C (c'est-à-dire une forme qui contient tout le segment AB dès qu'elle contient les points A et B), alors $S(C) = 5$ ou $S(C) = 6$. La démonstration de cette propriété est particulièrement délicate et occupe une dizaine de pages du livre. A. Soifer offre une somme de 100 dollars à qui saura proposer des caractérisations intéressantes des figures convexes telles que $S(C) = 5$ (ou $S(C) = 6$).

Améliorer le 1/4 ?

Cependant, une question peut-être encore plus simple que celles posées par S se présente naturellement à l'esprit de quiconque connaît le théorème des cinq points. Puisque cinq points dans un triangle d'aire unité garantissent la présence d'un triangle, extrait des cinq points, d'aire 1/4 ou moins, c'est peut-être qu'ils garantissent la présence d'un triangle d'aire 1/5 ou moins; peut-être même que cinq points garantissent la présence d'un triangle d'aire 1/6 ou moins, ou encore autre chose?

Quelle est donc la plus petite valeur α telle que cinq points dans un triangle garantisse la présence d'un triangle, tiré des cinq points, d'aire α ou moins? Le théorème des cinq points nous assure que $\alpha \leqslant 1/4$. Quelle est la valeur définitive de α et quel est le pentagone qui correspond (que nous nommons « meilleur pentagone »)?

Le problème du « meilleur pentagone » se généralise de manière évidente en :

– quel est le « meilleur hexagone » et quel est le α qui lui correspond ?

– quel est le « meilleur heptagone » et quel est le α qui lui correspond ?

– quel est le « meilleur n-gone » et quel est le α qui lui correspond ? Notons α_m le α pour les m-gones.

Les calculs réalisés jusqu'à présent conduisent à deux types de résultats : des conjectures et des majorations prouvées.

Conjecture : $\alpha_5 = 3 - 2\sqrt{2} = 0,17157$.

Majoration : $\alpha_5 \leqslant 121/625 = 0,1936$.

Conjecture : $\alpha_6 = 1/8 = 0,125$.

Majoration : $\alpha_6 \leqslant 2/15 = 0,13333...$

Conjecture : $\alpha_7 = 7/72 = 0,092222$.

Majoration : $\alpha_7 \leqslant 23/200 = 0,115$.

Les m-gones conjecturés les meilleurs sont dessinés sur la figure 5, pour $m = 6$ et $m = 7$. Au-delà, il n'y a pas, pour l'instant, de conjectures précises et simples.

5. Les meilleurs *m*-gones

Le meilleur m-gone dans un triangle d'aire unité PQR, est, par définition, la répartition de m points dans le triangle telle que le triangle de plus petite aire (obtenu en prenant trois points parmi ces m points) soit de plus grande aire possible, ce qui peut être vu comme une exigence d'étalement maximal.

L'aire du plus petit triangle du meilleur m-gone est notée α_m. Deux résultats sont faciles : $\alpha_3 = 1$, $\alpha_4 = 1/3$. Pour $m \geqslant 5$, déterminer α_m est difficile et aujourd'hui seules quelques valeurs sont connues, sans d'ailleurs que des démonstrations définitives aient été proposées.

• Pour $m = 5$, on conjecture que $\alpha_5 = 3 - 2\sqrt{2} = 0,171572975...$ et que le meilleur pentagone **(A)** est celui de De Comité : les méthodes de démonstration automatique mises au point au LIFL ont établi que $\alpha_5 \leqslant 121/625 = 0,1936$ et, si l'on admet que le meilleur pentagone a tous ses points sur le périmètre du triangle PQR, alors $\alpha_5 \leqslant 0,175$.

• Pour $m = 6$, on conjecture que $\alpha_6 = 1/8 = 0,125$ et que le meilleur hexagone est l'hexagone de De Comité **(B, C)**, lequel, très étrangement, possède deux formes différentes. Les méthodes de démonstration automatique ont prouvé que $\alpha_6 < 2/15 = 0,13333...$

• Pour $m = 7$, on conjecture que α_7 est égal à $7/72 = 0,0972222...$ et que le meilleur heptagone **(D)** est l'heptagone de De Comité. Les méthodes de démonstration automatique donnent $\alpha_7 \leqslant 0,115$.

Ces résultats montrent plusieurs éléments étranges et incompris. D'abord, les dispositions obtenues semblent imprévisibles : chaque fois que nous avons voulu deviner ce qu'allait donner un calcul, nous nous sommes trompés. Ensuite, les dispositions obtenues sont plus dissymétriques qu'on ne l'attendait. Pour $m = 7$ par exemple, une répartition symétrique par rapport à la hauteur semblait naturelle ; ce n'est pas ce que donnent les calculs.

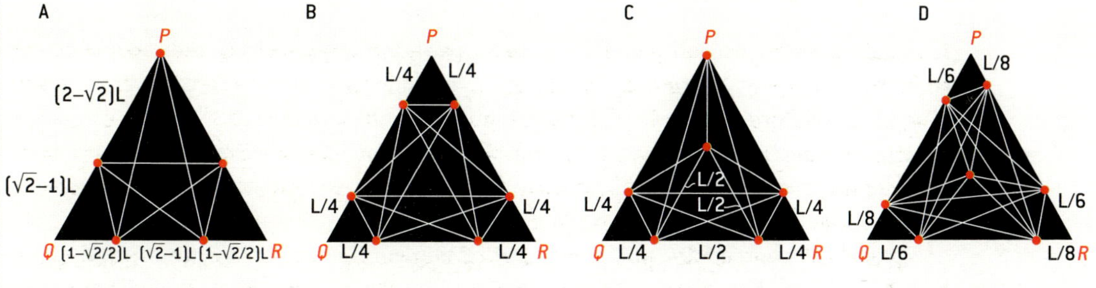

6. L'aire maximale d'un triangle inclus pour cinq points

Quelle est la plus petite valeur α telle que cinq points dans un triangle garantissent la présence d'un triangle, tiré des cinq points, d'aire α ou moins ?

Introduisons des conventions de langage. Nous nommerons *petit triangle* d'un pentagone ABCDE celui des dix triangles formés avec trois de ses sommets, ABC, ABD, ABE, ACD, ACE, ADE, BCD, BCE, BDE, CDE, qui a la plus petite aire (s'ils sont plusieurs à avoir la même plus petite aire, l'un d'eux est choisi arbitrairement). Par ailleurs, un triangle PQR d'aire unité étant donné, on s'intéresse aux pentagones qui sont à l'intérieur de PQR, et plus précisément au pentagone dont le *petit triangle* est le plus grand possible (celui tel que ABCDE est le plus « étalé » possible).

Un pentagone ABCDE est *meilleur* qu'un autre A'B'C'D'E' si le *petit triangle* de ABCDE est plus grand que le *petit triangle* de A'B'C'D'E'. Avec ces conventions de langage, le problème du meilleur α possible est équivalent au problème du meilleur pentagone possible dans un triangle PQR d'aire unité. La question est : quelle est l'aire α du *petit triangle* du *meilleur* pentagone ABCDE présent dans un triangle PQR d'aire unité ?

Des considérations classiques de « compacité » montrent qu'il y a un meilleur pentagone, et donc qu'il existe une constante α la meilleure possible. On ne peut pas être dans une situation où α serait indéfiniment améliorable : la constante α existe, de même que le meilleur pentagone, c'est sûr ; reste à les trouver !

En 2008, Matthiew Kahle, un élève de A. Soifer, a proposé une disposition de cinq points (que nous nommerons « pentagone de Kahle ») dont le petit triangle a pour aire 1/6.

Cette disposition *(A)* montre que le α recherché est supérieur à 1/6 : c'est intéressant et nous conduit à la double inégalité $1/6 \leqslant \alpha < 1/4$. Si la valeur définitive de α est 1/6, c'est que le pentagone de Kahle est le meilleur pentagone. Mais est-ce vraiment le cas ?

Dans son article, M. Kahle propose que oui, affirmation reprise dans le livre de A. Soifer, et énonce donc la conjecture : $\alpha = 1/6$. Par ailleurs, M. Kahle démontre dans son article un autre résultat : $\alpha \leqslant 6/25 = 0{,}24$.

Ce résultat, dont la preuve occupe dix pages entières, est difficile, mais constitue un progrès puisqu'il gagne un peu sur le théorème des cinq points, lequel établit que $\alpha \leqslant 1/4 = 0{,}25$.

L'écart entre 1/6 = 0,16666... et 0,24 ouvre la perspective d'améliorations, mais suggère aussi que démontrer la conjecture de Kahle risque d'être ardu : obtenir un encadrement assez médiocre a exigé un travail délicat, obtenir et prouver la valeur exacte de α ne pourra pas être facile.

Francesco De Comité et moi avons entrepris d'attaquer la recherche du meilleur α et du meilleur pentagone avec l'aide des ordinateurs du Laboratoire d'informatique fondamentale

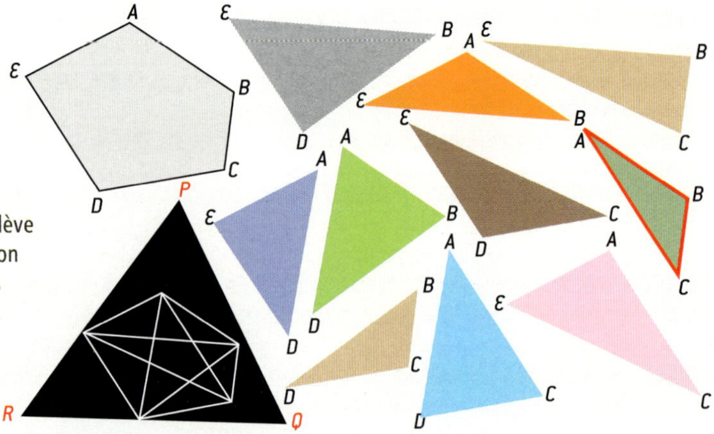

Le travail se poursuit, mais il est difficile. Il faut effectuer des calculs de plus en plus massifs pour trouver les meilleurs n-gones, ainsi que pour prouver les majorations qui confortent les conjectures. De plus, les preuves définitives des conjectures exigeront de nouvelles méthodes dont, pour l'instant, nul ne connaît la nature.

Le raisonnement humain et la décision humaine semblent indispensables à la résolution des plus simples des problèmes de géométrie et même pour concevoir les méthodes de raisonnement automatique, qui ne le sont au fond jamais totalement. L'ordinateur est un assistant du mathématicien qui jouera, c'est certain, un rôle de plus en plus central dans la recherche en mathématiques.

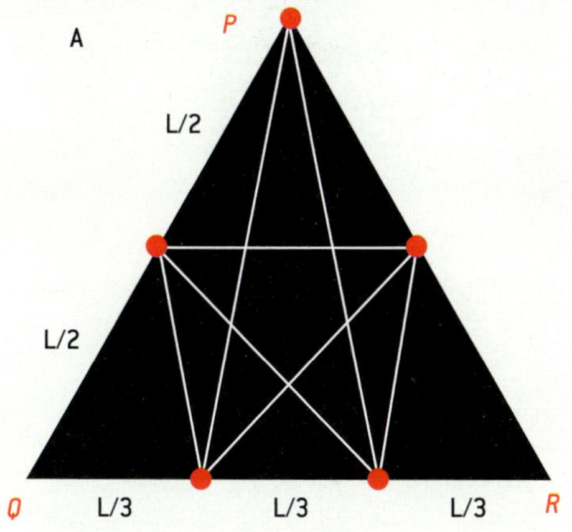

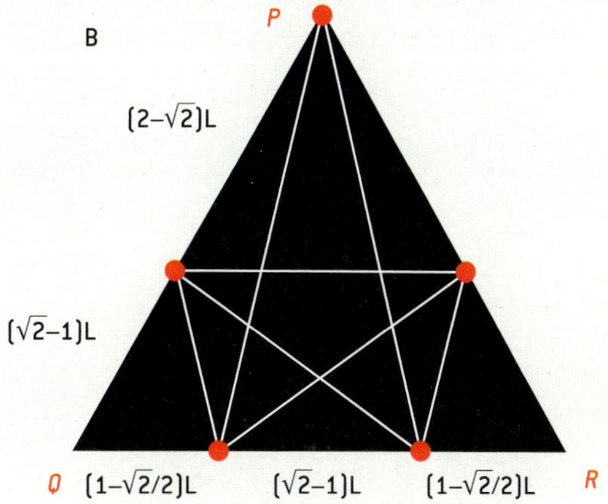

de Lille. En quelques semaines, nous avons obtenu trois résultats qui améliorent ceux de A. Soifer et M. Kahle.

– Un pentagone *(B)* meilleur que celui de Kahle indique que $\alpha \geqslant 3 - 2\sqrt{2} = 0{,}171572$.

– Une démonstration automatique par ordinateur établit que $\alpha \leqslant 121/625 = 0{,}1936$.

– Une autre démonstration automatique par ordinateur établit que sous l'hypothèse que le meilleur pentagone a ses sommets sur le périmètre du triangle, alors $\alpha \leqslant 0{,}175$.

Cela nous conduit donc à la nouvelle double conjecture : (a) $\alpha = 3 - 2\sqrt{2} = 0{,}171572$ et (b) le meilleur pentagone est celui de F. De Comité.

La méthode pour découvrir un meilleur pentagone que celui de Kahle, que nous pensons être définitivement le meilleur, a procédé en trois phases. On a d'abord recherché au hasard de meilleurs pentagones en essayant massivement des milliards de pentagones, sans en fixer de propriétés particulières. Ensuite, persuadés par ces premiers essais que le meilleur pentagone devait avoir tous ses points sur le périmètre du triangle, nous avons recherché le meilleur pentagone en n'envisageant que des pentagones dont les points étaient sur le périmètre du triangle. Les valeurs approchées de α que nous avons trouvées ont alors été soumises à l'Inverseur de Simon Plouffe. Quand on donne à ce système informatique (http://pi.lacim.uqam.ca/) quelques décimales d'un nombre réel, il propose des formules pour le nombre. Cela a conduit à la formule $\alpha = 3 - 2\sqrt{2}$, qui a ensuite mené F. De Comité au pentagone très particulier de la figure B, dont il semble maintenant très vraisemblable qu'il soit le meilleur pentagone possible.

Nous avons ensuite démontré automatiquement un encadrement de α sans incertitude ou approximation. Nous avons obtenu des valeurs supérieures, mais de plus en plus proches de $3 - 2\sqrt{2}$, ce qui conforte la conjecture que nous proposons.

Notre méthode de calcul donne des encadrements certains, mais ne nous donnera jamais la démonstration de l'égalité ultime $\alpha = 3 - 2\sqrt{2}$, qu'il faudra aborder autrement.

Un jour prochain, il deviendra inconcevable d'imaginer un mathématicien sans cet assistant technique. Au service des désirs de son maître, l'ordinateur calcule et organise les parties combinatoires de ses démonstrations, et autorise ainsi celui-ci à visiter des territoires mathématiques inconnus où, seul, il lui serait impossible de s'aventurer.

Le pizzaïolo mathématicien

La plus innocente soirée entre amis peut donner naissance à des problèmes mathématiques. Rendez-vous à la pizzeria, pour vous entraîner à couper des parts égales.

Une nouvelle spécialité mathématique est née : le découpage de la pizza. Cette science possède ses problèmes faciles d'où sont issus des théorèmes visuels, et ses délicats raisonnements qui obligent à l'élaboration d'algorithmes complexes. Une série de résultats, certains conjecturés depuis plusieurs années, viennent d'être démontrés. Ils donnent une bonne consistance à ce domaine de recherche tiré des questions saugrenues que les mathématiciens aiment à formuler quand ils sont assis devant ce vieux plat napolitain à base de tomates étalées sur une pâte cuite dans un four à bois.

Coups de couteau rectilignes

Julie et Jacques commandent une pizza. Ils souhaitent la partager équitablement. Ils décident d'utiliser la méthode suivante : après avoir donné N coups de couteaux rectilignes passant par un même point et formant entre eux des angles égaux (de π/N radians), ils se trouvent en face de $2N$ parts qu'ils s'attribuent en se les distribuant alternativement. On suppose que l'on sait facilement séparer les parts à coups de traits parfaitement droits et formant des angles égaux.

1 Sculpture de Helaman Ferguson, qui représente un découpage équitable d'un disque de granite en quatre traits, obtenu par une méthode géométrique.

On admet aussi que la pizza est parfaitement ronde, que la garniture est uniformément répartie à sa surface et donc seules, dans un premier temps, importent les aires attribuées à Julie et à Jacques. Avec N égal à 6, on obtient une figure où l'on convient que les parts bleutées sont celles de Julie et les parts rouges celles de Jacques *(voir la figure 2A)*.

Si les N traits de découpe passent par le centre de la pizza, la distribution est équitable, car toutes les parts sont égales. Si l'un des traits de découpe passe par le centre de la pizza, là encore le partage est équitable pour raison de symétrie : à chaque part destinée à Julie correspond une part de même forme pour Jacques *(voir la figure 2A)*.

La question est maintenant devenue précise et non triviale : est-ce qu'un tel découpage est équitable ? Quand il ne l'est pas, comment savoir qui est favorisé ? Si un convive est favorisé pour l'aire de la pizza qu'il mange, l'est-il pour la longueur du bord ? Que dire de la garniture et que se passe-t-il dans le cas où l'on prend en compte une épaisseur inégale ?

Pour N égal à 1, le problème est évident *(figure 2B)*. Si le trait de découpe ne passe pas par le centre, la part qui contient le centre a une aire supérieure à la moitié de la pizza et donc celui des convives qui se voit attribuer cette part est favorisé. Ici, le convive favorisé l'est doublement, car il a une plus grande aire de pizza, mais aussi un plus long morceau du bord de la pizza.

Pour N égal à 2, le problème devient déjà intéressant *(figure 2C)*. La réponse est que le convive qui possède la part contenant le centre est à nouveau favorisé. On peut être précis et affirmer que son supplément de pizza est égal à quatre fois l'aire du rectangle dont la diagonale est le segment reliant le centre de la pizza et le centre de découpe et dont les côtés sont parallèles aux traits de découpe.

Pour le partage du bord de la pizza, cette fois, c'est parfait : même en plaçant le centre de découpe loin du centre de la pizza, les deux convives seront également servis. Ces deux affirmations sont faciles à démontrer en prenant les symétriques des traits de coupe par rapport au centre de symétrie et en combinant toutes les aires formées.

2. Les découpages équitables

Les traits de découpe délimitent des tranches de pizza de même angle, alternativement données à deux personnes, Julie et Jacques. On distribue les tranches découpées en tournant toujours dans le même sens : par exemple sur la figure A, Julie reçoit les parts bleutées 1, 3, 5, 7, 9, 11 et Jacques les parts rouges 2, 4, 6, 8, 10, 12.

Si l'un des traits de découpe passe par le centre de la pizza circulaire, alors il constitue un axe de symétrie de la figure : le partage est équitable, Julie et Jacques reçoivent la même quantité de pizza . Pour un trait de découpe, le partage n'est équitable que si le trait passe par le centre

Pour deux traits de découpe , Julie et Jacques ne reçoivent la même quantité de pizza que si un des traits de découpe passe par le centre de la pizza, sinon celui qui n'a pas la part contenant le centre est brimé d'une aire de pizza égale à quatre fois l'aire rouge. Pour trois traits de découpe on démontre que celui qui prend la part contenant le centre reçoit plus en considérant le cas extrême où le centre de découpe est près d'un bord. Enfin, pour trois personnes, un partage en six traits de découpe permet de donner des parts égales de fromage, de jambon, de bord et de tomate .

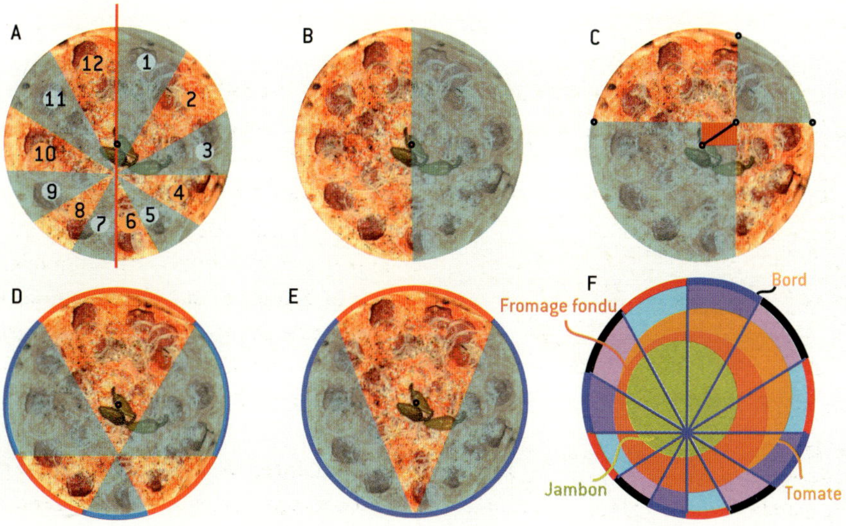

3. Le cas $N = 4$

Le cas N égal à 4 est remarquable, car un découpage astucieux montre que la partie bleutée de Julie est de même aire que la partie rouge de Jacques ou, avec les notations du dessin, que la somme des aires a, b, c, d, e, f, h est la même que la somme des aires A, B, C, D, E, F, G, H.

Indiquons le raisonnement. Partant d'un découpage en huit morceaux, on dessine les pièces e et D (par symétrie avec E, d) et l'on dessine A et f par symétrie avec a et F. Puis, par rotation de 90 degrés de h, on obtient H, qui donne G, qui conduit à g, c et C. Le seul point à démontrer est que B a la même aire que b, ce qui, en repérant les segments de même longueur et sachant que les angles sont tous multiples de 45 degrés, est facile.

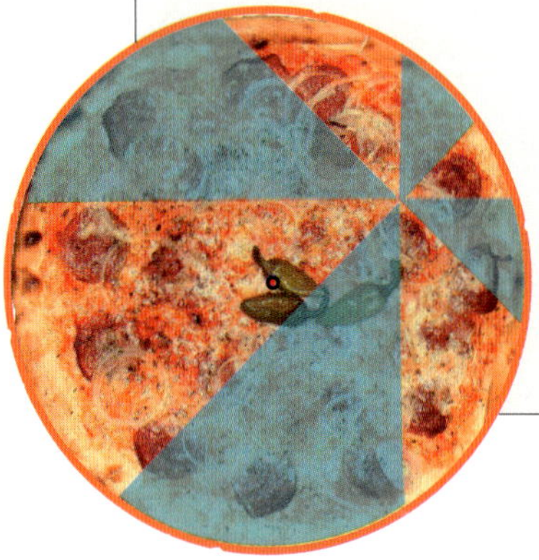

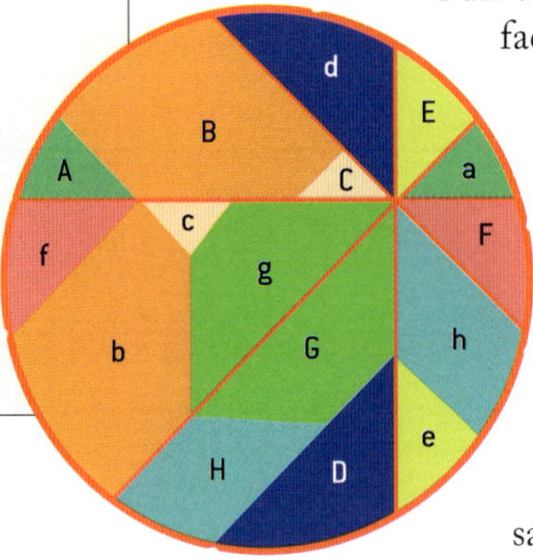

Pour N égal à 3, le résultat est à nouveau que le convive qui prend le centre mangera une plus grande aire de pizza *(figure 2D)*. La démonstration complète n'est pas très simple, mais il est facile de voir que l'affirmation est vraie si le point de découpe est proche du bord *(figure 2 E)*.

En effet, un petit calcul trigonométrique avec une pizza de rayon 1 montre que si le point de découpe est sur le bord, le convive qui a le centre prend une aire de $\pi/3 + \sqrt{3}/2$, soit 60,9 pour cent de la pizza. En déplaçant légèrement le point du bord, par continuité, le résultat reste vrai. Quand le point est éloigné du bord, celui qui prend le centre garde l'avantage, mais il faut un autre raisonnement.

Maintenant, si ce qui vous intéresse est d'avoir plus de bord, la situation est inversée : celui qui prend le centre aura moins de bord. Comme précédemment, on le prouve facilement lorsque le centre de découpe est assez proche du bord *(figure 2 D)* et, comme précédemment, la propriété reste vraie quel que soit le centre de découpe. Si l'un des convives préfère avoir plus de surface et l'autre plus de bord, une entente sera facile.

Pour N égal à 4, une très belle solution purement graphique a été proposée par Larry Carter et Stan Wagon en 1994. Le problème avait été posé et résolu par Joe Konhauser (1924-1992) de l'Université St. Thomas dans le Minnesota. Une sculpture en granite en honneur du problème et de sa solution, montrée en première page de

4. Le théorème de la pizza

Pour découper la pizza, on trace N droites (traits de découpe) concourantes et formant entre elles des angles égaux. On distribue ensuite les $2N$ parts obtenues alternativement aux deux convives, Julie et Jacques. Les parts de Julie sont bleutées, celles de Jacques en rouge.

A. Si l'un des traits de découpe passe par le centre de la pizza, les aires de pizza allouées à Julie et à Jacques sont égales, quel que soit le choix initial de Julie.

B. Pour quatre coupes (et aussi pour un nombre pair de traits de découpe supérieur à 4), les aires sont égales.

C. Pour trois coupes, Julie choisit en premier la part qui contient le centre et obtient plus de pizza. Cela est vrai aussi pour tout nombre N de la forme $4k - 1$ (3, 7, 11, 15, 19, 23,...).

D. Pour cinq coupes, Julie choisit en premier la part qui ne contient pas le centre et obtient plus de pizza. Cela est vrai aussi pour tout nombre N de la forme $4k + 1$ (5, 9, 13, 17, 21, 25,...).

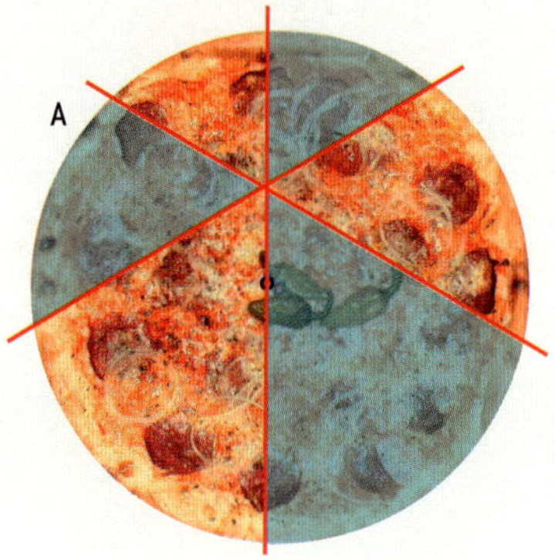

ce chapitre, a été réalisée par le sculpteur Helaman Ferguson. La preuve est reproduite et détaillée à la figure 3. Elle indique que les deux convives reçoivent exactement la même aire de pizza, cela quel que soit l'emplacement du centre de découpe, ce qui est assez étonnant. On en déduit, par soustraction des aires *(voir la figure 5)*, que les deux convives, pour N égal à 4, disposeront aussi de la même quantité de bord et cela même si on considère que le bord a une certaine épaisseur et est donc un anneau.

Avec quatre traits de découpe, on a donc toujours un partage doublement équitable de la pizza, Julie et Jacques savent ce qu'ils doivent faire.

Au-delà de $N = 4$, le problème devient plus compliqué. Quand N est pair, on démontre à coups de calculs d'intégrales que les parts des deux convives sont égales, ce qui généralise donc le résultat obtenu géométriquement par L. Carter et S. Wagon.

Pour M convives

En 1999, Jeremy Hirschhorn (avec quatre membres de sa famille !) a établi un résultat un peu plus général : si on écrit $N = 2M$, alors la pizza (qui est coupée en $4M$ parts) sera distribuée équitablement entre M convives pourvu qu'on donne quatre parts à chaque convive en suivant un ordre cyclique d'attribution.

Pour N égal à 6 par exemple, l'ordre d'attribution doit être :
a–b–c–a–b–c–a–b–c–a–b–c.

Le raisonnement de la figure 5 montre que le partage du bord de la pizza est lui aussi équitable entre les M convives (ou entre les deux convives), et cela même en considérant que le bord a une certaine épaisseur.

Plus intéressant encore, une conséquence du résultat des Hirschhorn est que si les garnitures de tomate *(en orange sur la figure 2 F)*, de fromage fondu *(en rouge)* et de jambon *(en jaune)* sont disposées de telle manière qu'elles forment dans chaque cas un disque (dont le centre peut être différent de celui de la pizza et du centre de découpe), alors les proportions de garniture de tomate, de fromage fondu et de jambon seront équitablement réparties entre les M convives pourvu que le centre de découpe soit bien

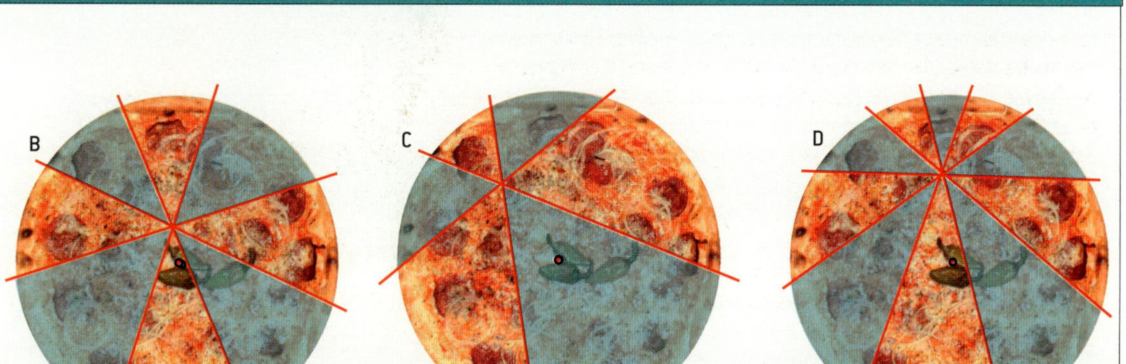

à l'intérieur du disque de chaque garniture. Le raisonnement consiste simplement à appliquer le résultat précédent en assimilant successivement le disque de chaque garniture à la pizza entière.

Répartir aussi la garniture

La situation est donc tout à fait remarquable : pour le voir, découpons une pizza recouverte d'un disque de tomate, d'un disque de fromage fondu et d'une tranche de jambon circulaire par six traits rectilignes faisant des angles de 30 degrés, passant par un même centre de découpe à l'intérieur des trois disques de garniture. Alors une distribution de type a–b–c– a–b–c–a–b–c–a–b–c des 12 parts dessinées donne aux trois convives des quantités exactement égales de pâte, de bord de pizza, de tomate, de fromage fondu et de jambon.

Pour un nombre N impair de découpes, le cas général avec deux convives est longtemps resté une conjecture. C'est seulement en 2009 que Rick Mabry et Paul Deiermann, après avoir séché sur le problème pendant plusieurs années et mené des calculs informatiques variés, ont fini par mettre au point une démonstration du beau résultat suivant.

– Si l'un des traits de découpe passe par le centre, les deux convives ont la même aire de pizza et la même longueur de bord (nous avons déjà vu cette partie évidente pour des raisons de symétrie à la figure 2A). Sinon :

– pour $N = 3, 7, 11, 15, 19, 23, \ldots$ (tous les nombres entiers de la forme $4k - 1$), le convive qui prend le centre obtient la plus grande aire de pizza et, malheureusement pour lui, moins de bord.

– pour $N = 5, 9, 13, 17, 21, 25, \ldots$ (tous les nombres entiers de la forme $4k + 1$), le convive qui prend le centre obtient la plus petite aire de la pizza et le plus de bord.

5. Le bord de la pizza

Dans les cas où les aires attribuées aux joueurs sont égales (correspondant aux valeurs de N pair supérieur ou égal à 4), le bord de la pizza est lui aussi distribué équitablement entre Julie et Jacques.

On commence par considérer la pizza dans son ensemble : les joueurs se voient attribuer les mêmes aires. On considère ensuite la partie centrale de la pizza (c'est-à-dire la pizza privée de son bord) : à nouveau, la découpe leur attribue les mêmes aires de cette pizza réduite.

Par soustraction, on en déduit que les aires de la couronne constituant le bord de la pizza sont attribuées équitablement entre les joueurs.

Dans le cas de distributions non équitables, le raisonnement non seulement n'est plus valide (car on ne soustrait pas n'importe comment des inégalités), mais on obtient que pour deux convives et les valeurs de N impaires supérieures ou égales à 3, c'est toujours le convive qui a le moins d'aire de pizza qui a le plus de longueur de bord. Cela peut être un bienfait dans le cas de gâteaux circulaires où un convive peut préférer l'intérieur et l'autre le bord au succulent glaçage chocolaté.

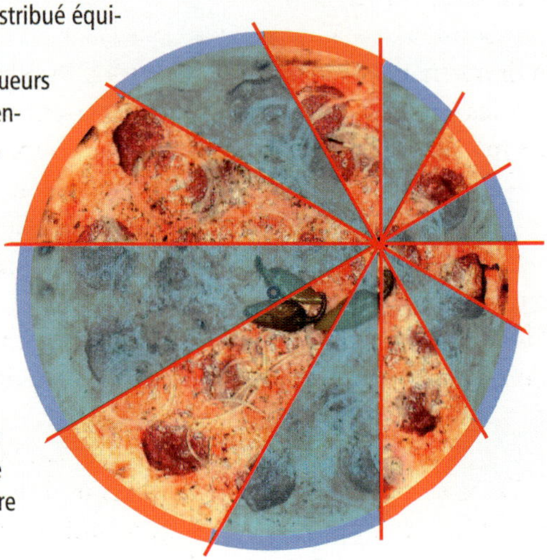

Pour N impair, le cas d'un nombre quelconque de convives n'est pas encore résolu. Nous avons à nouveau ici l'exemple de problèmes de géométrie délicats dont la solution aura attendu le XXIe siècle... ou même qui attendent encore.

6. Partages en trois dimensions

Le théorème du partage de la pizza *(voir la figure 2)* s'étend moyennant quelques précautions à certains volumes. La clef de ces généralisations est de se ramener à des empilements de couches infiniment minces de disques, chacun placé par rapport aux lignes de découpe comme le théorème de la pizza l'impose : les angles entre lignes de découpe doivent être égaux et les lignes de découpe doivent toutes passer par un centre de découpe à l'intérieur du disque.

Et l'épaisseur ?

Une pizza n'est pas infiniment mince ! Que se passe-t-il quand on tente de prendre en compte l'épaisseur des pizzas ou qu'on envisage d'autres produits gastronomiques ayant des formes plus variées ? Bien sûr, ce que nous venons de dire pour les pizzas est valable pour les tartes, quiches et autres cylindres alimentaires parfaits.

Quand il est possible, le découpage en tranches infinitésimales circulaires d'un volume conduit à proposer une généralisation des résultats sur les découpages de pizza (N pair ou impair) pour un assez grand nombre de formes intéressantes. On peut ainsi envisager le cône pointu oblique (pourvu que la pointe reste au-dessus de la base et que l'axe central de découpe passe par la pointe), le « flan » (cône tronqué), le « reblochon » (cône tronqué concave), la demi-sphère tronquée en lui enlevant une calotte horizontale, des colonnes et cônes torsadés, etc. *(voir la figure 6)*.

Voici un énoncé plus précis. La généralisation du théorème de la figure 4 pour les nombres N pairs ou impairs fonctionne pour tout volume V qu'on découpera par N plans de découpe verticaux si :

– la surface de V est limitée en bas par un disque horizontal de base B et en haut par un disque horizontal de sommet S (les disques B et S pouvant être réduits à un point) ;

– les N plans de découpe, quand on tranche le volume en $2N$ morceaux, passent par une même droite A (l'axe central de découpe) et forment des angles égaux entre eux ;

– chaque coupe horizontale de V donne un disque D contenant un point de l'axe A.

Ces théorèmes s'appliquant à des volumes ne doivent pas être confondus avec le célèbre théorème du sandwich au jambon dont nous rappelons l'étonnant énoncé dans l'espace à trois dimensions :

– Trois objets ayant un volume (par exemple un sandwich composé de pain, de beurre et de jambon) étant donnés, il existe un plan de découpe qui sépare exactement chacune des trois composantes en deux parties ayant le même volume (le pain est séparé en deux parts égales, de même que le beurre et le jambon).

Dans ce théorème démontré dans un espace de dimension n quelconque en 1942 par Arthur Stone et John Tuckey, on affirme l'existence d'un hyperplan permettant un partage égal de n objets possédant un hypervolume. Cependant on ne dit pas comment

7. Dessinez des arcs égaux !

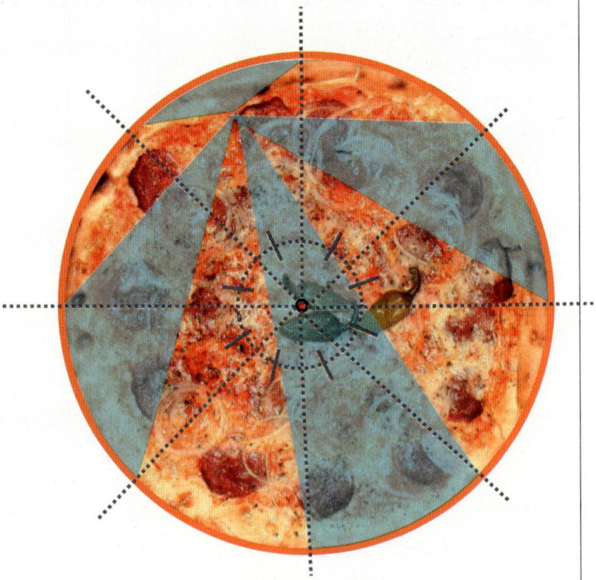

Le théorème de la pizza *(voir la figure 3)* est intéressant si l'on sait tracer des droites passant par un même point et faisant des angles égaux. Une autre hypothèse du même type conduit à un second théorème de la pizza... très peu connu. On suppose cette fois qu'on sait découper le bord de la pizza en $2N$ secteurs d'arc égaux. Comme précédemment, on place un point central de découpe au hasard dans la pizza. Cela détermine $2N$ parts qui sont distribuées alternativement à Julie et à Jacques.

Cette fois, comme l'a démontré Murray Klamkin, que N soit pair ou impair, le partage est toujours équitable, et donc les deux convives sont certains d'avoir la même part de l'aire de la pizza ainsi que la même longueur de bord (qu'il faut ici assimiler à un périmètre de cercle sans épaisseur).

On trouve une démonstration de cette belle propriété dans le livre de J. Konhauser, D. Velleman et S. Wagon, *Which way did the bicycle go ? And other intriguing mathematical mysteries*. Mathematical Association of America, Dolciani Mathematical Expositions n° 18, 1996.

découvrir le découpage, ce qui est loin d'être évident, alors qu'avec les théorèmes du type pizza, une multitude de méthodes de découpage produisant des découpages équitables est donnée (par exemple utiliser quatre découpes)... ce qui est beaucoup plus pratique.

Le jeu de la pizza

La version bidimensionnelle du théorème du sandwich au jambon présente quand même un intérêt pour les amateurs de pizza. En effet, supposons qu'on ait une pizza pas très circulaire recouverte d'une garniture unique (par exemple de sauce tomate) étalée avec négligence selon une forme compliquée. La version bidimensionnelle du théorème du sandwich au jambon indique qu'il existe une possibilité de couper la pizza en deux par une droite, donc d'un seul coup de couteau, de telle façon que Julie et Jacques disposent de la même aire de pâte et de la même aire de tomate.

Malheureusement, si la solution existe, il est difficile de la construire. Aussi, déterminer la bonne coupe n'est pas facile et, sauf coup de chance extraordinaire, un seul coup de couteau ne permettra pas le partage équitable de la pâte, de la tomate et du fromage fondu.

Le problème du partage d'une pizza est l'objet d'un jeu intéressant qui donne naissance lui aussi à des problèmes faciles, moins faciles et franchement difficiles tout récemment résolus. Voici le jeu.

– On suppose cette fois que la pizza est découpée en N tranches par N coups de couteau passant par le centre (les coups de couteau sont donc des rayons) et déterminant des secteurs d'angles $\alpha_1, \alpha_2, \ldots \alpha_N$;

– le joueur A choisit une part;

– ensuite, chacun des deux joueurs A et B choisit à tour de rôle une part parmi celles n'ayant qu'un seul voisin, donc en créant un secteur vidé unique de plus en plus grand.

Le but est évidemment d'avoir la plus grande quantité de pizza possible et le problème consiste à découvrir comment s'y prendre au mieux.

Si N est pair, il existe une stratégie permettant au premier joueur d'être certain d'avoir au moins la moitié de la pizza. Elle est assez facile à découvrir.

Si N est impair, il existe une stratégie permettant au premier joueur d'être certain d'avoir au moins 1/3 de la pizza.

Ce deuxième résultat n'est pas le meilleur possible pour N impair et on soupçonnait que 1/3 pouvait être amélioré en 4/9. Cette conjecture due à Peter Winkler a été démontrée simultanément par deux équipes de chercheurs *(voir la bibliographie et le pdf disponible sur Internet).* La stratégie qui garantit 4/9 est cette fois réellement complexe, mais on sait maintenant de manière certaine qu'on ne peut pas faire mieux que 4/9 dans le cas général: pour certains découpages de pizza en un nombre impair de parts, le second joueur, en s'y prenant bien, obtiendra au moins 5/9 de pizza.

Tangram

Le plus célèbre des puzzles suggère de nouvelles variantes du jeu et d'intéressants problèmes de géométrie, que parfois seule la patience d'un ordinateur peut affronter.

Le *Tangram* est sans doute le plus populaire des jeux géométriques. Tout le monde le connaît et y a joué au moins une fois. Sam Loyd, le célèbre amateur et inventeur de récréations mathématiques, en fait une présentation détaillée en 1903 dans un ouvrage intitulé *Le huitième livre de Tan* («The Eighth Book of Tan») où il propose plusieurs centaines de figures à réaliser avec les sept pièces du jeu... dont certaines sont impossibles à obtenir. Se prétendant bien informé, il donne des détails sur l'histoire du jeu:

«D'après le professeur Challenor, dont les manuscrits posthumes sont en ma possession, il existe en Chine sept livres de *Tangram* contenant chacun un millier de figures. Leur origine remonterait à il y a environ 4000 ans. Ces livres sont si rares que le professeur Challenor, pendant les 40 ans qu'il a résidé en Chine, n'a réussi à voir des exemplaires complets que du premier et du septième, ainsi que quelques fragments du deuxième. Une portion de l'un des ouvrages, imprimés sur des feuilles d'or, a été retrouvée à Pékin par un soldat anglais qui l'acheta pour 300 livres à un collectionneur d'antiquités, et j'ai été aimablement autorisé à en reproduire certains motifs.»

Ces éléments d'histoire furent répétés avant que Martin Gardner fasse en 1974 une mise au point détaillée, où il explique que tout n'est qu'une affabulation malicieuse de Loyd. La plus ancienne trace écrite du jeu se trouve dans un livre de 1803, publié effectivement en Chine, dont le titre signifie «Collection de formes pour le jeu à sept pièces».

Un jeu pas si ancien

Le nom *Tangram* n'apparaît qu'en 1848 dans un ouvrage de Thomas Hill, *Problèmes géométriques pour les jeunes (Geometrical Puzzle for the Youth)*. Lewis Carroll et Edgar Poe appréciaient le jeu et l'on raconte que Napoléon avait un *Tangram* à Sainte-Hélène. Le jeu est universel: on l'utilise dans les écoles et pour se distraire. Des dizaines de fabricants en proposent toutes sortes de réalisations matérielles en bois ou en plastique. Vous avez probablement un *Tangram* chez vous.

Le terme serait construit à partir du mot *tan*, qui aurait signifié prostituée dans certaines régions en Chine, et désignerait *Le jeu des prostituées*. Une autre hypothèse évoque l'ancien mot anglais *Trangram* avec deux *r*, signifiant jouet compliqué, qui aurait été repris et déformé. Dans le dictionnaire *Websters* de 1913, on trouve par exemple la définition: «Trangram: something intricately contrived.»

Le jeu est utile pour la familiarisation des jeunes enfants avec les formes de base de la géométrie. Mais il est peu mathématique si l'on ne se donne comme but que la reproduction des silhouettes imprimées sur les fascicules accompagnant les boîtes de jeu. Il suscite aussi une multitude de questions de nature vraiment mathématique dont certaines sont difficiles, voire non résolues.

Commençons par les plus simples en nous limitant au jeu du *Tangram* classique avec ses sept pièces bien déterminées : deux petits triangles isocèles rectangles t, un carré c, un parallélogramme p et un autre triangle isocèle rectangle t', chacune des trois pièces c, p et t'ayant été obtenue en accolant deux t, et enfin deux grands triangles isocèles rectangles t'', obtenus cette fois avec quatre t chacun. En tout, on a les sept pièces, parfois dénommées *tan*.

Si l'unité de longueur est le petit côté de t, alors son hypoténuse a pour longueur $\sqrt{2}$. Le côté du carré c est 1 ; les côtés du parallélogramme p valent 1 et $\sqrt{2}$; ceux du triangle t' valent $\sqrt{2}$ et 2, et ceux de t'' valent 2 et $2\sqrt{2}$.

Il est utile de classer les motifs donnés à faire aux joueurs en trois catégories. Il y a les motifs généraux auxquels on ne demande que d'être d'un seul tenant, d'utiliser chaque pièce

1. Le monde du *Tangram*

Le *Tangram (a)* est composé de sept pièces : le petit triangle isocèle rectangle t, le carré c, le parallélogramme p, le triangle isocèle rectangle t', le triangle isocèle rectangle t'', pièces qui sont toutes obtenues à partir de la plus petite (en double exemplaire), le triangle isocèle rectangle t de côtés 1 et $\sqrt{2}$ *(b)*. Sam Loyd a imaginé un inventeur chinois du *Tangram* du nom de Tan, et le huitième livre de Tan *(c)*. En *(d)*, un livre chinois du XIXe siècle illustrant l'intérêt des géomètres chinois pour les *Tangrams*. En *(e)*, quelques motifs parmi les milliers proposés par les amateurs du jeu.

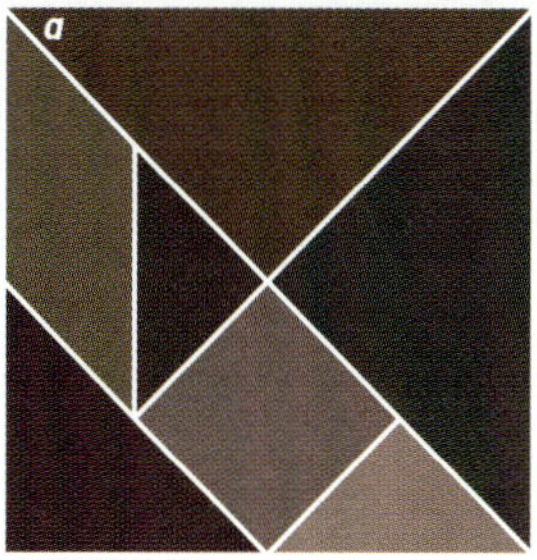

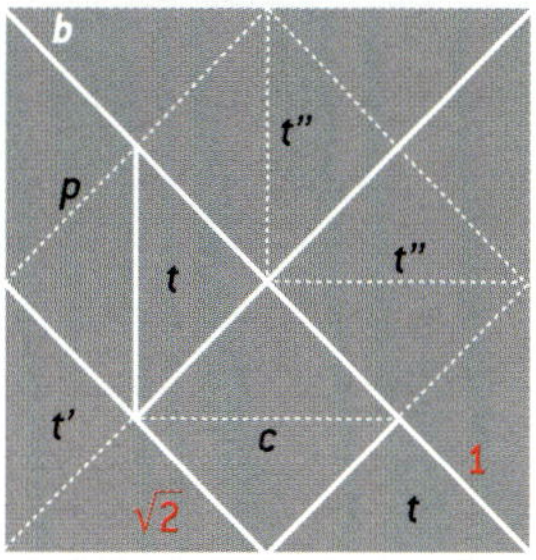

c

d

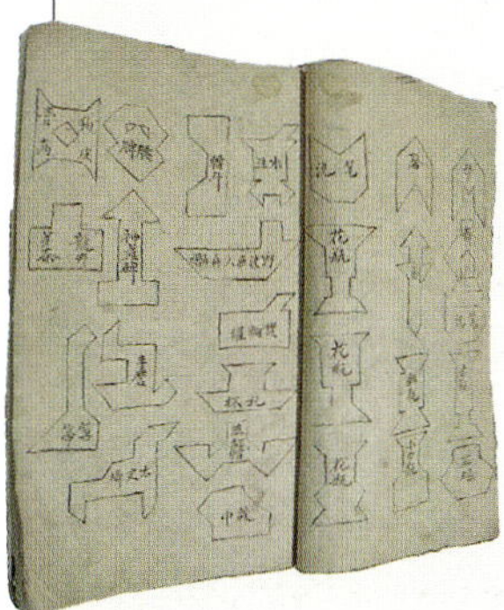

e

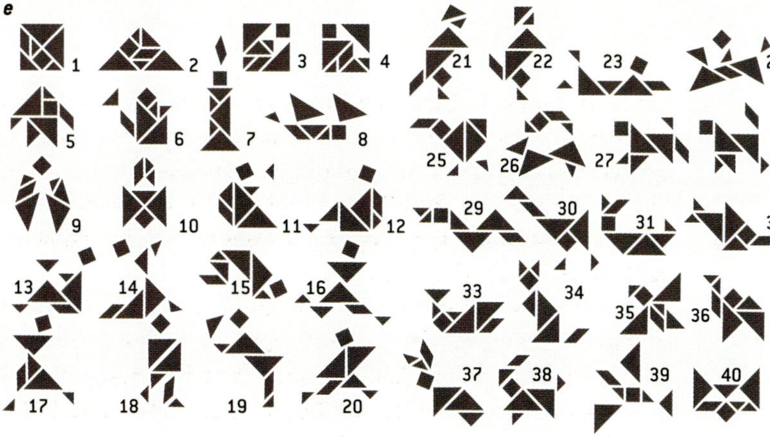

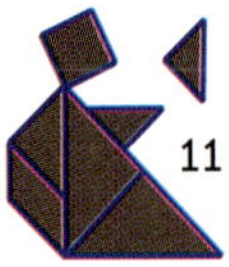

une fois exactement et bien sûr d'être sans recouvrement. Tous les motifs de la figure 1*e*, sauf le motif 11 dont une pièce est détachée des autres, sont des motifs généraux.

Les motifs propres seront les motifs généraux auxquels on impose en plus d'avoir un périmètre topologiquement équivalent à un cercle. Cela revient à exiger que l'intérieur du motif soit d'un seul tenant et qu'il n'y ait pas de trou dans le motif.

Les motifs 1, 2, 33, 35, 36 sont des motifs propres *(voir l'illustration ci-dessous)*. Le motif 10 n'est pas un motif propre, car il possède un trou, de même que le motif 40 qui en a deux. Les motifs 6, 7 et 8 ne sont pas des motifs propres pour une autre raison : deux pièces ne se touchent que par un point et non selon un segment.

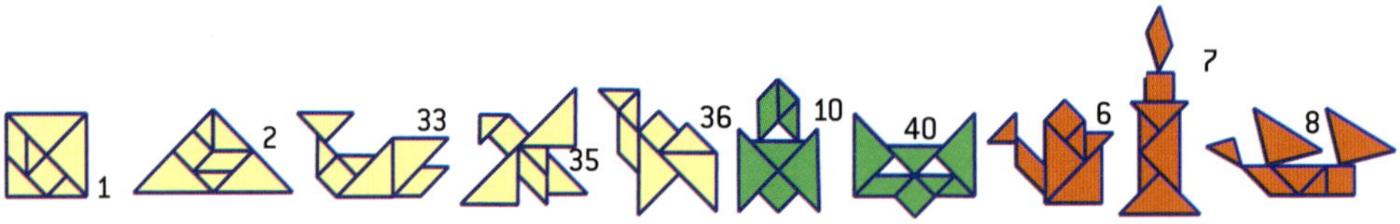

La troisième catégorie de figures à réaliser est celle des *snug-motifs* : en anglais *snug* signifie « petit et bien arrangé ». Ils sont plus contraints et utilisent l'idée que chaque pièce est composée à partir d'un même petit triangle isocèle rectangle t pris une, deux ou quatre fois. D'après la définition proposée par Ronald Read, les snug-motifs sont des motifs propres tels qu'en décomposant chaque pièce en triangles isocèles rectangles t, deux pièces ayant un segment en commun ont au moins un côté en commun pour deux de leurs triangles de base t (ce côté commun peut être le petit côté du triangle rectangle de base, ou son hypoténuse). On peut noter que cette règle impose des contraintes d'orientation fortes à chaque pièce : si le carré est placé horizontalement, alors tous les côtés de longueur 1 ou 2 seront horizontaux ou verticaux, et tous les autres côtés (de longueur $\sqrt{2}$ ou $2\sqrt{2}$) seront sur des droites diagonales (à 45 ou à 135 degrés). Les motifs 1, 2 et 5 sont des snug-motifs. En revanche, les motifs 35 et 36 ne sont pas des snug-motifs.

Quelques questions mathématiques sur ces formes sont présentées et résolues sur la figure 2.

Dans ses articles consacrés au *Tangram*, Martin Gardner posa la question du nombre de motifs propres pentagonaux. Il proposait une solution et un raisonnement pour la justifier. Malheureusement, son raisonnement comportait une petite erreur, ce qui provoqua l'arrivée dans son courrier d'une énorme quantité de lettres de lecteurs outragés. L'analyse et la compilation de ces lettres le conduisirent à la bonne réponse, qui n'est donc pas si facile et qu'il publia. Essayez de la trouver ou faites un programme pour cela *(voir la solution en figure 3)*.

Dénombrements manquants

Les dénombrements des trois grandes catégories de motifs du *Tangram* sont très faciles ou très difficiles. Il est bien évident que les motifs généraux et les motifs propres sont en nombre infini. Le fait de pouvoir faire pivoter certains groupes de pièces, ou d'en faire glisser continûment, rend cette infinité non dénombrable (c'est-à-dire de la même sorte que l'infinité des nombres réels, et non pas de la sorte de celle des entiers). Les snug-motifs sont en nombre fini : à chaque fois qu'on ajoute une nouvelle pièce dans une construction, elle ne peut se placer qu'à un nombre fini d'endroits.

Cette idée de construction progressive permet de majorer le nombre de snug-motifs. En voici les étapes :

– À chaque étape du montage d'un motif, on accole 2 (ou plus) des 30 côtés des pièces. Côté signifie ici côté d'un des triangles élémentaires *t* qui composent les pièces ; ces côtés sont 30 en tout pour les sept pièces du *Tangram*. On suppose qu'on a attribué un numéro de 1 à 30 à chacun des côtés.

– Il y a six étapes de montage pour un motif, car une fois la première pièce posée, six fois de suite, on accole une des pièces restantes.

– La donnée de 12 nombres entre 1 et 30 détermine donc une construction possible au plus : les deux premiers nombres indiquent les deux côtés qu'on accole en premier, les deux nombres suivants indiquent les deux côtés qu'on accole en second, etc.

– Conclusion : il existe au plus $30^{12} = 5{,}3 \times 10^{17}$ snug-motifs.

Bien sûr, plusieurs suites de 12 numéros différents peuvent aboutir au même motif, et certaines suites ne donnent pas un motif véritable à cause du recouvrement des pièces ou de l'utilisation (dans le choix des 12 numéros) d'un côté qui n'est plus libre. Le nombre qu'on vient de calculer est donc une majoration très large.

La question du dénombrement exact des snug-motifs est si difficile qu'elle est restée irrésolue jusqu'en 2004, année où R. Read a établi, à l'aide d'un programme, qu'il y en a en tout 4 842 205. Ce dénombrement est resté peu diffusé. On ne le trouve pas

2. Énigmes à propos du *Tangram*

A. Quel est le nombre maximal de côtés d'un motif général ?

Tout dépend de ce qu'on va considérer comme un côté du motif.

Soit on considère qu'en posant le sommet d'une pièce sur le côté d'une autre pièce, le côté sur lequel on a posé la pièce continue de compter pour 1. Dans ce cas, la réponse est 23, comme le montre le motif 1 de la femme avec les deux bras en avant : les 23 côtés des sept pièces du *Tangram* sont préservés.

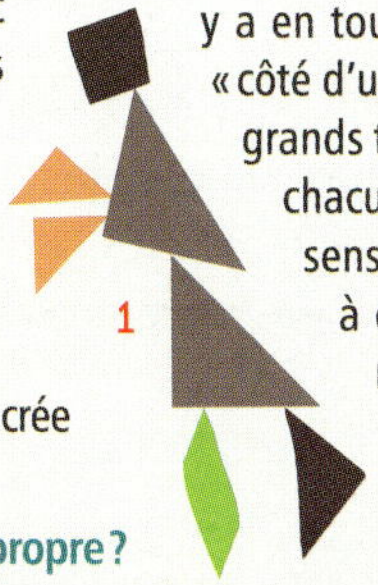

Soit on considère que le côté qui reçoit le sommet compte maintenant pour 2, car en suivant la frontière du motif, on passera d'abord sur une partie du côté coupé, puis plus tard sur l'autre. Dans ce cas, la réponse est 29 (23 + 6), car six fois de suite, on crée un côté supplémentaire.

B. Quel est le nombre maximal de côtés d'un motif propre ?

La réponse est 23.

On s'arrange pour poser, six fois de suite, une pièce sur un côté plus grand en laissant devant un bout du côté sur lequel on pose la pièce et un autre derrière. À chaque fois, on perd un côté (celui de la pièce posée), mais on en gagne un puisque le grand côté sur lequel on a posé le petit compte maintenant deux fois :

On constate (grâce au motif 2) qu'il est effectivement possible de mener l'opération six fois de suite, et donc le nombre de 23 côtés qu'on a au départ avec les sept pièces du *Tangram* reste inchangé pour la figure achevée.

C. Quel est le nombre maximal de côtés d'un snug-motif ?

La réponse est 18. Voici le raisonnement assez subtil, dû à Ronald Read.

Si on prend les sept pièces du *Tangram*, il y a en tout 30 « côtés », « côté » voulant dire ici « côté d'un petit triangle isocèle rectangle *t* ». Les grands triangles isocèles rectangles *t''* ont par exemple chacun un périmètre composé de six « côtés » en ce sens particulier. Quand on construit un snug-motif, à chaque fois qu'on ajoute une pièce, on accole nécessairement deux de ces 30 « côtés » au moins qui ne pourront donc plus être « côtés » du motif final. Durant le montage du motif, on ne peut donc pas faire disparaître moins de 12 « côtés » (six fois de suite, on en fait disparaître deux). Le mieux qu'on puisse obtenir est donc un motif ayant 18 « côtés ».

C'est possible, comme le motif 3 du chien le montre. Il se trouve que les 18 « côtés » dans le sens particulier de la démonstration sont chacun aussi des côtés dans le sens usuel pour ce motif du chien, et donc 18 est possible avec côté dans le sens usuel, et l'on ne peut pas faire mieux.

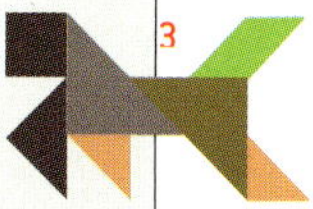

3. Les motifs pentagonaux de Martin Gardner

Parmi les 53 pentagones qu'on peut faire avec les sept pièces du *Tangram*, seuls 22 sont des snug-motifs *(en vert)*. Récemment, P. Moutou a mis au point un programme qui lui a permis de vérifier que le *Tangram* engendrait effectivement 22 snug-motifs pentagonaux. Il a réussi à savoir de plus qu'il y a 200 snug-motifs hexagonaux, 1 245 snug-motifs heptagonaux, 6 392 snug-motifs octogonaux et 27 133 snug-motifs ennéagonaux.

mentionné dans *Wikipédia* (ni en français ni en anglais) et, à ma connaissance, aucun site Internet ou livre ne le signale. Je ne pense pas non plus qu'il ait été vérifié.

Un dernier dénombrement difficile mériterait d'être étudié soigneusement. Pour éviter les glissements, on peut considérer les motifs propres possédant la propriété que si deux bords de pièces ont un segment en commun, alors ils ont aussi une extrémité en commun.

Ces motifs *bien positionnés* (en anglais on les nomme *fully matched*) sont plus nombreux que les snug-motifs. Bien sûr, tout snug-motif est un motif bien positionné, mais l'inverse n'est pas vrai ; par exemple, le motif 31 *(voir la figure 1e)* n'est pas un snug-motif (car certaines pièces ont un segment commun sans que les côtés des *t* de base s'ajustent bien), mais est un motif bien positionné au sens indiqué plus haut.

On voit facilement que dès qu'une pièce d'un motif bien positionné est en place, les sommets des autres pièces ne peuvent plus occuper qu'un nombre fini de points du plan. Il en résulte que les motifs bien positionnés sont en nombre fini. *Wikipédia* indique qu'il en existerait 6,13 millions, mais ce nombre apparaît trop faible pour être compatible avec le nombre de snug-motifs calculé par R. Read, et aucun nombre plus précis n'est cité. Je n'ai pas réussi à savoir si ce résultat est une évaluation approximative ou le fruit d'un calcul exact reproduit incomplètement.

En considérant la possibilité de trous dans les motifs, ce qui permet certains dessins intéressants, et pourquoi pas, de ne pas utiliser toutes les pièces, ou même de tolérer le recouvrement des pièces, il apparaît qu'une série de dénombrements concernant ce jeu pourtant universellement connu reste aujourd'hui non traitée.

Philippe Moutou, dans une étude récente, s'est demandé s'il existait des jeux de pièces du même type que celles utilisées pour le *Tangram*, mais constituant de meilleurs jeux en un sens précis.

Dans un article publié en 1942, Fu Traing Wang démontre que parmi tous les motifs qu'on peut composer avec les pièces d'un *Tangram*, il y en a 13 exactement qui sont convexes (une figure est convexe si à chaque fois qu'on prend deux points A et B dans la figure, le segment AB est entièrement contenu dans la figure : un disque est convexe, une croix ne l'est pas).

Les figures convexes

Les motifs convexes sont les plus difficiles à réaliser à partir de leur silhouette, car celles-ci ne laissent apparaître que peu d'information sur les positions des pièces. Qu'il existe beaucoup de formes convexes différentes avec un petit nombre de pièces est donc une marque d'élégance pour ce jeu de pièces et le gage qu'on pourra faire un grand nombre de figures intéressantes et difficiles. On adoptera donc cette première mesure de qualité pour comparer les jeux de pièces du même type que le *Tangram* : le nombre de figures convexes qu'ils autorisent.

Les jeux de pièces que nous allons mettre en compétition avec le *Tangram* vont être tous ceux qui utilisent quelques pièces, chacune composée d'un ou plusieurs triangles isocèles rectangles *t* proprement accolés par leurs côtés (on nomme parfois ces figures *polyabolos*) et qui, au total, en comporte 16 (comme les sept pièces du *Tangram,* composées en tout de 16 triangles *t*). On souhaite en effet que le carré soit faisable avec les pièces retenues, ce qui permettra de ranger facilement le jeu dans une boîte carrée, comme cela est possible pour le *Tangram.*

Dès 1942, Wang avait remarqué qu'avec 16 triangles isocèles rectangles, on construit non pas 13 formes convexes, mais 20. Le *Tangram* en oublie donc sept. Les sept pièces oubliées sont repérables : elles sont toutes en longueur et ne laissent pas assez d'épaisseur pour les grands triangles isocèles rectangles *t"* du *Tangram (voir la figure 4).*

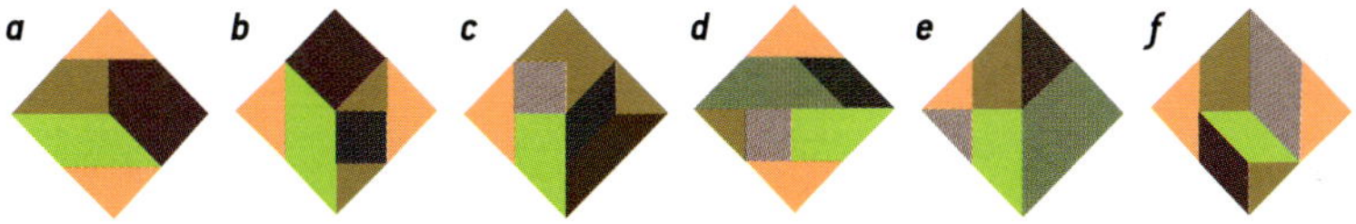

Les jeux proposés par divers inventeurs et fabricants de jouets pour concurrencer le *Tangram* sont le *Regulus* (5 pièces, *voir le schéma a ci-dessus*), le *Pythagoras* (7 pièces, *b*), le *Revathi* (7 pièces, *c*), le *Chie-no-ita* (7 pièces, *d*), le *Cocogram* (6 pièces, *e*) et le *Heptex* (7 pièces, *f*).

Chacun engendre un certain nombre des 20 figures convexes possibles avec 20 triangles isocèles rectangles. Le calcul du nombre de motifs convexes faisables donne les résultats suivants par ordre de succès : *Regulus* 7, *Pythagoras* 12, *Tangram* 13, *Revathi* 15, *Chie-no-ita* 16, *Cocogram* 16, *Heptex* 19.

Le *Tangram*, loin d'être le meilleur, se retrouve au milieu du classement, largement distancé par *Heptex* qui, bien que composé de sept pièces lui aussi, atteint presque le maximum avec 19 sur 20.

Le *Tangram* possède deux pièces en double. Nous dirons qu'il a deux pièces doublées. Si dans un jeu une pièce est présente trois fois, nous dirons de même qu'il y a deux pièces doublées. Avec cette terminologie, le nombre total de pièces d'un jeu est le nombre de pièces distinctes, additionné du nombre de pièces doublées.

P. Moutou a exploré ce paramètre pour savoir s'il était bon ou pas d'avoir beaucoup de pièces doublées. Si l'on prend sept pièces, composées au total de 16 triangles isocèles rectangles, alors le nombre de pièces doublées varie de 0 à 5 (car s'il y a 6 pièces doublées, c'est qu'une pièce unique est utilisée 7 fois, or 16 n'est pas divisible par 7, c'est impossible).

Voici le résultat : sans pièce doublée, on obtient au plus 15 formes convexes (avec le *Revathi*) ; avec une pièce doublée, on obtient au plus 16 formes convexes ; avec deux pièces doublées, on obtient au plus 19 formes convexes *(Heptex)* ; avec trois pièces doublées, on obtient au plus 19 formes convexes ; avec quatre pièces doublées, on obtient au plus 18 formes convexes ; avec cinq pièces doublées, on obtient au plus 15 formes convexes.

La conclusion est que pour avoir un jeu à sept pièces qui engendre beaucoup de formes convexes, il ne faut pas trop de pièces doublées, ni trop peu.

Un critère multiple de comparaison

La comparaison de la qualité des jeux de pièces menée en ne prenant en compte que le nombre de formes convexes qu'ils reconstituent est un peu trop sommaire.

P. Moutou a donc concocté un indicateur plus compliqué, mais plus subtil, qu'il a nommé le score $Z = L + A - P - D + F + C$, où L est le nombre de longueurs différentes des côtés des pièces du jeu (plus L est grand, plus varié est le jeu, mieux c'est) ; A est le nombre d'angles différents dans les pièces du jeu (comme pour L, plus A est grand, mieux c'est) ; P est le nombre de pièces du jeu (pour que le jeu soit élégant et intéressant, il ne faut pas que P soit grand, d'où la présence d'un signe moins devant le P) ; D est le nombre de pièces en double (il est bon de les éviter, d'où le signe moins) ; F est le nombre de formes convexes qu'on peut reconstituer avec le jeu (nous souhaitons comme précédemment que F soit grand) ; C indique si on peut faire le carré : $C = 1$ si oui, $C = 0$ si non.

4. Les motifs motifs convexes

Les 13 figures convexes faisables avec les pièces du *Tangram* et les sept figures convexes supplémentaires obtenues avec 16 triangles isocèles rectangles.

5. Les huit TAO de Philippe Moutou

En utilisant un indicateur noté *Z (voir page 48)* plus précis que le décompte des figures convexes réalisables, P. Moutou a identifié huit puzzles de type *Tangram* meilleurs que ceux envisagés jusqu'à maintenant. Il les a appelés TAO (pour *Tangrams Assistés par Ordinateur*). Leur *Z* est égal à 19.

L'indicateur qu'il utilise prend en compte le nombre de pièces (qui ne doit pas être trop grand), la variété des formes des pièces du jeu (qui doit être grande) et le nombre de formes convexes que les pièces engendrent.

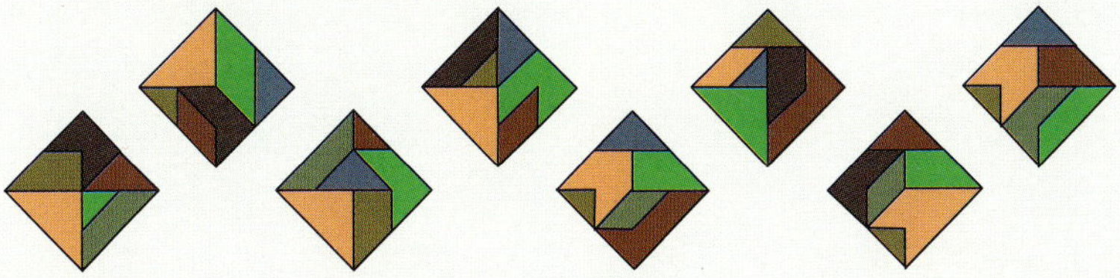

Bien sûr, ce coefficient aurait pu être conçu autrement, par exemple en accordant plus de poids à l'un des termes, disons F, et en le remplaçant par $2F$ dans la formule qui définit Z : $Z' = L + A - P - D + 2F + C$.

Aussi imparfait et discutable qu'il soit, le coefficient Z de P. Moutou est un bon moyen de comparaison et peut-être de découverte de nouveaux jeux intéressants. P. Moutou a calculé Z pour les jeux possibles ayant 16 triangles isocèles rectangles au total. Les résultats font ressortir les puzzles classiques déjà mentionnés qui se trouvent tous assez bien classés. Les valeurs de Z sont 12 pour *Tangram*, 10 pour *Pythagoras*, 16 pour *Chie-no-ita*, 17 pour *Heptex* et 17 pour *Revathi*. Plus intéressants encore, les résultats de l'évaluation de Z ont fait apparaître huit puzzles passés inaperçus jusqu'à présent et qui sont les gagnants avec un score Z de 19. P. Moutou a choisi de nommer TAO (pour *Tangram Assisté par Ordinateur*) ces puzzles *(voir la figure 5)*.

Aller plus loin

En considérant un total de triangles de base plus grand, on peut obtenir des valeurs de Z de plus en plus grandes. Il semble que Z puisse croître jusqu'à l'infini et c'est la conjecture que formule P. Moutou. D'intéressants jeux, plus complexes que le *Tangram*, ont ainsi été découverts ; je vous invite à aller les voir sur son site Internet.

D'autres travaux se poursuivent pour perfectionner Z et prendre en compte la capacité d'un jeu de pièces à engendrer des figures symétriques, ou d'autres aspects d'un jeu de pièces.

Ces recherches, intéressantes, butent sur la difficulté de calculer le nombre de snug-motifs engendrés par un jeu, ou le nombre de motifs bien positionnés, nombres importants pour évaluer si un jeu est intéressant ou non. Les comparaisons des jeux de pièces différents basés sur le calcul de ces nombres difficiles à obtenir pourraient confirmer les résultats déjà obtenus en se fondant sur les motifs convexes, ou alors faire découvrir le *Tangram* ultime qui, pour 2000 ans encore, occupera les esprits des écoliers et des amateurs de divertissements géométriques.

Shutterstock / reviewold

PARTIE 2

Jeux en trois dimensions

Que ce soit à l'occasion de la conception de sculptures mathématiques, du calcul des assemblages stables de morceaux de sucre, de la résolution des casse-tête tirés des cubes de SOMA, de l'accrochage d'un tableau, ou des méthodes optimales de résolution du cube de Rubik, c'est notre aptitude à voir dans l'espace qu'il faut solliciter et associer aux raisonnements logiques les plus subtils. Une source intarissable de plaisirs !

Deux sculpteurs de mathématiques

Des machines « impriment » en trois dimensions des objets mathématiques. Deux artistes, George Hart et Bathsheba Grossman, utilisent ce dispositif pour faire des sculptures.

L'espace n'est pas un vide passif : ses propriétés imposent de fortes contraintes aux structures qui l'habitent.
Arthur Loeb (1923-2002)

Certaines personnes consacrent leur vie aux mathématiques et la beauté qu'elles y rencontrent est souvent la raison de leur choix. Cette beauté échappe au profane qui, face aux formules et aux raisonnements délicats, ne ressent rien et pense, au contraire, qu'il est bien ingrat de s'occuper de tels sujets.

Toutefois, lorsque le mathématicien traduit ses équations et démonstrations en images, l'idée du « mathématiquement beau » apparaît à tous : ainsi les pavages de l'art islamique et les fractales illustrent l'esthétique de l'univers mathématique qui séduit tout le monde, même ceux qui ignorent leur mode de fabrication. Lorsque le mathématicien tire de son travail des objets tridimensionnels, l'effet est encore plus frappant : aussi, de nombreux artistes ont eu l'idée de réaliser des sculptures mathématiques.

Le prototypage rapide

Les sculptures de George Hart et de Bathsheba Grossman sont parmi les plus extraordinaires. Ces deux Américains, artistes et mathématiciens, matérialisent les objets qu'ils imaginent avec une précision minutieuse qu'aucun artisan ou artiste traditionnel ne pourrait égaler. Un de leurs secrets est l'utilisation des techniques mises au point pour le prototypage rapide et la production d'objets industriels en petite série : maquettes de voitures, d'avions ou de pièces mécaniques complexes dont on souhaite obtenir une réalisation géométriquement très précise. Si chacun sait qu'aujourd'hui un programme informatique peut faire qu'une image s'imprime, on ignore souvent qu'un programme peut aussi sculpter une forme : la traduction directe d'idées abstraites en formes mathématiques tridimensionnelles est devenue possible en sculptant automatiquement des objets calculés par programme, et donc sans avoir à utiliser ni bois, ni bloc de marbre, ni glaise, ni plâtre.

L'opération de transformation du modèle mathématique stocké dans un fichier informatique en objet physique se fait le plus souvent en opérant un découpage numérique préalable de la forme de l'objet en fines tranches parallèles. Ces tranches calculées sont

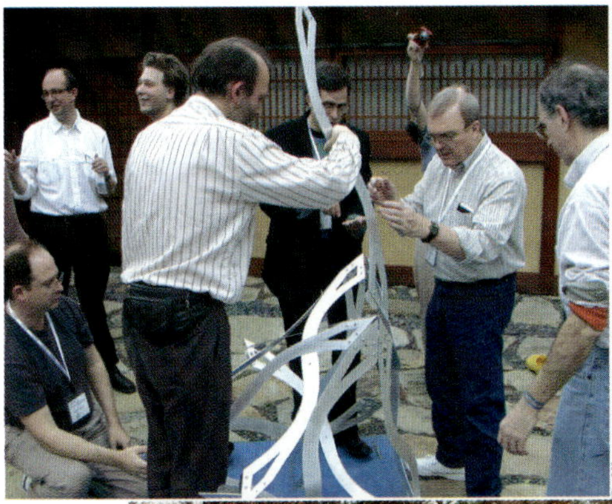

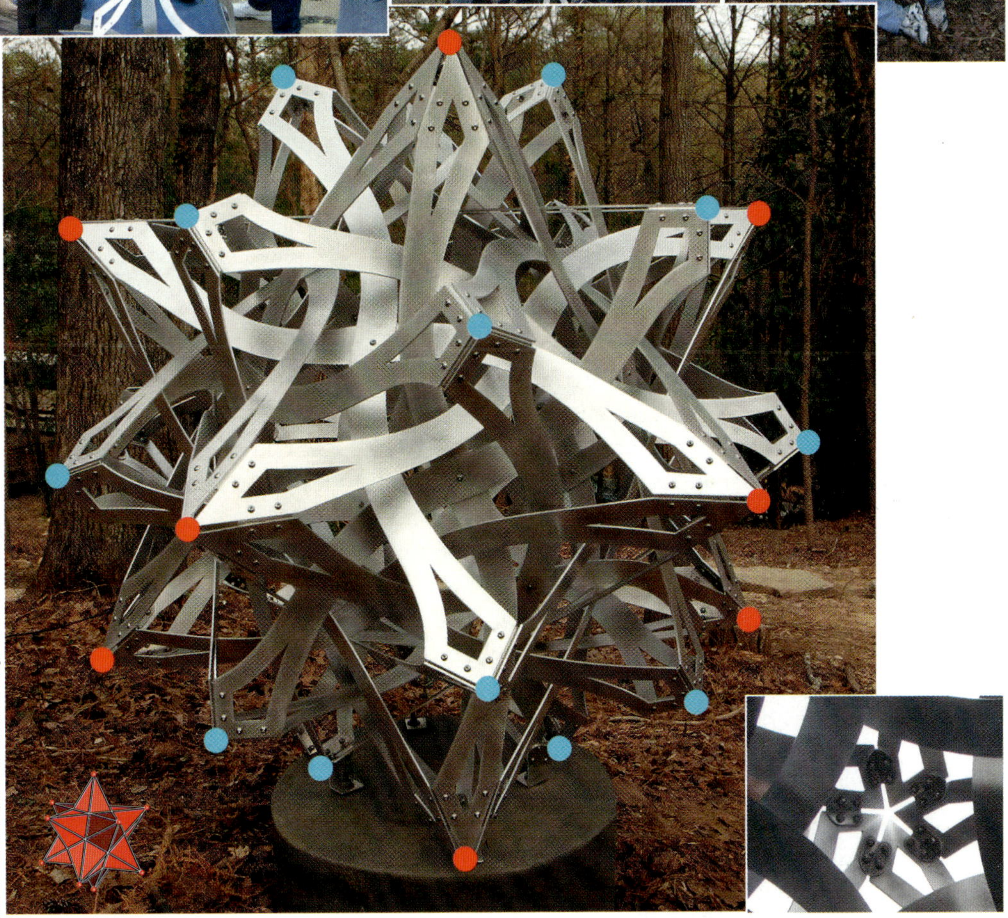

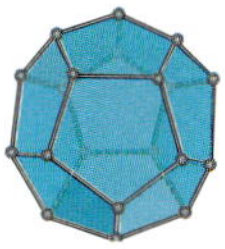

Sauf mention contraire, les illustrations sont de George Hart et Bathsheba Grossman.

1 Construction collective de George Hart. À l'occasion d'une réunion en l'honneur du mathématicien américain Martin Gardner, à Atlanta en mars 2008, George Hart a organisé l'assemblage d'une œuvre géométrique, *Compass Points*. Le modèle en aluminium est constitué de 60 pièces préalablement découpées au laser (30 d'angles au sommet de 90 degrés, 30 autres d'angles au sommet de 116,5 degrés) et de 510 boulons. Trente composantes sont utilisées lors du montage de la première partie de la sculpture qui, une fois finie, a une forme proche d'un petit dodécaèdre étoilé (polyèdre semblable à celui du cartouche rouge de gauche, qui possède 12 sommets, points de rencontre de 5 pièces, symbolisés par un point rouge). Les 30 autres pièces se rejoignent par trois en des sommets nouveaux au nombre de 20 *(points bleus)* disposés dans l'espace comme les sommets d'un dodécaèdre déformé *(cartouche bleu de gauche)*. Chaque nouvelle pièce est vissée en son centre à une pièce de la première catégorie, ce qui donne au tout une bonne rigidité. Le tout est une sorte d'entremêlement entre un dodécaèdre étoilé et un dodécaèdre déformé. Les bras sont reliés par leur partie centrale et on voit la symétrie d'ordre 5 d'un sommet sur la photographie en bas à droite.

ensuite créées automatiquement et assemblées pour obtenir la pièce voulue. Le procédé SLS (*Selective laser sintering*) est l'une de ces techniques : le laser chauffe une poudre sans la mener jusqu'à la fusion, soudant ainsi les grains, comme lors de la cuisson d'une poterie. Puis on élimine les grains non soudés. Le chauffage, couche par couche, produit ainsi progressivement et automatiquement l'objet calculé par l'ordinateur.

La stéréolithographie est un procédé du même type que la SLS fonctionnant encore à l'aide d'un laser. Cette fois, on utilise des résines liquides qui polymérisent sous l'action de la lumière ou de la chaleur. Comme précédemment, le laser solidifie couche par couche l'objet décrit par le modèle numérique. Quand il est terminé, le modèle est retiré de la cuve et le mélange non polymérisé est dissous. Souvent pour terminer, on le cuit pour le durcir. Il existe une multitude de variantes selon les besoins ; on introduit par exemple des poudres métalliques dans la résine. Le but n'est pas toujours la fabrication d'un objet, mais la confection d'un moule qui sera ensuite utilisé un grand nombre de fois pour la création d'objets identiques en série.

L'impression en trois dimensions possède l'avantage de réaliser des formes complexes qui seraient quelquefois impossibles à obtenir par un autre procédé. En revanche, le procédé est lent et cher s'il s'agit de fabriquer de grandes séries de copies d'un même objet, d'où son utilisation pour la fabrication de moules.

Des sculpteurs inspirés

On comprend cependant que la précision presque parfaite du passage d'un modèle numérique calculé par programme à un objet réel qu'on peut saisir dans les mains ait attiré l'attention des amateurs de beautés mathématiques. G. Hart et B. Grossman sont les mathématiciens dont les réalisations sont les plus intéressantes.

G. Hart, qui vit à Stony Brook près de New York, est professeur au Département d'informatique de l'Université de Stony Brook. Son travail en géométrie a reçu de nombreux prix et ses sculptures mathématiques sont exposées dans des endroits prestigieux. Outre ses recherches en géométrie et ses œuvres de sculpteur, il organise dans le monde entier des séances de construction collective de polyèdres géants qu'il conçoit lui-même. Pour ces séances, il fournit le matériel de base et les explications. En coordonnant l'activité de 10, 20 ou 30 personnes, il aboutit en quelques heures à une sculpture mathématique nouvelle et souvent impressionnante *(voir la figure 1)*.

G. Hart est aussi l'auteur d'un site Internet consacré aux polyèdres : http://www.georgehart.com/virtual-polyhedra/vp.html. Son livre écrit avec Henri Picciotto, *Zome Geometry. Hands on Learning With Zome Models* (Key Curriculum Press, 2001), présente un système de construction de polyèdres (le *Zome-system*, http://www.zometool.com/) et décrit son utilisation en même

2 **George Hart** montre le tétraèdre de Sierpinski qu'il a obtenu par prototypage rapide.

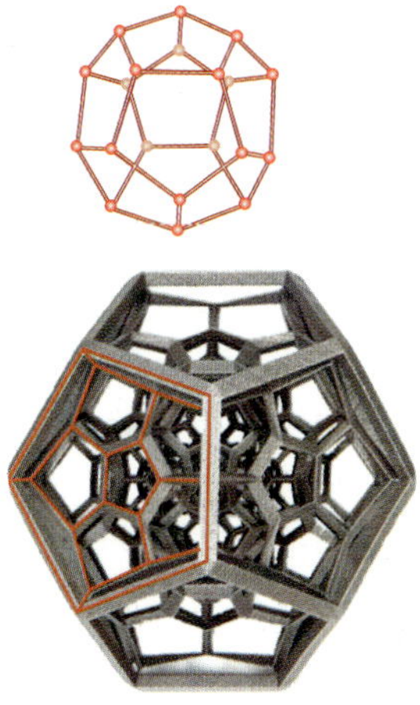

a

b

3 Toucher la quatrième dimension : la sculpture *(à gauche)* de G. Hart réalisée par prototypage rapide est une projection dans notre espace à trois dimensions d'un objet de l'espace à quatre dimensions, l'hyperdodécaèdre, qui est l'équivalent en quatre dimensions du dodécaèdre régulier ; l'hyperdodécaèdre a 120 « faces », des dodécaèdres réguliers *(au centre)*, l'un d'eux surligné en rouge. À droite, une éponge de Menger, une fractale créée par B. Grossman, aussi par la technique de prototypage rapide.

temps qu'il constitue un cours de géométrie. Son usage dans l'enseignement en France serait un excellent moyen de faire aimer les mathématiques.

Depuis plusieurs années, G. Hart utilise les technologies de prototypage rapide pour réaliser des objets dont la plupart seraient impossibles à créer autrement.

La figure 3*a* présente une sculpture qui est la projection dans l'espace à trois dimensions du plus étonnant des polyèdres réguliers de l'espace à quatre dimensions. Ce polyèdre, nommé hyperdodécaèdre, est composé de 120 dodécaèdres identiques, chaque dodécaèdre possédant 12 faces pentagonales. Les dodécaèdres sont liés selon un schéma mathématique d'une régularité parfaite : chacun joue le même rôle vis-à-vis des autres. Bien sûr, projetés dans notre espace à trois dimensions, les 120 dodécaèdres ne sont plus identiques (tout comme les triangles équilatéraux des côtés d'un tétraèdre régulier sont déformés par la perspective d'un dessin en dimension deux) et la symétrie de l'objet de dimension quatre n'apparaît plus qu'imparfaitement. Le résultat est cependant remarquable d'élégance et d'une touchante beauté.

Le fichier informatique nécessaire pour faire ce dessin sur une machine SLS est disponible, mais vous pouvez aussi acheter un exemplaire métallique fabriqué par SLS (voir : http://www.bathsheba.com/math/120cell/). Cette sculpture apparaît dans plusieurs épisodes de la série télévisée de CBS intitulée *Numb3rs* (voir http://www.numb3rs-singularity.fr/).

D'autres formes de l'espace à quatre dimensions projetées dans notre espace sont les sujets des sculptures de G. Hart, dont le « 120-cell tronqué », polyèdre composé de 120 dodécaèdres et de 600 tétraèdres obtenus à partir du polyèdre précédent en opérant en dimension quatre l'équivalent de l'opération qu'on fait en dimension trois par exemple sur un cube en coupant chacun de ses sommets pour faire apparaître huit triangles équilatéraux et six octogones.

Toujours fabriqué par les techniques de prototypage rapide (SLS ou stéréolithographie), G. Hart a pour la première fois créé un polyèdre décrit en 1937 par Mickael Goldberg qui est une sorte de balle dont la surface est composée de 960 hexagones et 12 pentagones (voir : http://www.georgehart.com/rp/rp.html, sixième photo).

Deux sculptures fractales intéressantes ont été programmées et réalisées à l'aide des outils de prototypage rapide par G. Hart : le tétraèdre de Sierpinski et l'éponge de Menger.

Le triangle de Waclaw Sierpinski (1882-1969) est sans doute la figure fractale qu'on rencontre le plus fréquemment dans le monde mathématique et le monde réel : il apparaît sur une des faces du tétraèdre de Sierpinski *(voir la figure 2)*. Cela est dû à sa définition d'une extrême simplicité. On part d'un triangle plein quelconque (s'il est équilatéral, le résultat sera plus joli). On enlève le triangle central déterminé par les segments de droite joignant les milieux des côtés. Cela donne trois triangles sur lesquels on répète la même opération, ce qui donne neuf triangles sur lesquels on recommence encore, etc. La forme a pour dimension fractale ln(3)/ln(2) = 1,58496 ; ce nombre est situé entre 1 et 2, ce qui signifie que la forme est intermédiaire entre celle d'une courbe et celle d'une surface.

Toucher une fractale

On voit apparaître cette forme dans le tableau des coefficients du binôme de Pascal, lorsqu'on colorie en noir les nombres pairs et en blanc les nombres impairs. On la retrouve aussi dans le graphe des configurations possibles du célèbre casse-tête des tours de Hanoï tant apprécié des informaticiens, car il sert à expliquer les programmes récursifs. On la retrouve encore dans les schémas de 0 et de 1 obtenus par manipulation de l'opérateur logique XOR, dans les dessins que produisent les automates cellulaires, dans les motifs colorés de certains coquillages, et dans de nombreux autres contextes mathématiques et sans rapports immédiats entre eux (voir http://www.cut-the-knot.org/triangle/Hanoi.shtml et http://en.wikipedia.org/wiki/Sierpinski_triangle).

Un peu comme le nombre π qui se présente dans une multitude de situations mathématiques indépendantes, le triangle de Sierpinski est partout. Sa version en trois dimensions est dénommée *Tetrix*. Elle s'obtient selon le même principe d'élimination répétée. Cette fois, on commence avec un tétraèdre qu'on vide progressivement en retirant des tétraèdres centraux de plus en plus petits. Sa dimension fractale, assez étrangement, est 2, la même que celle d'une surface. Cela est dû au fait qu'on peut à chaque étape de la construction prendre tous les petits tétraèdres et les ranger côte à côte sur une face du tétraèdre de départ.

La version réalisée par G. Hart est d'ordre 5, elle est donc composée de 4 × 4 × 4 × 4 × 4 = 1 024 petits tétraèdres, dont il a fallu déterminer la position pour qu'ils restent attachés : en théorie, deux tétraèdres n'auraient dû avoir qu'un point au plus en commun, ce qui aurait conféré à la sculpture une grande fragilité ! Autre merveille fractale en trois dimensions, l'éponge de Karl Menger *(voir la figure 3b)* est définie selon un principe de même type : on part d'un cube et, après l'avoir découpé en 27 cubes identiques plus petits, on retire les 7 cubes qui ne rencontrent aucune arête du cube de départ (il s'agit du cube central et des 6 cubes ayant une face au centre d'une face du cube initial). On recommence alors l'opération sur les cubes restants, obtenant 400 cubes plus petits, puis 8 000, etc. La dimension de l'éponge de Menger est ln(20)/ln(3) = 2,7268..., intermédiaire entre la dimension d'une surface et celle d'un volume.

Cet objet fractal *(voir la figure 3)* est l'occasion d'un exercice de visualisation mentale délicat. La question posée est : quelle est la forme qu'on voit apparaître si l'on coupe par un plan l'éponge de Menger en deux parties (identiques), le plan passant par le centre de l'éponge et par le milieu de deux arêtes adjacentes du cube initial (ces trois points non alignés déterminent un plan) ? Avant de rechercher la solution de l'énigme visuelle, posez-vous d'abord la même question à propos d'un simple cube (voir la solution à la fin du chapitre).

Tout le monde a vu des anneaux de bois enlacés qu'un sculpteur patient a tirés d'un bloc unique. Cet art de la forme difficile à réaliser a été poussé plus loin grâce au prototypage rapide. Un exemple mathématique d'exploit sculptural impossible à réaliser sans cet outil est montré sur la figure 4: l'emboîtement de sept polyèdres à petites faces sans aucun collage ni aucune soudure (les polyèdres sont d'un seul tenant).

L'art des sphères emboîtées

Cette technique de sculpture dans l'abstrait, qui précède la réalisation d'une sculpture en vrai, pourrait s'appeler la *sculpture in silico* (comme on parle de «biologie *in silico*» à propos de l'analyse des séquences génétiques à l'aide d'outils informatiques). G. Hart pense que cette possibilité deviendra rapidement accessible à tous: «Aujourd'hui il s'agit d'une technologie relativement coûteuse, utilisée principalement pour la conception de produits avancés ou dans les centres de recherche universitaires. Cependant, dans un futur proche, dix ans peut-être, les coûts baisseront et tout le monde pourra créer d'intéressants objets avec ces machines d'impression en trois dimensions. Tout se passera sans doute comme avec les imprimantes laser, dont les premiers modèles au début des années 1970 valaient plusieurs milliers de dollars, mais que maintenant on trouve dans toutes les écoles et lieux de travail.»

L'autre artiste que nous avons choisi de présenter est Bathsheba Grossman: elle déclare que, bien qu'ayant étudié les mathématiques plus qu'une personne ordinaire, elle ne se

4 Les sept sphères emboîtées fabriquées en prototypage rapide par G. Hart. Les «sphères», d'un seul tenant, tournent indépendamment. Cette sculpture est inspirée d'une tradition aujourd'hui encore active dans certains pays d'Asie *(photo de droite)*. Chaque sphère est faite à partir d'un polyèdre de Goldberg différent (ce sont des polyèdres construits autour de 12 pentagones, décrits en 1937 par Michael Goldberg et dont l'un sert de modèle aujourd'hui à la molécule de C_{60}, un fullerène). Du plus interne vers le plus externe, le nombre de faces des polyèdres est: 252, 272, 282, 312, 362, 372, 392, 432, 482, 492. À la sortie de la machine, les 12 pentagones que comporte chaque sphère sont alignés, permettant de voir le centre des 10 sphères. Si on fait bouger les sphères, c'est un petit casse-tête de les aligner à nouveau.

5 Les surfaces minimales. Deux sculptures originales de Bathsheba Grossman méritent l'attention, *Giroid* et *Swchartz'D*. Elles sont faites à partir de surfaces mathématiques minimales. Un pourtour étant fixé, il existe une surface de plus petite aire qui prend appui sur ce pourtour. En fixant certains pourtours particuliers, on obtient des surfaces intéressantes, qui, par exemple, quand on les prolonge périodiquement à l'infini (dans trois directions), séparent tout l'espace en deux domaines complémentaires ayant la même forme. Cette vision fantasmagorique de deux mondes identiques et entremêlés, mais séparés, fait réfléchir !

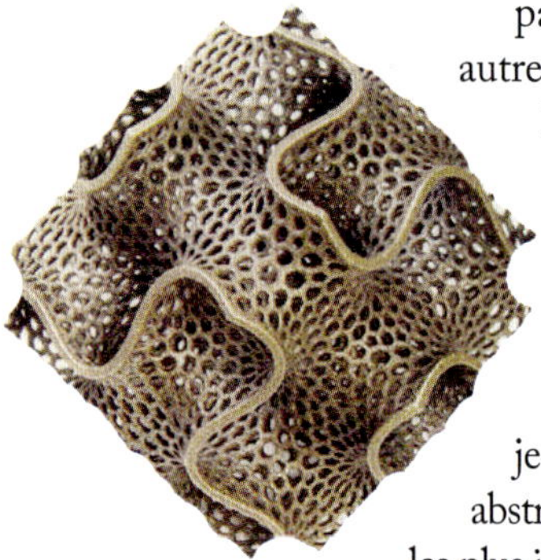

prétend pas mathématicienne. Pour elle, l'usage de la technologie, et en particulier des méthodes de prototypage rapide, est une nécessité puisque les autres techniques n'autorisent pas la réalisation des objets qu'elle imagine.

Elle donne quelques détails sur sa méthode de travail : « Pour réaliser une sculpture, je commence par examiner une forme, parfois une forme familière, comme un cube, parfois une forme moins commune, comme un dodécaèdre rhombique ou autre chose. Utilisant ensuite toutes sortes d'objets, papier, cure-dents, etc., ou simplement par un travail de pure imagination, je tente d'en déterminer les potentialités. Il se produit parfois qu'une forme intéressante m'apparaisse et que je souhaite m'engager dans sa réalisation. Il m'arrive aussi de concevoir des formes abstraites que je n'arrive pas à visualiser correctement. Ce sont peut-être les situations les plus intéressantes, car je crée alors la sculpture pour voir la forme que j'ai définie mentalement sans en avoir une perception globale précise. Une fois le modèle précis fixé, j'utilise des outils de CAO. Ce sera par exemple l'outil *Rhinoceros* qui est un modeleur 3D pour *Windows*, mais je peux utiliser bien d'autres logiciels, pourvu que cela m'aide. Parfois même, je prends ma casquette de programmeur et je développe des utilitaires informatiques pour faire aboutir mon projet. La programmation n'est pas le centre de mon travail, mais un outil commode et je suis heureuse d'en disposer. »

Le travail de Bathsheba Grossman

Les sculptures de B. Grossman obtenues par SLS sont de deux catégories. Il y a d'une part celles tirées de modèles purement mathématiques comme des projections de polyèdres de dimension quatre comparables à celles de G. Hart ou certaines surfaces minimales tirées de théories mathématiques avancées. D'autre part, il y a les formes produites par son imagination abstraite selon le processus présenté plus haut. Ces créations, bien que comportant souvent de nombreuses symétries, ne sont pas des objets ayant été préalablement envisagés par d'autres mathématiciens, mais bien des œuvres originales. Sans son travail, personne ne les aurait sans doute jamais vues.

B. Grossman défend l'idée que l'art est destiné à tous. Comme les livres qu'on imprime en milliers d'exemplaires et que chacun peut s'acheter, elle souhaite que les sculptures qu'elle réalise soient aussi abordables que possible et non pas fabriquées en séries limitées vendues à des prix astronomiques. Pour quelques dizaines de dollars (et donc un peu moins d'euros !), chacun peut acquérir ses œuvres en allant visiter son site Internet.

Après avoir gagné sa vie pendant de longues années comme programmeur, professeur de collège ou comme pigiste, en même temps qu'elle poursuivait sa vocation de sculpteur, elle réussit aujourd'hui, en particulier grâce à Internet, à vivre de son art. Elle souhaite que d'autres sculpteurs suivent son exemple et pratiquent à sa manière la sculpture et la diffusion des œuvres dans la direction d'un large public, aidés à chaque étape par les avancées des sciences et de la technologie.

Le laser utilisé par les machines de prototypage rapide que G. Hart et B. Grossman mettent au service de leur imagination sert à cette dernière pour réaliser une catégorie de sculptures mathématiques d'un type totalement différent : le dessin en trois dimensions dans le verre, qui est une seconde forme d'impression 3D.

Un autre usage du laser

L'idée est cette fois d'utiliser un laser pour chauffer un point précis d'un volume de verre transparent, afin de le rendre localement opaque. Ce moyen d'écriture en trois dimensions autorise une nouvelle forme de sculpture, utilisée pour fabriquer toutes sortes de bibelots représentant des animaux, des monuments ou des personnages et a même parfois conduit à la réalisation de portraits en trois dimensions dans de petits blocs transparents.

Bien sûr, cette sculpture laser dans le verre est idéale pour pratiquer l'art mathématique, et c'est précisément l'idée de B. Grossman. Ses œuvres représentent là encore des fractales ou des objets géométriques complexes dont certains, du fait qu'ils sont discontinus, ne peuvent être réalisés par les méthodes de prototypage rapide. Une nouvelle catégorie d'œuvres sculptées est rendue possible par cette technique, plus aérienne, et totalement libérée des contraintes d'équilibre et de robustesse.

La technique de l'écriture laser dans le verre a permis aussi à B. Grossman de réaliser des sculptures non mathématiques représentant la Voie lactée, une protéine d'insuline, une autre d'hémoglobine, un morceau d'ADN, la molécule de carbone C_{60}, le modèle du Système solaire de Kepler à l'aide de polyèdres emboîtés, etc.

La technologie, en autorisant de nouveaux types de sculptures, donne les moyens aux artistes et particulièrement à ceux qui sont sensibles aux merveilles des mathématiques, de nous faire admirer et tenir en main des objets d'une beauté sans équivalent. L'espoir que bientôt les machines de prototypage rapide et de gravure 3D du verre seront accessibles à tous fait rêver, et les artistes, comme G. Hart et B. Grossman, nous montrent le chemin et rendent visibles à tous ce qu'on a parfois considéré comme des beautés mathématiques réservées aux experts de l'abstrait.

a

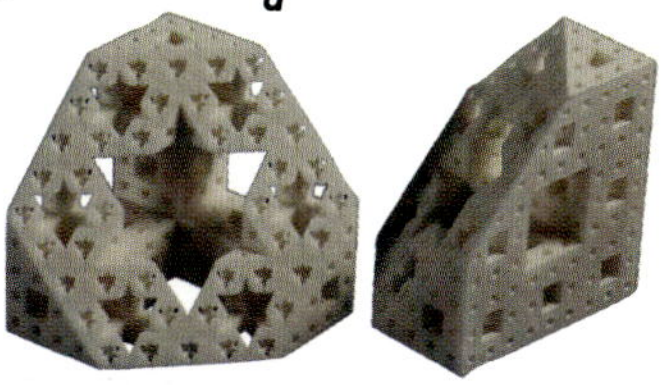

b

Solution du problème

L'intersection d'un cube avec un plan qui passe par son centre et le milieu de deux arêtes adjacentes est un hexagone régulier. Le même plan dans le cas de l'éponge de Menger donne un tapis hexagonal fractal *(ci-contre, a)*, les dentelures des étoiles résultant des carrés évidés *(ci-contre, b)*.

Surplombs maximaux

La recherche du surplomb maximum qu'autorise un empilement de briques, de dominos ou de sucres est un subtil problème d'équilibre. On vient juste de le résoudre et de trouver une solution inattendue.

Nous nous sommes tous amusés à empiler des sucres, des dominos ou des briques. Un défi est d'obtenir un surplomb aussi grand que possible et l'extraordinaire est qu'il peut être aussi grand que l'on veut avec la méthode suivante : le sucre le plus élevé est décalé de la moitié de sa longueur par rapport à celui juste en dessous, qui lui-même est décalé de 1/4 par rapport au précédent, lui-même décalé de 1/6, etc. Si la pile comporte n briques, le décalage du sommet par rapport à la base est *(voir la figure 1)* : $1/2 + 1/4 + 1/6 + ... + 1/(2n) = 1/2\ (1 + 1/2 + 1/3 + ... + 1/n)$.

La somme des n premiers termes de la série nommée « harmonique », $1 + 1/2 + 1/3 + ...$, vaut à peu près $\ln(n)$ et tend, lentement, mais sûrement, vers l'infini. En prenant assez de briques, le sommet d'une pile « logarithmique » se trouve donc en surplomb d'une longueur aussi grande qu'on le désire par rapport à la base : 1 000 longueurs de brique par exemple. Avec quatre briques, le surplomb dépasse 1, car $1/2 + 1/4 + 1/6 + 1/8 = 1{,}041$; avec 31 briques, il dépasse 2. Pour un surplomb plus grand que 3, il faut 227 briques, et pour un surplomb de plus de 10, il faut réunir et disposer soigneusement 272 400 600 briques... Le nombre $a\ (n)$ de briques nécessaires pour atteindre le surplomb n est donné par la suite A014537 de l'encyclopédie

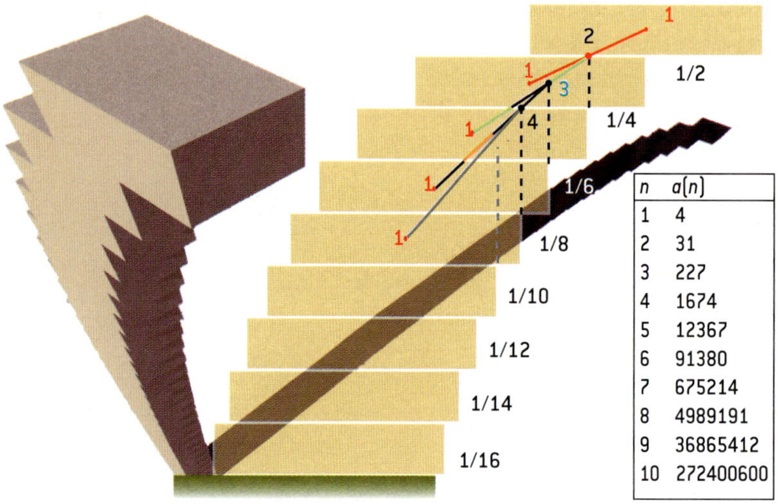

n	$a(n)$
1	4
2	31
3	227
4	1674
5	12367
6	91380
7	675214
8	4989191
9	36865412
10	272400600

1 **Pile de briques** en équilibre : le centre de masse des n briques supérieures (de poids n) et de la brique $n + 1$ (de poids 1) est à l'aplomb de l'extrémité de la brique $n + 2$. Le surplomb d'une brique n par rapport à la brique inférieure $n + 1$ est de $1/(2n)$ pour des briques de longueur unité. Le tableau indique le nombre de briques nécessaires $a(n)$ pour que l'on obtienne un surplomb de longueur n par la méthode de l'empilement logarithmique.

2 **Empilement parabolique infini** *(dessin de Francesco De Comité)*. Pour un nombre donné de briques, ce schéma donne un surplomb meilleur que l'empilement logarithmique.

des suites de Sloane (http://oeis.org/A014537). Un petit calcul montre que pour augmenter la longueur du surplomb d'une brique, il faut multiplier le nombre de briques par environ $e^2 = 7{,}389...$

Qu'une telle pile tienne en équilibre et que l'on puisse ainsi, sans ciment, ni colle, ni vis ou boulon obtenir un surplomb aussi grand que désiré avec des parallélépipèdes homogènes surprend le bon sens. Martin Gardner, qui présenta cet empilement dans *Scientific American* en novembre 1964, le désigne par le « paradoxe du surplomb infini ».

Bien sûr, on suppose que les briques sont indéformables. Si elles ne l'étaient pas, au-delà d'une certaine valeur de n, elles s'écraseraient et la pile tomberait. L'équilibre proposé est instable, le moindre souffle d'air ferait tout basculer, mais c'est sans importance, car à l'aide d'infimes déplacements de chaque brique, on peut rendre stable l'édifice en ne perdant qu'une partie infime du surplomb et donc sans interdire un surplomb aussi grand que désiré.

La question de savoir si cet empilement est le meilleur possible était considérée comme réglée, car un raisonnement élémentaire montre que si chaque brique est parallèle au sol, qu'elles sont parallèles entre elles et qu'il n'y a qu'une seule brique par niveau, alors un empilement de n briques donne au plus un surplomb de : $(1/1 + 1/2 + 1/3 + 1/4 + 1/5 + ... + 1/n)/2$.

Peut mieux faire !

Récemment, plusieurs chercheurs se sont cependant posé la question : que se passe-t-il quand on accepte de placer plusieurs briques sur un même niveau ? Leurs recherches conduisent à des réponses étonnantes et à quelques problèmes nouveaux.

Tout d'abord, on peut faire mieux que la pile logarithmique. Ce fait, remarqué dès 1923 par J. Coffin, avait été semble-t-il oublié. L'exemple des trois briques est le plus simple. En plaçant les trois briques sur deux niveaux pour former un triangle inversé *(voir la figure 3c)*, on obtient un surplomb de 1 qui est meilleur que $1/2 + 1/4 + 1/6 = 11/12$.

Par tâtonnements, on s'assure facilement qu'on ne peut pas faire mieux avec trois briques. Pour quatre briques, la situation est similaire, un empilement sur trois niveaux *(voir la figure 3e)* au lieu de quatre *(voir la figure 3d)* permet de dépasser le surplomb de 25/24 de l'empilement logarithmique.

En 2005, John Hall, du *California Institute of Technology*, détermina à l'aide d'un programme les surplombs maximaux qu'on peut obtenir pour un ensemble de n briques, n variant de 2 à 19 *(voir les figures 3c et 3e à 3r)*. Pour n au-delà de 19, J. Hall proposait d'autres configurations dont il affirmait qu'elles donnaient des surplombs maximaux. Or, il était dans l'erreur à cause d'une hypothèse fausse qu'il adoptait inconsciemment et que nous allons détailler plus loin : ses calculs ne donnaient pas le bon résultat au-delà de 19 et les surplombs obtenus étaient inférieurs à ce qui est possible.

Équilibres sans frottement

Avant d'examiner la subtile erreur de J. Hall et l'étonnante découverte faite en 2006 sur les empilements optimaux, précisons quelques hypothèses et détails physiques sur ces problèmes d'empilements.

Bien sûr, nous supposons que toutes les briques ont exactement la même forme et la même masse et qu'elles sont homogènes, ce qui place le centre de masse au centre de chacune. On n'envisage que des piles où toutes les briques sont placées parallèlement au sol et dans un même plan vertical (on est donc ramené à un problème à deux dimensions). Les piles considérées sont constituées d'une succession de niveaux, chacun comportant une ou plusieurs briques.

On fait aussi l'hypothèse qu'il n'y a aucune force de frottement entre deux briques posées l'une sur l'autre, ce qui revient à supposer que toutes les forces agissant sur les briques d'une pile sont verticales (vers le bas ou vers le haut). Cette hypothèse est importante, car certaines piles que nous refuserons de considérer comme stables le seraient avec des forces de frottement assez grandes. C'est le cas des triangles inversés, mais aussi des configurations extrêmes suivantes *(a)*.

a

b

Le problème de l'équilibre d'une pile de briques demande un peu d'attention, car la chute peut provenir du fait que les forces s'exerçant sur une brique ne s'égalisent pas (exemple : une brique dans le vide) ou parce que les forces s'exerçant sur une brique la font pivoter (cas d'un moment non nul, *voir la figure 6*). C'est ainsi que la pile de six briques disposées en triangle inversé [1, 2, 3] n'est pas stable *(figure b, ci-dessus)*. Cette pile, contrairement au triangle [1, 2] mentionné plus haut, s'écroule.

Faites l'expérience ! Le « diamant » [1, 2, 3, 2, 1] est stable, tout comme le « diamant » [1, 2, 3, 4, 3, 2, 1]. En revanche, le diamant [1, 2, 3, 4, 5, 4, 3, 2, 1] s'écroule *(figure c)*.

c

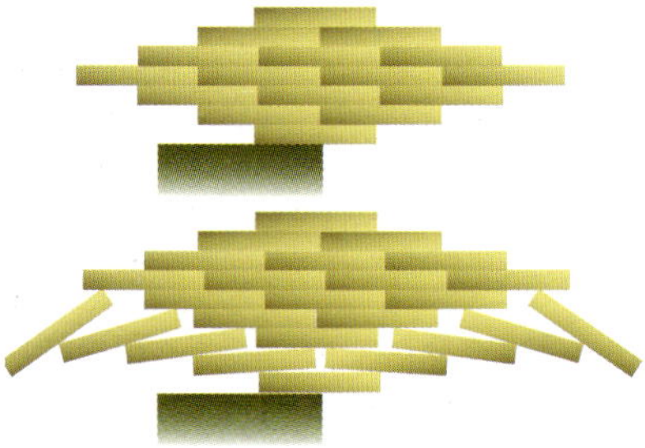

d

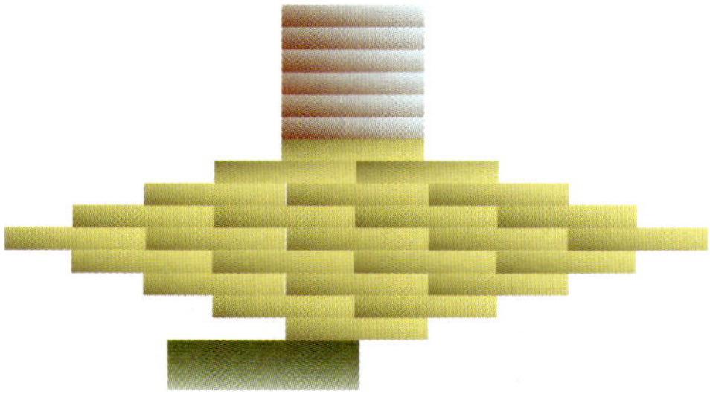

On peut quand même utiliser l'idée du diamant pour construire de beaux surplombs : on constitue un diamant-m $[1, 2, ..., m-1, m, m-1, ..., 2, 1]$, puis on place au-dessus de la brique supérieure une pile verticale de briques aussi grande que nécessaire pour stabiliser le tout. Le nombre de briques nécessaires pour stabiliser le diamant-m a été calculé : c'est $2^m - m^2 - 1$. Cela permet d'obtenir un surplomb de $m/2$ avec une pile d'exactement $2^m - 1$ briques. Le surplomb obtenu avec le même nombre de briques disposées en pile logarithmique est plus court. En effet il vaut : $1/2\ (1+1/2 +...+1/(2^m-1))$, soit environ $0{,}3465\ m$. L'idée simple du diamant surmonté d'une pile verticale donne déjà des surplombs meilleurs (pour un nombre donné de briques) que l'empilement logarithmique *(figure d, page précédente)*.

Dans le cas général, déterminer si une pile de briques est en équilibre est loin d'être simple *(voir l'encadré page 66)*. Pour une configuration fixée, cela conduit à résoudre un système d'équations et d'inéquations avec un assez grand nombre de variables. Pour n briques, il peut y avoir jusqu'à $4n$ variables et $6n$ égalités et inégalités. Les principes utilisés pour écrire ces équations résultent des lois de la statique et l'aide d'outils logiciels pour résoudre ces systèmes est indispensable. Pour trouver les configurations optimales d'un nombre n de briques, il faut essayer systématiquement une immense quantité de configurations : on ne connaît donc aujourd'hui les configurations optimales que pour les valeurs de n jusqu'à 40.

L'erreur de J. Hall corrigée en 2006 par les mathématiciens Mike Paterson et Uri Zwick était la supposition implicite que dans un empilement optimal, le bord droit de l'empilement était, d'étage en étage, de plus en plus en surplomb (le bord droit ne revenait jamais en arrière). Cela est vrai pour les empilements optimaux jusqu'à 19, à partir de 20, cela est faux *(voir la figure 3s)*. Le bord droit de l'empilement n'est pas monotone, il revient en arrière au niveau 4 de la pile.

Empilements non monotones

Dans ce type d'empilements, on nomme support les briques (en jaune) qu'on obtient en partant de la brique principale donnant le surplomb maximum, puis en considérant, de proche en proche, toutes les briques qui

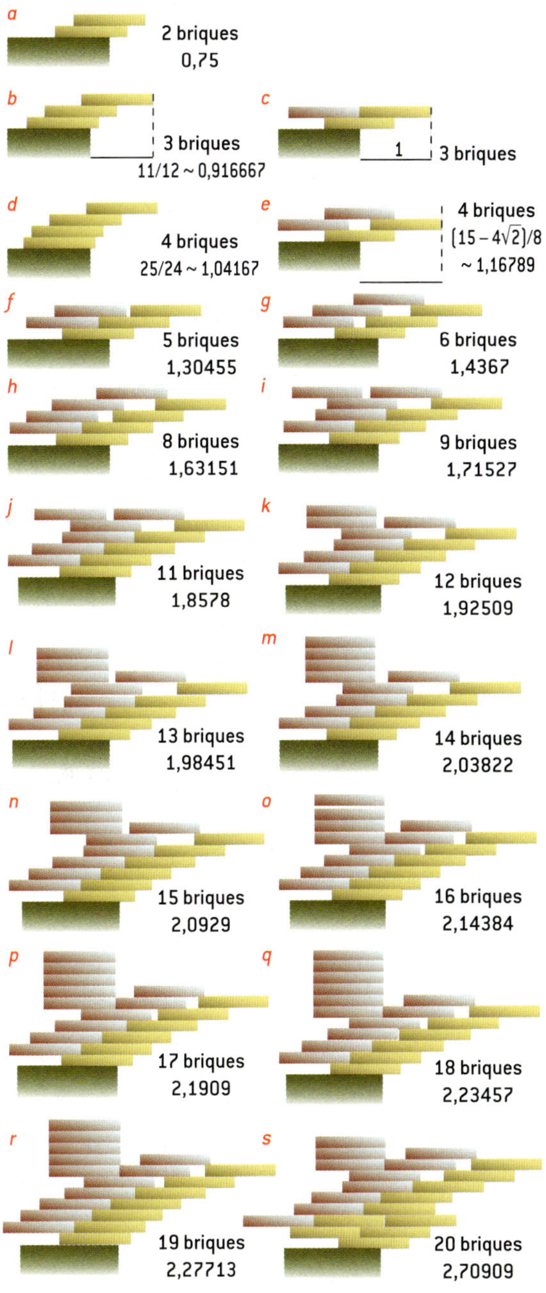

3 Les plus grands surplombs. Ces dispositions donnent les plus grands surplombs quand on dispose de 2 briques, de 3 briques... et enfin de 20 briques. Les surplombs maximaux s'obtiennent en mettant plusieurs briques par niveau. Pour n égal à 20, le bord droit de l'empilement revient en arrière. Ainsi, les empilements donnant un surplomb maximum ne sont pas toujours monotones !

4. Faire mieux que l'empilement logarithmique

L'empilement parabolique de M. Paterson et U. Zwick n'est pas très compliqué et réalise pourtant un surplomb proportionnel à $n^{1/3}$ (n étant le nombre de briques utilisées), ce qui est mieux que l'empilement logarithmique classique qui donne un surplomb proportionnel à $\ln(n)$. Il est composé de couches de briques disposées en quinconce et de plus en plus larges et épaisses. Avec un nombre n de briques, on obtient un surplomb (mesuré en unités de briques) d'au moins $(3n/16)^{1/3} - 1/4$, soit à peu près $0{,}57\ n^{1/3}$.

Est-il possible de construire un empilement en posant les briques les unes après les autres, de façon qu'à chaque étape la pile temporaire soit en équilibre ? Pour l'empilement logarithmique classique, la réponse est oui, mais pour l'empilement parabolique de M. Paterson et U. Zwick, c'est non. Une variante de l'empilement parabolique peut cependant être assemblée brique par brique. Les numéros indiquent l'ordre de placement des briques. L'empilement, un peu moins bon que celui de la figure de gauche, donne néanmoins un surplomb asymptotique en $n^{1/3}$.

Empilement en biais: John Conway à qui l'on parlait du problème de l'empilement des briques remarqua qu'avec de vraies briques en trois dimensions (de longueur 1, de largeur L, de hauteur h), on peut toujours exploiter la largeur des briques d'un empilement donné pour améliorer légèrement le surplomb. La méthode consiste à tourner légèrement chaque brique. Le gain obtenu est de : $(1 + L^2)^{1/2} - 1$.

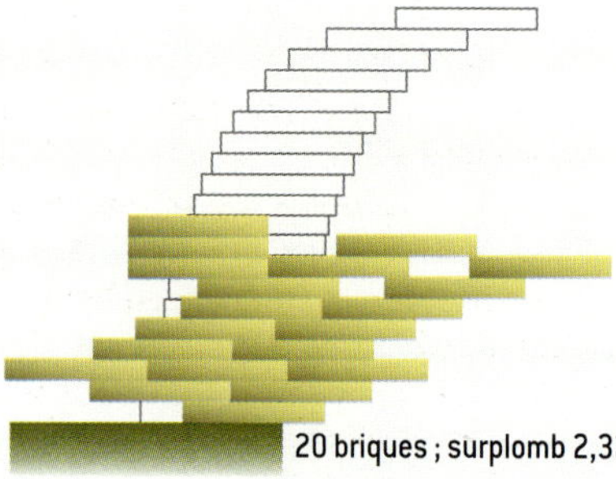

20 briques ; surplomb 2,32

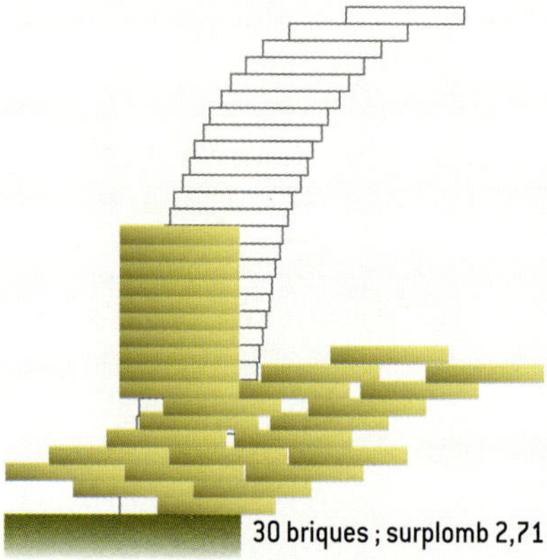

30 briques ; surplomb 2,71

Comparaison des empilements: empilements logarithmiques classiques et empilements optimaux découverts pour 20 briques et 30 briques. Il est bien clair que les nouveaux empilements donnent de plus grands surplombs.

portent cette brique. Pour un empilement monotone (le bord droit ne part jamais en arrière), il n'y a qu'une seule brique support par niveau. En revanche, dans le cas des empilements non monotones, plusieurs briques support peuvent se situer au même niveau (il arrive aussi qu'un empilement soit non monotone et qu'il n'y ait qu'une seule brique support par niveau). Pour l'empilement optimal à 20 briques, les niveaux 2 et 3 comportent chacun deux briques jaunes. Pour celui à 30 briques, les niveaux 2, 3 et 4 comportent chacun deux briques support.

Lorsqu'il n'y a qu'une seule brique support par niveau, on dit que l'empilement est vertébré. L'hypothèse – faite sans s'en rendre compte – que les empilements optimaux étaient monotones et donc vertébrés a conduit J. Hall à ses conclusions erronées à partir de 20 briques. Les briques qui ne sont pas des briques support se nomment briques d'équilibrage. Contrairement aux briques support, l'emplacement des briques d'équilibrage dans les empilements optimaux n'est généralement pas parfaitement fixé : on peut déplacer certaines des briques d'équilibrage sans faire s'écrouler la pile.

La découverte qu'il faut absolument prendre en considération, les empilements non monotones et non vertébrés, s'est en fait révélée cruciale pour l'étude du comportement asymptotique des piles de briques. Trois résultats remarquables prouvent l'importance déterminante des empilements non vertébrés. Les deux premiers sont dus à M. Paterson et U. Zwick. Pour le dernier, trois autres mathématiciens se sont joints au travail : Yuval Peres, Mikkel Thorup et Peter Winkler. Voici ces résultats asymptotiques ; tous les empilements que nous considérons sont bien sûr supposés en équilibre.

a. Un empilement vertébré de n briques ne peut jamais avoir un surplomb de plus de $\ln(n) + 1$ (dans cette formule, $\ln(n)$ représente le logarithme népérien de n, l'unité est

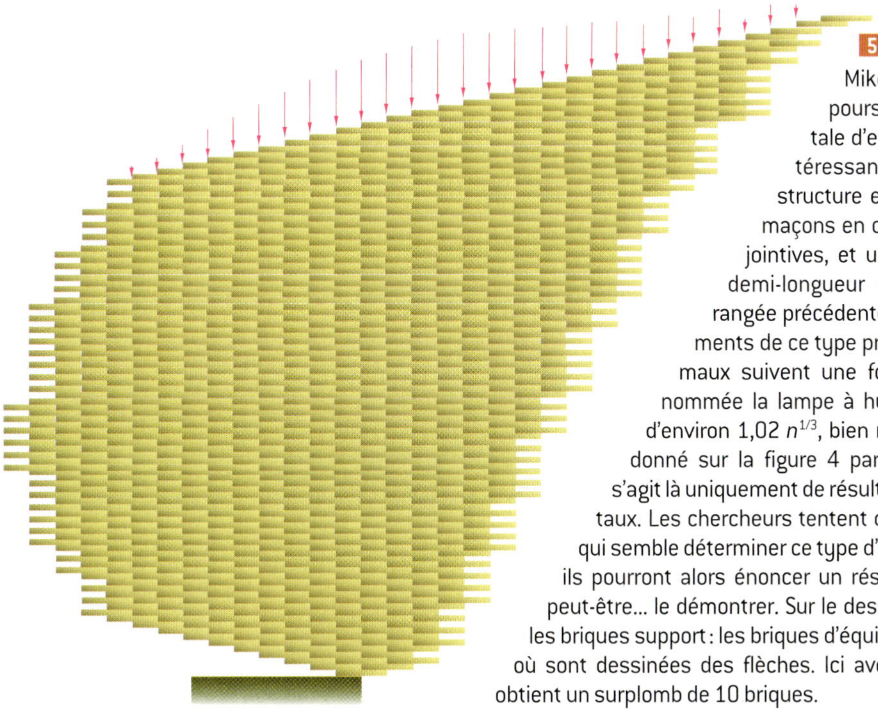

5 Les piles en lampe à huile. Mike Paterson et Uri Zwick ont poursuivi la recherche expérimentale d'empilements optimaux en s'intéressant aux empilements dont la structure est celle d'un mur comme les maçons en construisent : les briques sont jointives, et une rangée est décalée d'une demi-longueur de brique par rapport à la rangée précédente (et la suivante). Les empilements de ce type produisant les surplombs maximaux suivent une forme bien précise qu'ils ont nommée la lampe à huile. Le surplomb obtenu est d'environ $1{,}02\ n^{1/3}$, bien meilleur donc que le $0{,}57\ n^{1/3}$ donné sur la figure 4 par l'empilement parabolique. Il s'agit là uniquement de résultats informatiques expérimentaux. Les chercheurs tentent d'identifier la loi si particulière qui semble déterminer ce type d'empilements. S'ils la trouvent, ils pourront alors énoncer un résultat asymptotique précis et peut-être... le démontrer. Sur le dessin ne sont représentées que les briques support : les briques d'équilibrage doivent être placées là où sont dessinées des flèches. Ici avec environ 1 100 briques, on obtient un surplomb de 10 briques.

la longueur d'une brique). C'est le double environ de ce que donnent les empilements logarithmiques.

b. Il existe un empilement parabolique (non monotone et non vertébré) découvert par M. Paterson et U. Zwick *(voir la figure 4)* de surplomb proportionnel à $n^{1/3}$ (environ 0,57 $n^{1/3}$).

c. Quand n tend vers l'infini, le plus grand surplomb qu'on puisse obtenir est proportionnel à $n^{1/3}$. Avec n briques, on ne peut pas obtenir un surplomb plus grand que 6 $n^{1/3}$.

Sachant que la fonction $n^{1/3}$ augmente infiniment plus vite que la fonction $\ln(n)$ (ce qui signifie que $n^{1/3}/\ln(n)$ tend vers l'infini quand n tend vers l'infini), ces résultats conduisent aux conclusions remarquables suivantes.

Prendre en compte les empilements non vertébrés conduit, quand n tend vers l'infini, à un gain aussi grand qu'on le veut pour la taille du surplomb comparé aux empilements vertébrés (ou aux empilements logarithmiques) : pour certaines valeurs du nombre n de

6. L'équilibre des forces

Le calcul des configurations donnant les plus grands surplombs est fondé sur les lois de la mécanique statique. On envisage systématiquement toutes les dispositions raisonnables pouvant conduire à un surplomb intéressant et correspondant à une pile en équilibre, et on repère celles qui donnent le plus grand surplomb.

Pour tester une configuration donnée, on suppose qu'il n'y a aucune friction entre briques et que, par conséquent, toutes les forces s'exerçant sur les briques sont verticales : vers le bas ou le haut. Les forces à prendre en compte sont le poids de chaque brique (qui donne une force de 1 unité au centre de gravité de chaque brique, force dirigée vers le bas) et les forces d'action et de réaction entre briques en contact.

Le problème se ramène à deux dimensions et la zone de contact entre deux briques d'un empilement est un segment. On peut remplacer toutes les forces qui s'exercent sur les briques par des forces s'exerçant aux extrémités du segment de contact (A). À chaque extrémité, la force exercée par la brique du dessus est dirigée vers le bas et égale à celle, dirigée vers le haut, qu'exerce la brique du dessous. L'équilibre général de la pile de briques exige, d'une part, que pour chaque brique, les forces vers le haut annulent les forces vers le bas, et, d'autre part, que les moments créés par ces forces s'annulent (B).

Voyons pourquoi l'empilement 1, 2, 3 en diamant est instable (C). La brique 5 est soumise au poids 1 de la brique 3 en N, donc à un couple qui exerce, comme dans une balance dont la brique 5 serait le fléau, une force 1 en L. De même pour la brique 4. Donc la brique 2 est soumise à une force vers le haut de 2 en L alors que la force vers le bas en L n'est égale qu'à son poids. Le système est instable. Il se stabilise si l'on ajoute une brique sur la brique 2. C'est la solution des piles qui stabilise les diamants.

En notant x_i l'abscisse de la force F_i, cela donne pour chaque brique des équations dont les inconnues sont les modules des forces F_i. L'existence d'une solution (au moins) au système d'équations et d'inéquations obtenu en considérant l'ensemble des briques d'un empilement donné indique que la pile est en équilibre.

Trouver le surplomb maximum pour un nombre donné de briques est difficile. On fait appel à des méthodes informatiques de résolution. Pour chaque configuration de n briques il faut déterminer les positions x_1, ..., x_n des briques telles que la pile soit en équilibre et telles que le surplomb de la pile associé à ces positions soit le plus grand possible. Il existe des algorithmes spécialisés pour traiter ce type de problèmes. Ils calculent la solution de manière approchée, mais nous assurent que les meilleurs empilements ne sont pas ignorés.

A

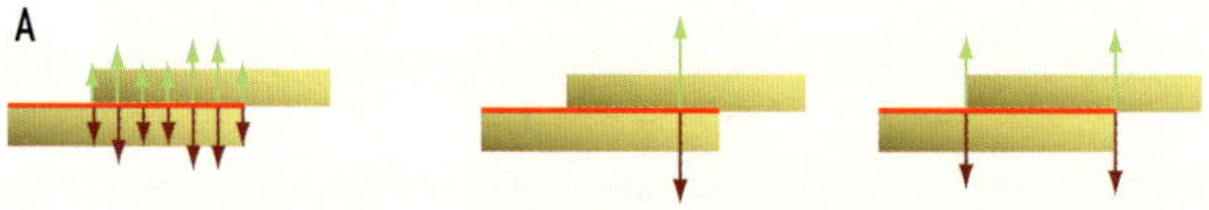

B

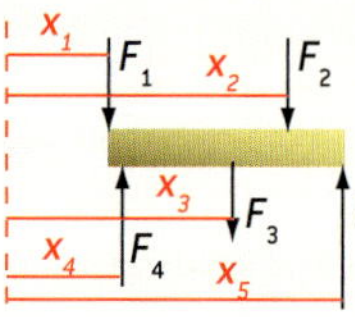

L'origine des abscisses est arbitraire

$F_1 + F_2 + F_3 = F_4 + F_5$

$x_1F_1 + x_2F_2 + x_3F_3 = x_4F_4 + x_5F_5$

C

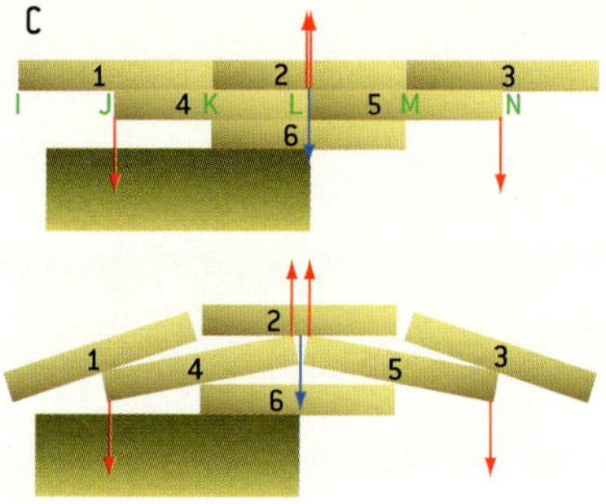

briques, un empilement non vertébré de n briques possédera un surplomb 1 000 fois plus grand que le surplomb maximum d'une pile vertébrée de n briques.

Les empilements vertébrés sont gravement limités et ne valent pas beaucoup mieux que les empilements logarithmiques : quelle que soit l'astuce avec laquelle on place les briques d'équilibrage, le surplomb ne sera jamais plus de deux fois supérieur à celui d'une pile logarithmique.

Les empilements paraboliques

Le récent résultat (*c*) dont la démonstration occupe une dizaine de pages semble indiquer qu'on a résolu définitivement le problème des surplombs maximaux en considérant les piles paraboliques. Ce n'est vrai qu'à une constante près : certes, on ne peut pas faire mieux que $6\ n^{1/3}$ pour le surplomb d'une pile de n briques, mais le coefficient 0,57 de l'empilement parabolique est dix fois plus petit que 6 : il laisse une grande marge de progrès.

Par une méthode expérimentale (utilisant des ordinateurs et non pas des briques !), les chercheurs pensent avoir découvert des empilements donnant un surplomb de $1{,}02\ n^{1/3}$ *(voir la figure 5)*. Du côté des démonstrations, certaines pistes permettront peut-être de démontrer que $3\ n^{1/3}$ est un surplomb impossible pour n assez grand. Affiner le résultat asymptotique et trouver la constante C définitive (située entre 0,57 et 6) pour laquelle on saura proposer un empilement en $C\ n^{1/3}$ et montrer qu'on ne peut pas faire mieux apparaît comme un défi d'une grande difficulté.

Notons qu'une conséquence de ces résultats est la possibilité de construire des ponts avec n briques qui franchissent une rivière de largeur proportionnelle à $n^{1/3}$, cela juste en posant des briques les unes sur les autres sans avoir à utiliser de moyen de cohésion autre que la pesanteur. M. Paterson précise même que, quel que soit le poids de l'animal ou du véhicule qu'on veut faire passer sur le pont, une telle solution existe.

Qui aurait pensé qu'en empilant des briques ou des sucres, tout un ensemble de problèmes difficiles s'ouvrait aux physiciens, puis aux mathématiciens ? Dans ce domaine, là encore, l'expérimentation informatique se révèle essentielle.

Les 27 petits cubes de Piet Hein

Dès l'âge de quatre ans, on peut exercer son agilité mentale et son imagination avec ce jeu d'assemblage. Certaines énigmes les plus avancées intéressent les mathématiciens.

Nous revenons sur un vieux casse-tête, le cube de SOMA. Chacun fabriquera rapidement les sept pièces du jeu en collant 27 dés ou cubes et sera alors prêt à s'attaquer seul, en groupe ou aidé de son ordinateur, à l'immense combinatoire géométrique créée par l'auteur danois Piet Hein. L'histoire de ce jeu semble moins simple que ce que laissait croire la légende rapportée par Martin Gardner en 1958. Du casse-tête, on tire une multitude – plusieurs milliers – de problèmes amusants : de délicats projets pour les amateurs de programmation informatique, des défis de raisonnement, parfois difficiles, et un beau problème d'origami.

Les sept pièces et le cube

Si vous cherchez à grouper quatre cubes ou moins, face contre face, en vous imposant la règle que la forme obtenue ne doit pas se réduire à un simple parallélépipède, ou, ce qui revient au même, ne pas constituer un solide convexe (un solide est convexe si le segment joignant deux points du solide est entièrement à l'intérieur du solide), vous découvrirez rapidement qu'il existe sept configurations différentes possibles, ni plus ni moins.

– Il n'y a aucune forme avec deux cubes, car deux cubes accolés face contre face forment un parallélépipède.

– Il y a une seule forme convenable regroupant trois cubes : le V.

– Six autres configurations comportent quatre cubes.

Traditionnellement, ces sept pièces du SOMA portent des numéros et sont associées chacune à une lettre de l'alphabet. Nous y associerons aussi des couleurs qui permettent de se repérer rapidement quand on représente des assemblages des pièces.

Il faut remarquer que les pièces A et B sont symétriques, mais différentes. Chose étrange, qui m'a gêné un moment en préparant ce chapitre, car je ne l'ai pas noté immédiatement, un jeu fautif en bois a été commercialisé où le fabricant a donné deux fois la pièce B et pas de pièce A. L'ensemble de ces sept pièces totalise 27 petits cubes. Se pose donc la question : peut-on les assembler pour en faire un grand cube de côté triple ? La réponse est oui... de même qu'elle est oui pour la version erronée avec deux fois le B.

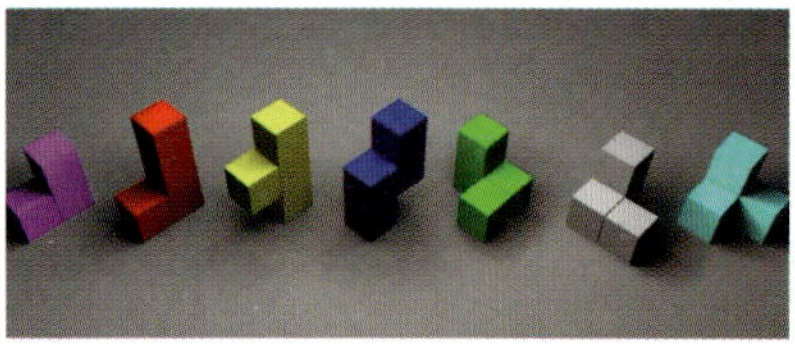

1 V — 2 L — 3 T — 4 Z — 5 A — 6 B — 7 P

En septembre 1958, dans la revue *Scientific American*, M. Gardner présentait le cube de SOMA en racontant l'histoire de son invention par l'écrivain danois Piet Hein de la façon suivante :

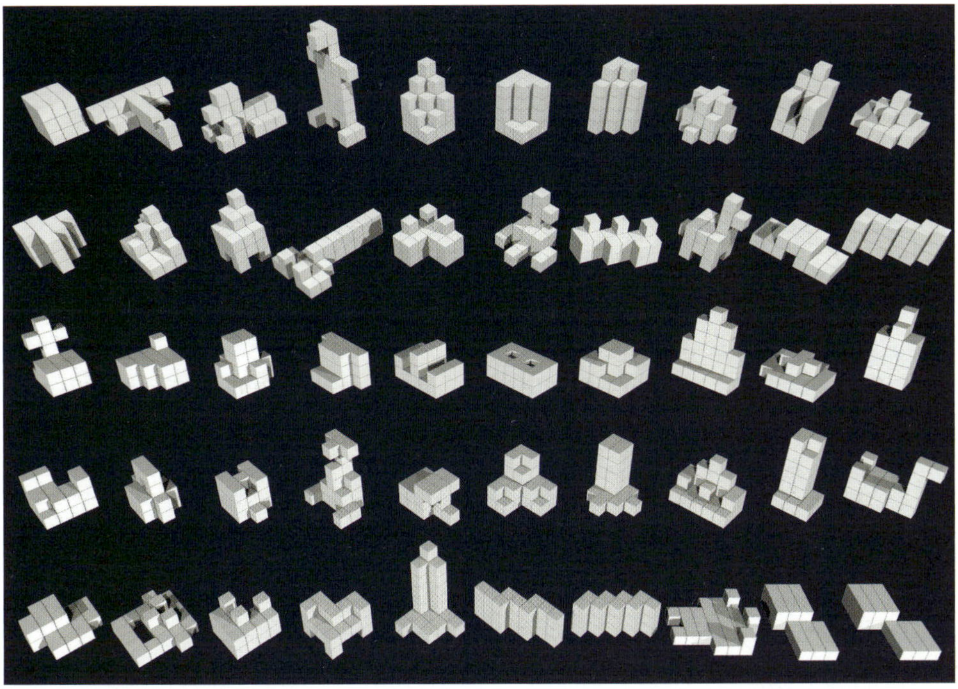

1 **Cinquante figures** qui peuvent vous occuper un petit moment. Le but est de réaliser les figures avec les sept pièces du SOMA. Il faut être attentif, car certaines figures semblent utiliser plus de 27 petits cubes. Cela signifie qu'elles possèdent un ou plusieurs vides internes (invisibles de l'extérieur), ce qui rend bien sûr leur réalisation plus difficile puisqu'il faut alors deviner l'emplacement des espaces vides. D'autres modèles se trouvent sur le site Internet de Th. Bundgaard. Ces figures ont été dessinées par Francesco De Comité du Laboratoire d'informatique fondamentale de Lille.

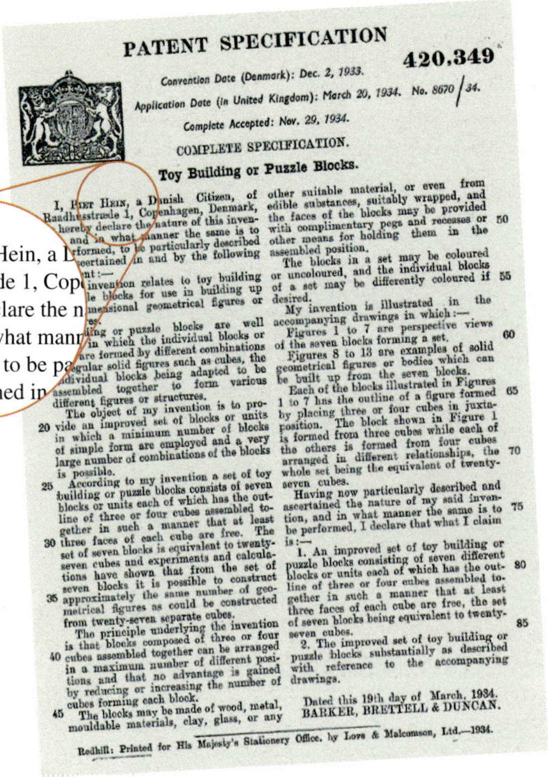
PATENT SPECIFICATION

420,349

Convention Date (Denmark): Dec. 2, 1933.

Application Date (in United Kingdom): March 20, 1934. No. 8670/34.

Complete Accepted: Nov. 29, 1934.

COMPLETE SPECIFICATION.

Toy Building or Puzzle Blocks.

I, Piet Hein, a Danish Citizen, of Raadhusstraede 1, Copenhagen, Denmark, do hereby declare the nature of this invention and in what manner the same is to be performed, to be particularly described and ascertained in and by the following statement:—

...invention relates to toy building ...le blocks for use in building up ...mensional geometrical figures or ...es.

...ing or puzzle blocks are well ... in which the individual blocks or ... are formed by different combinations ...gular solid figures such as cubes, the ...dividual blocks being adapted to be assembled together to form various different figures or structures.

The object of my invention is to provide an improved set of blocks or units in which a minimum number of blocks of simple form are employed and a very large number of combinations of the blocks is possible.

According to my invention a set of toy building or puzzle blocks consists of seven blocks or units each of which has the outline of three or four cubes assembled together in such a manner that at least three faces of each cube are free. The set of seven blocks is equivalent to twenty-seven cubes and experiments and calculations have shown that from the set of seven blocks it is possible to construct approximately the same number of geometrical figures as could be constructed from twenty-seven separate cubes.

The principle underlying the invention is that blocks composed of three or four cubes assembled together can be arranged in a maximum number of different positions and that no advantage is gained by reducing or increasing the number of cubes forming each block.

The blocks may be made of wood, metal, mouldable materials, clay, glass, or any other suitable material, or even from edible substances, suitably wrapped, and the faces of the blocks may be provided with complimentary pegs and recesses or other means for holding them in the assembled position.

The blocks in a set may be coloured or uncoloured, and the individual blocks of a set may be differently coloured if desired.

My invention is illustrated in the accompanying drawings in which:—

Figures 1 to 7 are perspective views of the seven blocks forming a set.

Figures 8 to 13 are examples of solid geometrical figures or bodies which can be built up from the seven blocks.

Each of the blocks illustrated in Figures 1 to 7 has the outline of a figure formed by placing three or four cubes in juxtaposition. The block shown in Figure 1 is formed from three cubes while each of the others is formed from four cubes arranged in different relationships, the whole set being the equivalent of twenty-seven cubes.

Having now particularly described and ascertained the nature of my said invention, and in what manner the same is to be performed, I declare that what I claim is:—

1. An improved set of toy building or puzzle blocks consisting of seven different blocks or units each of which has the outline of three or four cubes assembled together in such a manner that at least three faces of each cube are free, the set of seven blocks being equivalent to twenty-seven cubes.

2. The improved set of toy building or puzzle blocks substantially as described with reference to the accompanying drawings.

Dated this 19th day of March, 1934.
BARKER, BRETTELL & DUNCAN.

Redhill: Printed for His Majesty's Stationery Office, by Love & Malcomson, Ltd.—1934.

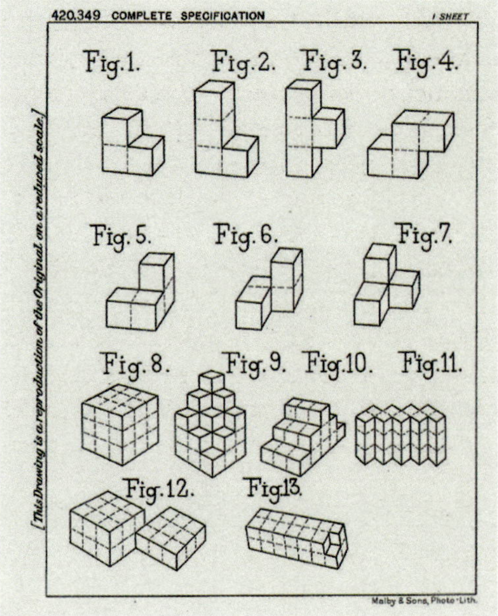

2 **Le brevet Danois** déposé en 1933 et délivré en 1934 au Danois Piet Hein. En bas de cette page, le premier jeu de SOMA, les sept pièces arrangées en cube.

« Piet Hein conçut le cube de SOMA pendant une conférence de Werner Heisenberg sur la mécanique quantique où le grand physicien évoquait l'image d'un espace découpé en petits cubes. » Cette conférence, et donc l'invention du casse-tête, datait de 1936 qui a longtemps été considérée comme l'année officielle de naissance du casse-tête. L'année 1936 est d'ailleurs presque toujours indiquée sur les sites Internet évoquant le jeu. Je n'ose pas écrire que c'est le cas du site *Wikipédia* en langue française, car cela provoquera une correction rendant fausse mon affirmation.

Pourtant, il y a quelques années, Poul Perdersen, un amateur du jeu, a retrouvé un ancien exemplaire du cube de SOMA rangé dans une boîte sur laquelle était indiqué un numéro de brevet anglais. En consultant ce brevet, il a constaté qu'il était daté du 29 novembre 1934. On s'est aussi aperçu qu'il dérivait d'un brevet danois déposé le 2 décembre 1933 par P. Hein. On n'est donc plus très assuré de l'exactitude de l'anecdote fixant l'invention du cube de SOMA lors d'une conférence de W. Heisenberg.

P. Hein considérait son invention comme un étonnant fruit du hasard et disait : « C'est une belle preuve d'humour de la nature que les sept plus simples combinaisons irrégulières de cubes puissent se recombiner à nouveau en un cube. Une multitude d'unités donnant naissance à une nouvelle unité ! C'est là le plus petit objet philosophique possible, ce qui est très joli. »

Dans son article, M. Gardner indiquait qu'il existe plus de 230 solutions différentes au rangement des sept pièces pour former un cube, mais que le nombre exact de solutions était inconnu. Le problème est aujourd'hui résolu par deux méthodes. Un subtil et minutieux raisonnement géométrique proposé par John Conway et Richard Guy établit que le nombre de solutions est exactement 240. Un schéma nommé SOMAP, qui tient sur deux grandes pages, permet, à coups de permutations de couples ou de triplets de pièces, de relier 239 de ces solutions. La 240e est indépendante et isolée. Aujourd'hui, à ce délicat et difficile décompte des solutions obtenu « à la main » s'ajoute la méthode du programme d'ordinateur qui confirme le total de 240 solutions.

Les 240 solutions de ce décompte sont toutes vraiment différentes. Il est fréquemment arrivé que des auteurs de programmes, négligeant les rotations et symétries possibles des pièces prises individuellement ou toutes ensemble, indiquent des dénombrements bien supérieurs à 240, allant jusqu'à 1 105 920, ce dernier étant parfois mentionné dans des notices du cube de SOMA ou dans les articles qui lui sont consacrés.

De 240 à 1 105 920

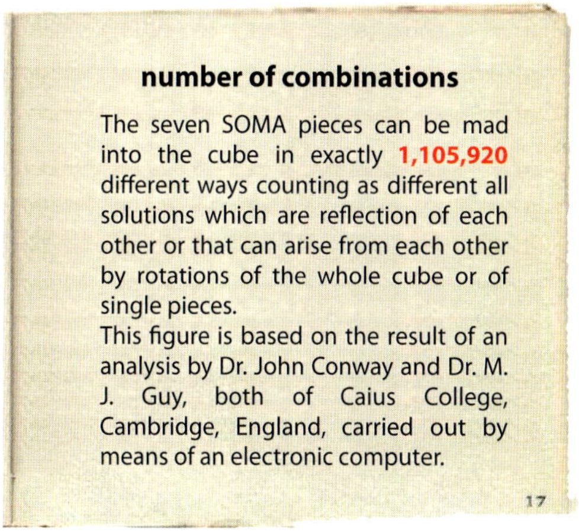
number of combinations

The seven SOMA pieces can be mad into the cube in exactly **1,105,920** different ways counting as different all solutions which are reflection of each other or that can arise from each other by rotations of the whole cube or of single pieces.
This figure is based on the result of an analysis by Dr. John Conway and Dr. M. J. Guy, both of Caius College, Cambridge, England, carried out by means of an electronic computer.

17

Détaillons comment on passe de 240 à 1 105 920. Par rotation, chaque solution en donne 24 : chacune des six faces du grand cube peut-être placée contre le sol, et une fois placée contre le sol, il y a quatre façons de faire tourner l'assemblage. Il faut doubler ce nombre, car à chaque solution est associée une autre solution obtenue par réflexion dans un miroir. Certaines pièces sont invariantes par symétrie (les pièces 1, 3 et 4) ou par rotation de 180 degrés (les pièces 5 et 6) et l'une d'elles est même invariante par deux rotations d'angle de 120 degrés et 240 degrés (la pièce 7). Le programmeur distrait trouvera donc chaque solution non pas une seule fois, ni même 48 fois, mais 4 608 fois ($4\,608 = 24 \times 2 \times 2^5 \times 3$), d'où $240 \times 4\,608 = 1\,105\,920$ solutions.

L'intérêt du jeu n'est pas uniquement le plaisir qu'on trouve à le ranger dans sa boîte ! Les sept pièces du cube de SOMA constituent une sorte de *Tangram* tridimensionnel : elles peuvent se regrouper et former de petites sculptures où l'imagination de l'observateur reconnaîtra un avion, un petit personnage, une tombe, une baignoire, etc.

Le brevet danois mentionnait sept de ces sculptures. Le plus ancien jeu commercialisé, retrouvé par P. Perdersen, en proposait huit. L'article de M. Gardner en donnait 26 dont deux étaient infaisables. Un manuel du jeu rédigé par P. Hein va jusqu'à 36, qui sont les « grands classiques ». Mais la variété des configurations est bien supérieure à tous ces nombres et aujourd'hui Thorleif Bundgaard en a collecté 6 400, qu'on trouve sur son magnifique site Internet consacré au SOMA : www.fam-bundgaard.dk/SOMA/SOMA.HTM

La figure 1 représente 50 de ces figures sur lesquelles vous pourrez vous faire la main. Vous découvrirez que manipuler les pièces du jeu est une activité particulièrement plaisante dont on a du mal à se détacher. Trouver une solution, si elle existe, demande rarement plus de dix minutes. On s'améliore en jouant, repérant les débuts de construction qui ne peuvent aboutir, et l'on se formule à soi-même de petits raisonnements géométriques de plus en plus astucieux qui accélèrent la recherche, comme quand on résout des sudokus.

Le jeu, aujourd'hui très célèbre, a été utilisé dans divers contextes éducatifs ou scientifiques. Récemment, Johnmarshall Reeve, de l'Université du Wisconsin, et Glen Nix, de l'Université de Rochester, ont étudié les expressions faciales de sujets résolvant des problèmes du cube de SOMA, l'intérêt que les sujets exprimaient envers le jeu, et l'intérêt qu'ils ressentaient vraiment, mesuré en les observant à leur insu quand ils étaient laissés seuls en présence des sept pièces.

D'autres expériences utilisant un robot manipulant les pièces du SOMA ont été conduites par Igor Verner. Le robot dont les commandes étaient confiées aux étudiants avait pour but d'améliorer les aptitudes spatiales des sujets à qui on demandait de résoudre des

3. Les figures impossibles

Si de très nombreuses figures sont réalisables avec les sept pièces du soma, ce n'est pas le cas de toutes. Comme les pièces 5, 6 et 7 sont non planes, toute sculpture de 27 cubes qui comporte 27, 26 ou 25 cubes dans un même plan est impossible.

Voici quatre exemples de sculptures impossibles moins évidentes. Pour les deux premières, nous indiquons un raisonnement simple et astucieux. Pour les deux autres, aucune démonstration courte d'impossibilité n'est connue, si vous en trouvez une, faites-la moi parvenir.

(a) Le mur en W

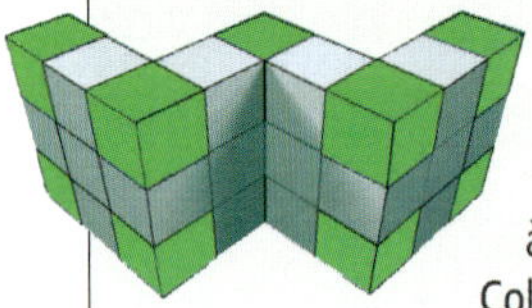

On a envie de réaliser, avec les sept pièces du SOMA, le mur en W. Pourtant c'est impossible. La preuve la plus simple est due à Richard Naylor de Denver dans le Colorado.

Considérons les dix coins du mur *(en vert sur la figure)*. Chacune des pièces 2 et 3 peut occuper au plus deux coins. Chacune des autres pièces placées dans le mur ne peut occuper qu'un seul coin (quelques secondes d'attention pour chacune vous en persuaderont). Au total sans même prendre en compte les contraintes que les pièces s'imposent les unes les autres quand on veut les placer ensemble dans le mur, on voit donc qu'elles ne peuvent occuper au mieux que 9 des 10 coins. La figure est impossible.

(b) Le pont

La preuve d'impossibilité, détaillée dans ce qui suit, est de Richard Sullivan.

Nommons côtés du pont les deux rectangles de taille 3x4 de droite et de gauche *(en vert)*. Nommons plafond les 3 autres cubes situés en haut au centre *(en jaune)*. Il y a trois pièces non planes, les pièces 5, 6 et 7. Elles ne peuvent pas se trouver entièrement incluses dans un côté, donc chacune a au moins un de ses cubes occupant une des places du plafond. Puisqu'elles sont trois, chacune a exactement un cube occupant une place du plafond. Chacune des pièces 5, 6 et 7 ne peut rencontrer qu'un seul des deux côtés (car leur plus grande longueur est 2). Il en résulte que deux d'entre elles sont placées de façon à occuper un cube du plafond et trois cubes d'un même côté. Ce côté ne possède plus alors que six places disponibles (12 – 6), qu'il est impossible d'occuper avec les pièces planes restantes puisque leurs tailles respectives sont 3, 4, 4, 4 (une seule est insuffisante pour remplir les 6 cases vides, deux pièces demanderaient au moins 7 cases vides).

(c) Le gratte-ciel

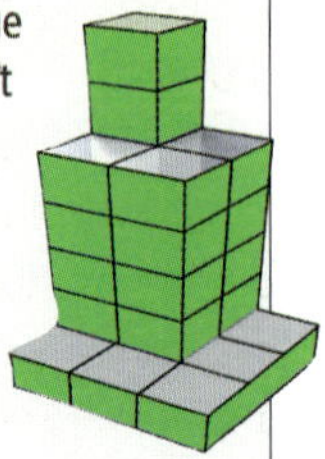

La figure du gratte-ciel est la figure piège que l'article de Martin Gardner proposait. On connaît une preuve due à Robert Staatz de son impossibilité, mais elle n'est pas aussi simple et lumineuse que les deux précédentes. Voyez-en : http://www.fam-bundgaard.dk/SOMA/NEWS/N990128.HTM. Un lecteur découvrira-t-il une preuve simple ?

(d) La fleur carrée

Cette sculpture est aussi une sculpture impossible dont aucun raisonnement très simple ne semble pouvoir le prouver. À nouveau, nous défions les lecteurs ! Si vous séchez, une solution (longue) se trouve en : http://www.fam-bundgaard.dk/SOMA/NEWS/N001127.HTM.

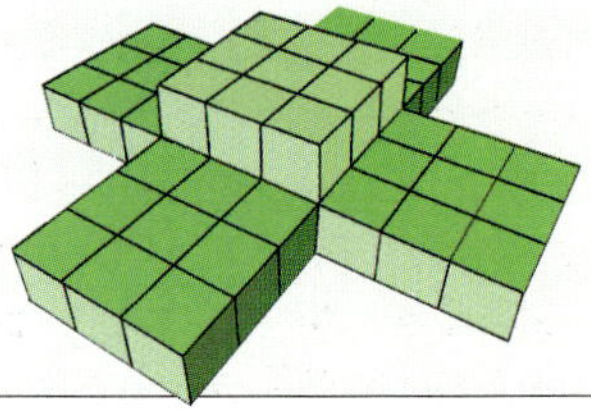

problèmes du cube de SOMA en contrôlant le bras articulé du robot. Ces expériences ont été menées en 2004 au Technion à Haïfa, en Israël.

À mains nues ou avec un programme ?

Depuis son invention et particulièrement depuis l'article de 1958 de M. Gardner, l'informatique a connu un progrès inouï qu'on évalue à un facteur supérieur à un million en vitesse de calcul et en capacité de mémorisation. Ce qui alors semblait un défi combinatoire difficile, même pour un ordinateur, est devenu facile, et par exemple toutes les figures proposées pour le cube de SOMA sont résolues en un éclair par un programme, même médiocre. Lorsque plusieurs jeux de SOMA sont mélangés (double SOMA, triple SOMA, etc.) et qu'on cherche à résoudre des problèmes de constructions avec ces jeux multiples, la combinatoire est plus volumineuse, mais, jusqu'à trois jeux, elle reste facile pour un bon programme. Vous pouvez faire les vôtres ou utiliser ceux qu'on trouve sur Internet (par exemple en partant des pages de Th. Bundgaard).

Le jeu de SOMA aujourd'hui doit donc être considéré comme un jeu que les humains jouent sans machine pour le plaisir de la géométrie et de la résolution d'énigmes et entre eux pour l'amusement d'une confrontation, ou alors comme un jeu dont les problèmes les plus difficiles (dénombrements, impossibilité de certaines sculptures, etc.) exigent qu'on écrive des programmes d'ordinateur. Voici quelques énigmes dont certaines sont encore non résolues.

SOMA oblique

Il existe une variante élémentaire du jeu de SOMA, nommée *Rhoma*, où le fabricant (aujourd'hui disparu) a simplement remplacé les cubes par des parallélépipèdes dont les angles ne sont pas droits (autrement dit des cubes obliques). Le fabricant, partant d'une des 240 solutions, a déformé chacune des sept pièces dans sa position occupée pour cette solution.

Cela lui a donné les pièces de son casse-tête. En partant de cette solution, l'assemblage des sept pièces déduites ne peut plus se faire que d'une seule façon (celle dont il est parti) : plus aucune des 239 autres solutions n'est valide, car l'angle oblique donné à chaque petit cube a créé des contraintes supplémentaires. La question ouverte qu'un bon programme doit traiter en quelques secondes est la suivante : est-ce qu'en partant de n'importe laquelle des 240 solutions, la transformation des cubes en parallélépipèdes obliques donne un casse-tête à solution unique, ou alors, certaines solutions sont-elles compatibles ? Notons qu'ici, selon la position qu'on donne initialement à l'une des solutions avant de la déformer, on n'obtiendra pas le même puzzle oblique ; il y a donc plus de 240 cas à étudier.

Plutôt que de déformer les cubes d'une solution, on peut les colorier. Le coloriage en damier est le plus simple : les huit coins du cube et les six centres des faces en couleur noire, les 13 autres cubes en blanc. Voici le problème que suggère ce coloriage : chaque solution induit un coloriage de chaque pièce et donc les 240 solutions induisent 240 coloriages du jeu de sept pièces du cube de SOMA ; combien de ces coloriages sont-ils vraiment différents et combien de fois obtient-on chacun ? Le même problème se pose pour chacune des sculptures possibles. Une partie de la solution est donnée sur le site de Th. Bundgaard.

Voici un autre défi posé par Nick Dickens. Est-il possible de colorier l'extérieur d'un cube (par exemple en noir), de défaire le cube, puis de remonter les pièces en forme de cube de manière à ce que toutes les faces coloriées en noir se retrouvent à l'intérieur, c'est-à-dire de telle façon qu'on ne voit plus du tout de faces coloriées en noir? La même question se pose en ne coloriant en noir que quatre faces du cube (toutes sauf deux faces opposées), ou en coloriant en noir deux faces opposées seulement. La solution est connue pour le coloriage complet, mais pas pour les coloriages partiels.

Raisonnements et origamis

Dans son article de 1958, M. Gardner avait indiqué que certaines sculptures composées de 27 cubes sont impossibles à réaliser avec les sept pièces du cube de SOMA. Il avait donné un exemple et détaillé la preuve d'impossibilité. De plus, parmi les 25 modèles qu'il proposait aux lecteurs, il avait sciemment placé une figure impossible.

Confronté à des formes impossibles, un bon programme répond immédiatement « impossible ». Cependant, l'utilisation de la force brute de l'ordinateur n'est pas toujours nécessaire et ne l'est peut-être même jamais. Le raisonnement donne une bien plus grande satisfaction. Ces démonstrations sont d'excellents exercices à proposer à des élèves qui découvriront que chercher indéfiniment une solution qui n'existe pas est frustrant, et qu'un bon argument logique est le meilleur moyen de lever la frustration.

Ces raisonnements d'impossibilité ont aussi l'intérêt de faire comprendre très concrètement ce qu'est un « résultat négatif » comme il y en a tant en mathématiques: irrationalité de la racine de 2, impossibilité de résoudre toutes les équations polynomiales de degré cinq avec des formules utilisant des radicaux, impossibilité de démontrer le cinquième postulat d'Euclide concernant les parallèles, impossibilité de trouver un algorithme qui détermine pour tout programme d'ordinateur s'il s'arrête ou non, théorème de Gödel, etc.

Lorsque la combinatoire des sept pièces aura cessé de vous amuser, vous pourrez vous poser l'intéressant problème d'origami suivant. Quelle est la longueur minimale que doit avoir une bande de papier de largeur unité, pour qu'en la pliant on réussisse à fabriquer une pièce du cube de SOMA? La bande de papier pourra être glissée dans des fentes créées par le début du pliage, mais aucune des arêtes de la pièce terminée ne doit pouvoir s'ouvrir (cela de façon à assurer une bonne robustesse).

Une solution mise au point par Sebastian Marius Kirsch donne la pièce 1 en partant d'un ruban de longueur 42, la pièce 2 avec un ruban de longueur 55, la pièce 3 avec 58, 4 avec 53, 5 avec 54, 6 avec 54, 7 avec 60. Ces longueurs n'ont pas été démontrées minimales et les valeurs minimales sont inconnues. C'est certainement là une énigme délicate, car ce problème se prête assez mal au raisonnement et l'écriture d'un programme pour le résoudre est sans aucun doute... un beau casse-tête!

Un extraordinaire film présente la réalisation de la solution de Kirsch menée par des mains expertes: http://www.origaminut.com

5 **Ce canapé** est un SOMA parfait de sept pièces.

Bien sûr, depuis l'article de M. Gardner, la classe des problèmes de reconstitution de formes à partir d'assemblages de cubes collés, c'est-à-dire la classe des problèmes dont le cube de SOMA est un exemple élémentaire, a été étudiée par les spécialistes de la complexité. Il a été démontré que le problème était NP-complet : en accroissant le nombre N de petits cubes pour les pièces des problèmes, les seuls algorithmes généraux connus, et sans doute les seuls possibles, exigent un temps de calcul qui augmente exponentiellement vite (en fonction de N). Cela signifie concrètement qu'on arrive très vite à des problèmes impossibles à traiter même avec les plus puissants ordinateurs disponibles.

Un bon casse-tête ne meurt jamais et le cube de SOMA est éternel.

L'accrochage des tableaux

Comment accrocher un tableau avec *n* clous et une ficelle, de façon à ce qu'en enlevant n'importe lequel des clous, le tableau soit libéré et glisse vers le sol ?

Plantez deux clous. Accrochez à ces deux clous un tableau de la façon la plus simple et la plus naturelle. Si l'un des clous tombe, la corde (et donc le tableau) reste accrochée à l'autre *(voir la figure du haut ci-dessous)*. Il va donc de soi (pour un mathématicien...) de se demander : est-il possible de disposer la corde autour des deux clous de façon que, si l'un quelconque des deux clous disparaît, le tableau tombe ? Nous nommerons ce montage Podger, en hommage à l'illustre accrocheur de tableau de Jerome K. Jerome qui faisait toujours tomber son tableau *(voir l'encadré 3)*. Ce problème est analogue à un montage de type *fail-safe* dans l'industrie : si un organe est défaillant, l'ensemble de la machine s'arrête.

Une équipe aux États-Unis a étudié ce problème d'accrochage de tableau, à la frontière des mathématiques récréatives, de la topologie algébrique et de l'algorithmique. Elle est composée de Erik Demaine, Martin Demaine et Ronald Rivest (le R du système de cryptage RSA) du MIT, Yair Minsky, de l'Université de Yale, Joseph Mitchell, de l'Université Stony Brook, et Mihai Patrascu, des Laboratoires ATT de Florham Park.

La première mention de l'énigme de l'accrochage d'un tableau remonte à 1997. Elle est le fait de A. Spivak qui posa son casse-tête dans la revue *Quantum* consacrée aux divertissements mathématiques. Depuis, un grand nombre de variantes du petit problème ont imposé la mise au point d'outils généraux que les mathématiques ont su découvrir, ce qui les a conduites à de beaux théorèmes... pas tous faciles !

Pour vous persuader qu'en enlevant un seul des deux clous, le tableau sera libéré et glissera jusqu'au sol, observez la figure du bas ci-contre ou faites l'essai avec une ficelle. On peut trouver cette solution par tâtonnements. Il existe cependant une méthode qui conduit sans hésitation à la solution et à la solution de la généralisation suivante que nous nommerons *Le problème des* n *clous* : « Disposer la corde de soutien du tableau autour de *n* clous de façon que si l'un quelconque des *n* clous disparaît, la pesanteur fasse glisser le tableau en le libérant des clous restants. »

Avant de lire la suite, vous pouvez rechercher la solution avec trois clous, puis quatre, etc., et imaginer un procédé pour *n* clous.

Résoudre la question comme un exercice de travail manuel conduit à des difficultés, dues à la curieuse propension qu'ont les ficelles à faire des nœuds. Tester des trajets de la ficelle pour en découvrir qui ont la propriété recherchée demande une grande longueur de ficelle et beaucoup de patience. L'étude deviendra impossible quand vous envisagerez plus de quatre clous.

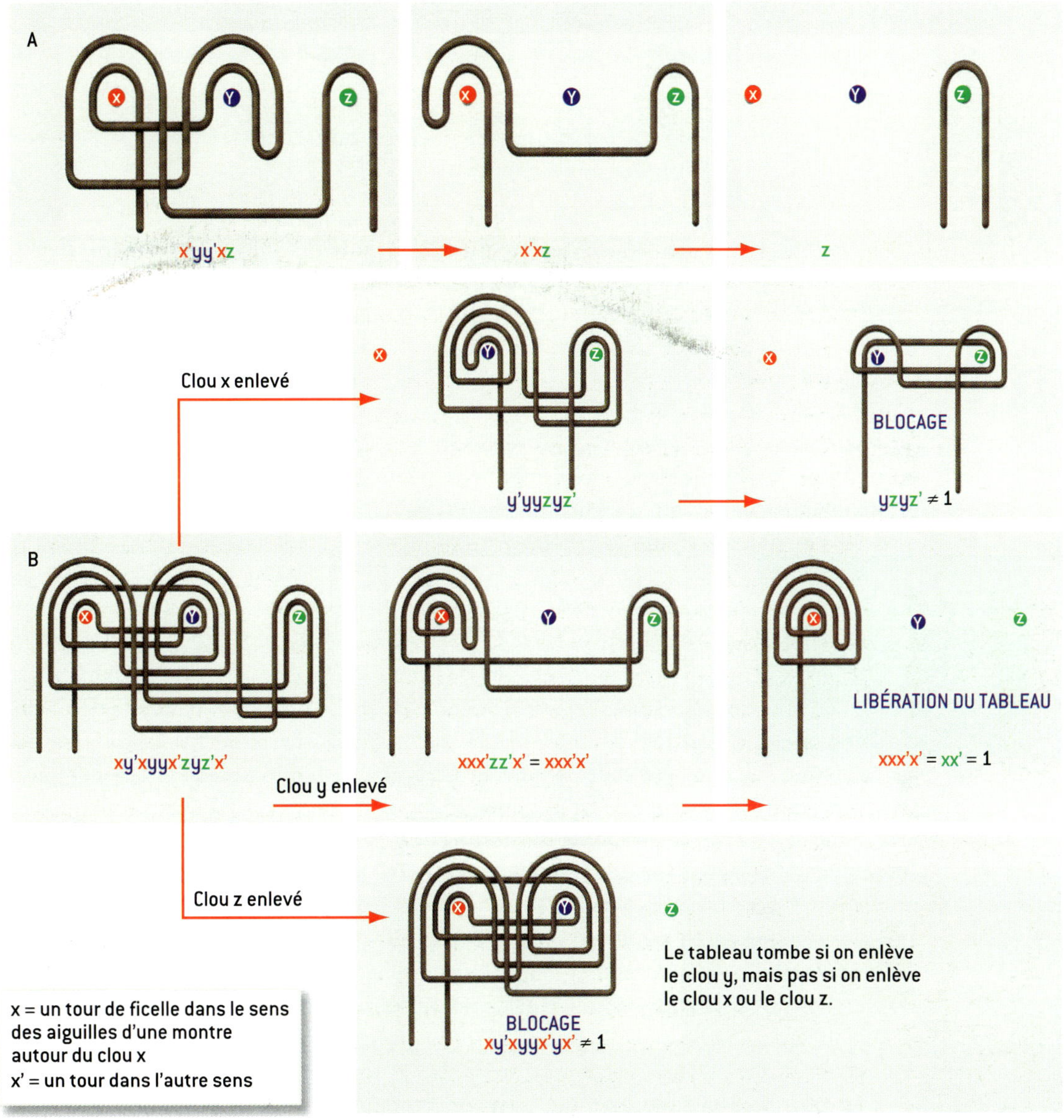

Dessins de Francesco De Comité

1 Simplification des parcours de ficelle. Le parcours $x'yy'xz$ (*A*) se simplifie en $x'xz$, puis en z, ce qui signifie qu'en tirant sur la ficelle placée pour suivre le parcours $x'yy'xz$, on obtient le parcours z. Quand la formule associée à un parcours se simplifie totalement, un tableau accroché avec une ficelle suivant ce parcours tombe en tirant sur la ficelle. Voyons l'effet de l'élimination d'un clou sur le parcours de ficelle $xy'xyyx'zyz'x'$ (*B*). Pour déterminer l'effet de l'élimination du clou y, on retire tous les y et y' de la formule du parcours et on simplifie. Ici, $xy'xyyx'zyz'x'$ donne $xxx'zz'x'$, qui donne $xxx'x'$, puis xx', puis 1. Si on enlève le clou y, le tableau tombe, mais si on enlève le clou x, le tableau reste accroché : l'élimination des x donne $y'yyzyz'$ qui se simplifie en $yzyz'$, qui ne se simplifie plus. Si on enlève le clou z, le parcours $xy'xyyx'yzz'x'$ donne $xy'xyyx'yx'$ qui ne se simplifie plus : le tableau reste accroché.

2. La solution du problème à trois clous

Le problème consiste à trouver l'enroulement *Podger* de la ficelle tel que si l'on enlève un clou, la ficelle est libérée et le tableau tombe. Une fois ramené à l'algèbre, on trouve assez vite, en tâtonnant, une solution au problème des trois clous. Par exemple celle-ci (qui n'est pas unique) : $x'y'zyxy'x'z'xy$.

Suppression du clou x *(A)* :
$y'zyy'z'y \to y'zz'y \to y'y \to 1$.

Suppression du clou y *(B)* :
$x'zxx'z'x \to x'zz'x \to x'x \to 1$.

Suppression du clou z *(C)* :
$x'y'yxy'x'xy \to x'xy'x'xy \to x'xy'y \to x'x \to 1$.

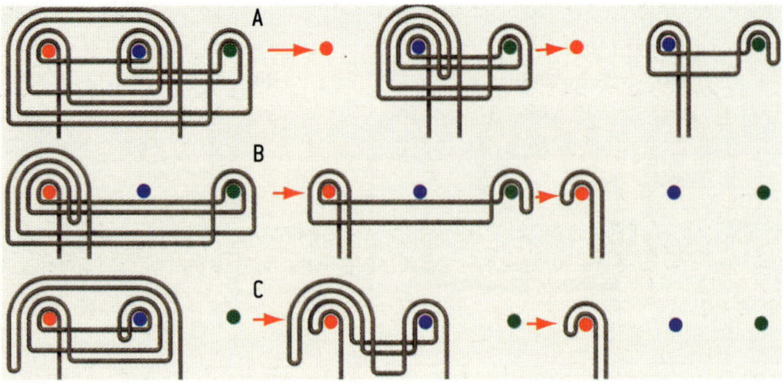

Dessins de Francesco De Comité

Heureusement, l'algèbre va nous secourir. L'idée, due à Neil Fitzgerald, d'un rapport entre le problème des n clous et la manipulation des expressions représentant des éléments du « groupe libre » (nous préciserons ce que c'est) permet de se poser d'autres questions et de les résoudre *(voir l'encadré 4)*.

Le groupe libre à l'aide

Le groupe libre de générateurs G est un système de calcul utile dans plusieurs domaines mathématiques, en particulier en topologie algébrique, la discipline mathématique qui, au moyen de l'algèbre, classe les nœuds et les surfaces. L'ensemble G des générateurs est, par exemple, constitué de trois éléments x, y et z ; on associe à chaque générateur un double x', y', z'. Leur ensemble est noté G'. On convient alors que toute expression composée d'une suite finie de symboles pris dans G ou dans G' désigne un élément du groupe libre. La suite vide, composée de zéro élément, se note 1 et, bien évidemment, $1s = s1 = s$ pour tout élément s du groupe libre.

Deux exemples d'éléments du groupe libre de générateurs x, y, z sont $s = xyxx'y'z'z$ et $r = zzzzyx'xy'z'$. Les expressions ainsi construites se simplifient parfois, mais la seule et unique façon de le faire est, par définition du groupe libre, de repérer une lettre et son double côte à côte et de les supprimer : $xx' = x'x = 1$.

Lorsqu'on a ainsi supprimé une paire de symboles, il se peut qu'en apparaisse une autre du même type qu'on simplifiera à nouveau, etc. Par exemple, $xy'xx'yz'z = xy'yz'z = xz'z = x$. On a d'abord simplifié xx', puis $y'y$, et enfin $z'z$. L'élément du groupe libre, même s'il semblait plus compliqué, était en fait x.

Toute suite de symboles pris dans G et G' désigne un élément du groupe libre de générateurs G. Lorsqu'il n'existe plus aucune simplification possible, l'élément est dit « sous sa forme canonique ». Si deux éléments n'ont pas la même forme canonique, ils sont considérés différents. Notons que l'on n'est pas autorisé à permuter les symboles présents dans une expression : dans le groupe libre à deux générateurs x et y, l'élément xy n'est pas égal à yx.

La mise en relation des figures faites d'une ficelle passant autour de clous plantés dans un mur avec les éléments du groupe libre est l'outil idéal pour résoudre les problèmes d'accrochage de tableaux. Pour ce faire, on associe un générateur à chaque clou planté dans le mur. S'il y a trois clous, on choisit par exemple de les noter x, y et z.

Chaque parcours d'une ficelle autour des clous est associé à un élément du groupe libre, c'est-à-dire à une suite de symboles x, y, z, x', y', z' de la manière suivante. On suit le trajet de

3. Oncle Podger accroche un tableau

Il soulevait le tableau, et vlan ! Le tableau lui échappait, et tombait par terre. La toile était sortie du cadre. Mon oncle essayait de sauver le verre, le brisait, se coupait, sautillait par toute la pièce, cherchant son mouchoir dans tous les coins et ne le trouvait pas, pour la bonne raison qu'il était dans la poche du veston qu'il avait enlevé. Mais où avait-il mis son veston ?

Il ne le savait plus ; il fallait que toute la maisonnée, cessant de chercher après ses outils, se mette en quête du veston, tandis qu'il allait et venait, affolé, barrant à chaque instant le passage à ceux qui l'aidaient.

– Il n'y a donc personne ici, criait-il, qui sache où j'ai mis mon veston ? Jamais je n'ai vu pareille collection d'empotés ! (...) Il se levait, furieux, et l'on s'apercevait alors qu'il était assis sur ce qu'il cherchait.

– Oh ! Vous pouvez vous dispenser de chercher davantage ! disait-il. Je l'ai trouvé. Je n'ai eu besoin de personne ! On ne peut compter que sur soi ! (...) Après une demi-heure passée à le panser, à lui acheter un autre verre ; quand les outils, l'escabeau, la chaise, la chandelle avaient été apportés à pied d'œuvre, l'oncle faisait un nouvel essai, toute la famille (y compris la bonne et la femme de ménage) faisant le cercle autour de lui, prête à lui rendre service. Deux personnes étaient chargées de tenir la chaise ; une troisième l'aidait à monter, à se tenir dessus ; la quatrième lui passait un clou, et naturellement, le laissait tomber.

– Là, disait-il, comme offensé, voilà ce clou perdu ! (...)

On retrouvait le clou ; mais, dans l'intervalle, l'oncle avait égaré son marteau.

– Où est mon marteau ? criait-il. Qu'est-ce que j'ai fait de mon marteau ? (...)

Nous retrouvions le marteau ; mais voilà qu'alors l'oncle ne retrouvait plus la marque qu'il avait faite sur le mur, l'endroit exact où il fallait enfoncer le clou. Chacun de nous, à tour de rôle, était invité à monter sur la chaise à côté de lui, pour voir si d'autres yeux ne pourraient pas retrouver la place. Or, chacun la trouvait en un point différent. L'oncle, alors, nous traitait d'idiots, l'un après l'autre, et nous disait de redescendre, prenait sa règle, mesurait de nouveau, trouvait qu'il lui fallait porter la moitié de trente et un pouces trois huitièmes à partir de l'angle de la pièce, cherchait à calculer cela de tête et devenait littéralement enragé.

Chacun essayait de calculer mentalement, et tous arrivaient à des résultats différents et se moquaient les uns des autres ; au milieu du tapage, l'oncle s'apercevait qu'il avait oublié la mesure. On ne savait plus de quoi il fallait trouver la moitié. Il ne restait plus qu'à recommencer. L'oncle se servait, cette fois, d'un bout de ficelle ; mais au moment où il se penchait, faisant avec la verticale un angle de quarante-cinq degrés, et tâchant de toucher un point sur le mur, trois empans au moins au-delà de ce qu'il était possible d'atteindre, la ficelle lui échappait, l'oncle glissait, perdait l'équilibre, s'abattait sur le piano, produisant un curieux accord dissonant par la soudaineté avec laquelle sa tête et son corps avaient frappé vingt notes ensemble. (...)

Enfin, Podger marquait de nouveau la bonne place, posait dessus, de la main gauche, la pointe du clou, prenait le marteau de la main droite. Et, au premier coup, il s'écrasait le pouce, poussait un grand cri, laissait tomber le marteau sur les orteils de quelqu'un. (...)

Alors, nouvelle tentative. Au second coup, le clou traversait le plâtre d'outre en outre, la moitié du marteau aussi. Et l'oncle Podger suivait le marteau, lancé contre le mur d'un élan presque suffisant pour lui écraser complètement le nez.

Il nous appartenait de ramasser la règle et la ficelle ; on faisait un nouveau trou ; vers minuit, enfin, le tableau était accroché, un peu de travers, il est vrai, et pas très solidement, peut-être. En revanche, à plusieurs mètres alentour, le mur avait l'air d'avoir été ratissé. Tout le monde était éreinté, mort de fatigue, l'oncle Podger excepté.

Voilà ! disait-il, mettant lourdement pied à terre... sur le cor de la femme de ménage, et considérant avec un orgueil évident le désordre dont il était la cause. Je sais beaucoup de gens qui eussent dérangé un ouvrier au lieu de faire eux-mêmes une petite chose de rien du tout comme celle-là !

Jerome K. Jerome,
Trois hommes dans un bateau, 1889

Problème 1

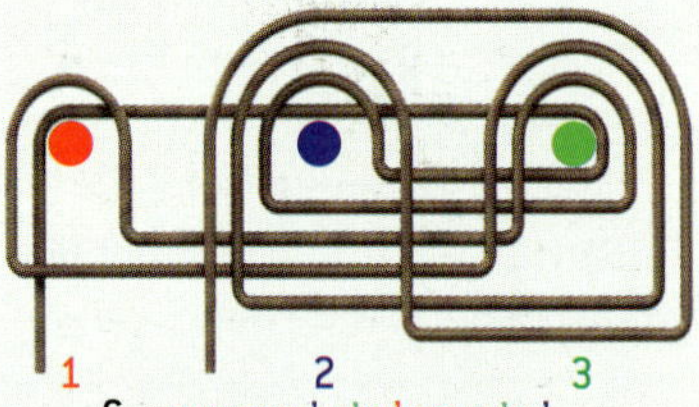

$S_1 = x_1 x_2 x_3 x_2' x_3' x_1' x_3 x_2 x_3' x_2'$

Problème 2

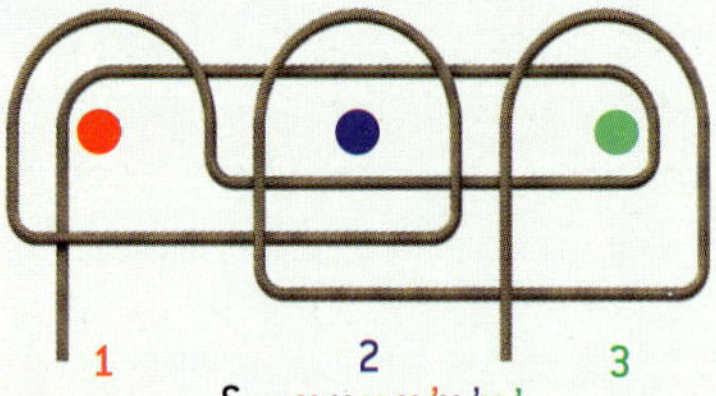

$S_2 = x_1 x_2 x_3 x_1' x_2' x_3'$

Problème 3

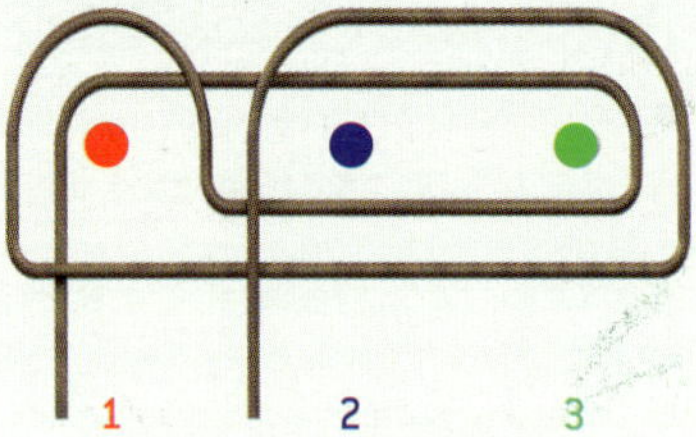

$S_3 = [x_1, x_2 x_3] = x_1 x_2 x_3 x_1' x_3' x_2'$

Problème 4

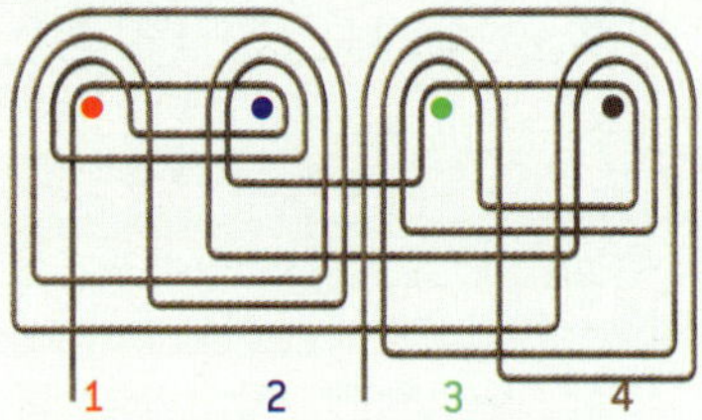

$S_4 = x_1 x_2 x_1' x_2' x_3 x_4 x_3' x_4' x_2 x_1 x_2' x_1' x_4 x_3 x_4' x_3'$

Problème 5

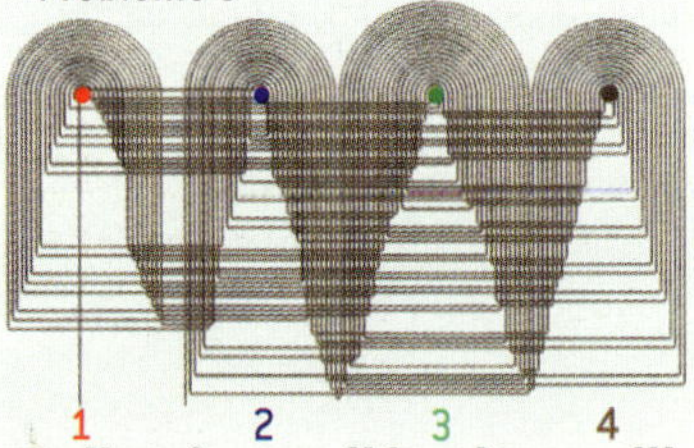

$S_5 = [[x_1 x_2, [x_1 x_3, x_1 x_4]], [x_2 x_3, [x_2 x_4, x_3 x_4]]]$

Problème 6

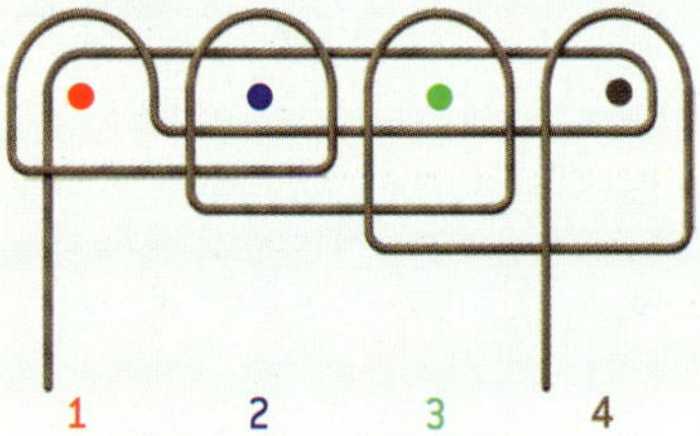

$S_6 = x_1 x_2 x_3 x_4 x_1' x_2' x_3' x_4'$

Problème 7

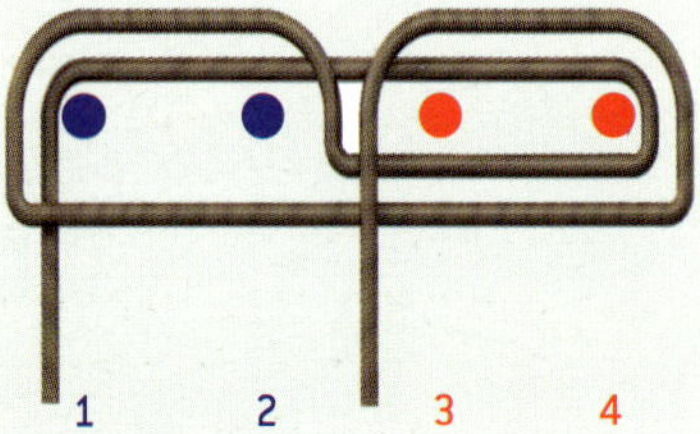

$S_7 = [x_1 x_2, x_3 x_4] = x_1 x_2 x_3 x_4 x_2' x_1' x_4' x_3'$

Problème 8

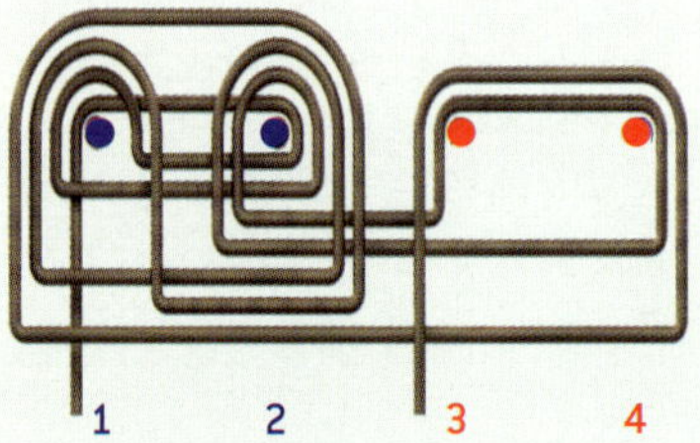

$S_8 = [S_2, x_3 x_4]$

Problème 9

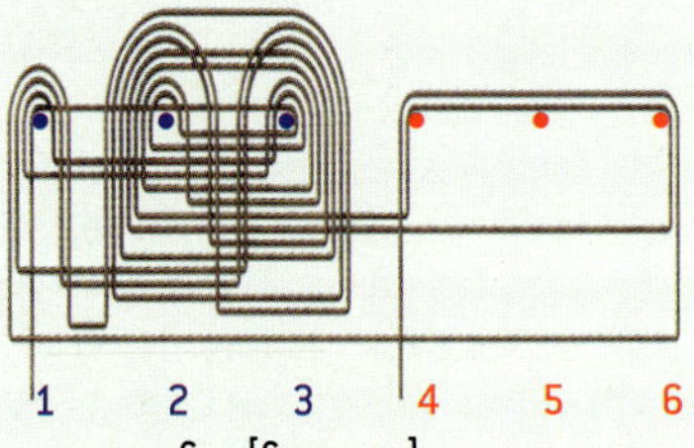

$S_9 = [S_3, x_4 x_5 x_6]$

Problème 10

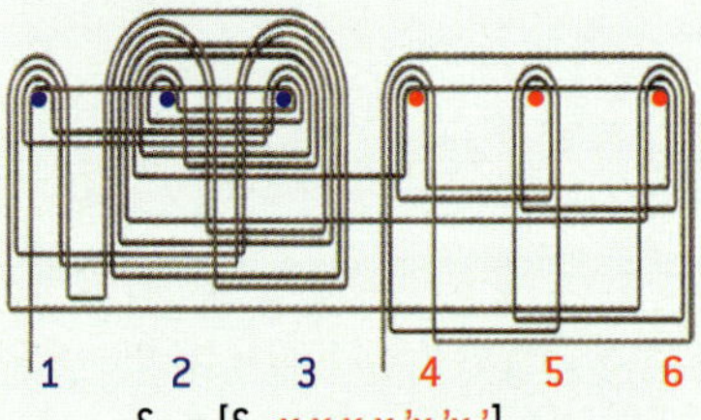

$S_{10} = [S_3, x_4 x_5 x_6 x_4' x_5' x_6']$

Dessins de Francesco De Comité

la ficelle d'une extrémité à l'autre. À chaque fois qu'elle fait le tour du clou x dans le sens des aiguilles d'une montre, on écrit un x ; à chaque fois qu'elle fait le tour du clou x dans le sens inverse des aiguilles d'une montre, on écrit un x'. On procède de même pour les clous y et z.

De cette façon, à chaque élément du groupe libre se trouve associé un parcours de la ficelle autour des clous, et réciproquement. L'opération de simplification $xx' = x'x = 1$ correspond à l'idée que si la ficelle tourne autour du clou x dans le sens des aiguilles d'une montre, puis immédiatement après autour de x dans le sens inverse, alors en tendant la ficelle (sans déplacer ou enlever de clou), le parcours de la ficelle se simplifie et fait disparaître $x\,x'$.

Grâce au groupe libre et aux simplifications opérées, on saura si un tableau va tenir quand on l'accroche à une série de clous en faisant faire à la ficelle un parcours, aussi compliqué soit-il, autour des clous.

On suit le parcours de la ficelle en écrivant sa formule, une suite de symboles x, y, z,..., x', y', z',... On simplifie l'expression en faisant disparaître autant que c'est possible les xx', $x'x$, yy', $y'y$, zz', $z'z$, etc. S'il ne reste plus rien à la fin du calcul, c'est que le tableau tombera (c'est un montage *Podger*) ; s'il reste quelque chose d'impossible à simplifier, c'est que le tableau restera accroché. Les lettres présentes dans la formule simplifiée indiquent les clous qui porteront le tableau.

Nous sommes maintenant armés pour transformer le problème général à n clous en un petit problème algébrique que nous pourrons traiter sans emmêler de ficelles.

Si l'on a un parcours autour de trois clous x, y et z, par exemple $xy'xyyx'zyz'x'$ et qu'on enlève un clou, par exemple y, comment savoir si le tableau glisse au sol ?

C'est très simple : il suffit de retirer tous les y et y' de l'expression algébrique du parcours de la ficelle, et de simplifier ce qui reste autant que possible *(voir l'encadré 1)*. Le problème des n clous est maintenant devenu purement symbolique. Il consiste à trouver une expression s (un élément du groupe libre de générateurs x_1, x_2,..., x_n) telle qu'elle ne se simplifie

4. Une liste de dix problèmes *(voir les figures page ci-contre)*

Problème 1 (1 parmi 3). Quand on enlève un des trois clous x_1, x_2 ou x_3, le tableau tombe.

Problème 2 (2 parmi 3). Quand on enlève un des trois clous x_1, x_2 ou x_3, le tableau reste accroché, mais si on enlève deux clous (quelconques), il tombe.

Problème 3 (1+2). Quand on enlève le clou x_1, le tableau tombe. Quand on enlève x_2 ou x_3, il reste accroché. Quand on enlève x_2 et x_3, il tombe.

Problème 4 (1 parmi 4). Quand on enlève un des quatre clous x_1, x_2, x_3 ou x_4, le tableau tombe.

Problème 5 (2 parmi 4). Quand on enlève un des quatre clous x, y, z ou t, le tableau reste accroché, mais si on enlève deux clous, il tombe.

Problème 6 (3 parmi 4). Quand on enlève un ou deux des quatre clous x_1, x_2, x_3 ou x_4, le tableau reste accroché, mais si on enlève trois clous, il tombe.

Problème 7 (2+2 parmi 2+2). Le tableau est accroché à deux clous bleus et deux clous rouges. Quand on enlève les deux clous bleus ou les deux clous rouges, il tombe. Quand on enlève un clou bleu et un clou rouge, il reste accroché.

Problème 8 (1+2 parmi 2+2). Le tableau est accroché à deux clous bleus et deux clous rouges. Quand on enlève un clou bleu, il tombe. Quand on enlève les deux clous rouges, il tombe. Quand on enlève uniquement un clou rouge (et pas de bleu), il reste accroché.

Problème 9 (1+3 parmi 3+3). Le tableau est accroché à trois clous bleus et trois clous rouges. Quand on enlève un clou bleu, il tombe. Quand on enlève les trois clous rouges, il tombe. Quand on enlève uniquement un ou deux clous rouges (et pas de bleu), il reste accroché.

Problème 10 (1+2 parmi 3+3). Le tableau est accroché à trois clous bleus et trois clous rouges. Quand on enlève un clou bleu, il tombe. Quand on enlève deux clous rouges, il tombe. Quand on enlève uniquement un clou rouge (et pas de bleu), il reste accroché.

Dans les réponses ci-contre, la notation [A, B] représente la formule ABA'B'.

pas en 1 (il ne faut pas que le tableau tombe au sol quand tous les clous sont présents) et qui se simplifie en 1 quand on enlève l'un des clous, x_1, ou x_2,..., ou x_n.

Il devient immédiat que la solution la plus courte au problème des deux clous comporte quatre symboles : $xyx'y'$ (ou $xy'x'y$, ou $x'yxy'$, ou $x'y'xy$, ou $yxy'x'$, ou $y'xyx'$, ou $yx'y'x$, ou $y'x'yx$).

Le montage Podger

L'expression ne se simplifie pas et l'on voit que la suppression du clou x donne 1, de même que la suppression du clou y *(voir le dessin ci-dessous)*. Il existe une infinité d'autres solutions au problème des deux clous dont voici l'une d'elles, $xxyyx'yx'y'y'y'$, qui est bien sûr inutilement compliquée.

Grâce à sa traduction algébrique, par tâtonnements – j'ai réellement procédé ainsi ! – on trouve assez vite une solution au problème des trois clous. Je suis tombé sur celle-ci : $x'y'zyxy'x'z'xy$. Vérifions-la.

Suppression du clou x : $y'zyy'z'y = y'zz'y = y'y = 1$.

Suppression du clou y : $x'zxx'z'x = x'zz'x = x'x = 1$.

Suppression du clou z : $x'y'yxy'x'xy = x'xy'x'xy = x'xy'y = x'x = 1$.

Examinons maintenant le problème avec n clous. Pour le résoudre, voici une méthode générale qui fonctionne de proche en proche. On imagine qu'on dispose d'une solution pour le problème à n clous, et on en construit une pour le problème à $n + 1$ clous. Comme on en connaît une pour le problème à 2 clous, on pourra amorcer la construction et résoudre petit à petit le problème pour 3, 4,..., n clous.

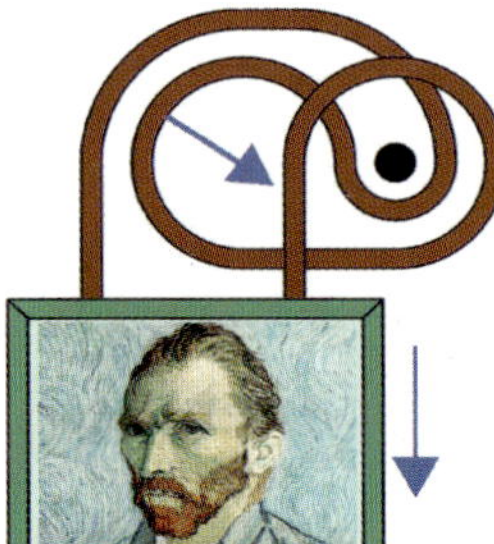

Soit s une solution au problème avec n clous. Notons s' la suite qui annule s : $ss'=1$ (s' est l'« inverse » de s). C'est la suite de symboles qu'on obtient en inversant l'ordre des éléments de s, en ajoutant un « ' » sur les lettres qui n'en ont pas et en supprimant le « ' » de celles qui en ont (par exemple : $(xyz'x'y)' = y'xzy'x'$). Si z se réfère au $(n + 1)$-ième clou, alors la suite $szs'z'$ sera une solution du problème pour $n + 1$ clous. La formule permet de passer d'une solution pour n clous à une solution pour $n + 1$ clous.

En effet, si on enlève une lettre parmi les n premières, s devient 1 (car c'est une solution pour n clous), de même que s'. Il ne reste alors que zz', qui se simplifie en 1. Si on enlève les z, alors $szs'z'$ devient ss' qui devient 1 aussi. Chaque suppression d'un clou fait donc tomber le tableau au sol. C'est le montage *Podger* que nous voulions.

Appliquons cette méthode pour trouver la solution du problème des trois clous à partir de la solution du problème à deux clous $S_2 = xyx'y'$. On a $S_2' = yxy'x'$, et donc : $S_3 = S_2 z S_2' z' = xyx'y'zyxy'x'z'$. Ce n'est pas celle que nous avions trouvée par tâtonnements, mais elle a la même longueur. La méthode décrite donne une solution au problème des trois clous (et plus généralement au problème des n clous). Cela n'interdit pas bien sûr l'existence d'autres solutions.

De la même façon, on obtient la solution du problème des quatre clous à partir de celle pour trois clous : $S_4 = S_3 t S_3' t' = xyx'y'zyxy'x'z'tzxyx'y'z'yxy'x't'$.

Une multitude d'autres problèmes d'accrochage sont envisageables *(voir l'encadré 4)*. Il se trouve que l'équipe de chercheurs américains a réussi l'exploit de démontrer que tout ce qu'il est envisageable de demander à une corde faisant tenir un tableau peut l'être. Voyons ce que cela signifie.

Une ficelle à tout faire

Imaginons que l'on souhaite accrocher le tableau à cinq clous *x, y, z, t, u* de façon qu'il tienne, mais que si on enlève les clous *x* et *y*, ou les clous *x* et *z* et *t*, ou les clous *y* et *t* et *u*, alors il tombe, et dans aucun autre cas (c'est-à-dire quand *x* ou *y* restent, et que *x* ou *z* ou *t* restent, et *y* ou *t* ou *u* restent).

Est-ce possible ? Oui, les six chercheurs ont montré comment et leur résultat vaut pour tout problème du même type, c'est-à-dire pour toute disjonction de conjonctions (sans négation) : (x_1 et ... et x_i) ou (y_1 et ... et y_j) ou ... ou (z_1 et ... et z_k).

Par ailleurs, il est clair qu'on ne peut pas demander n'importe quoi. Il est par exemple impossible de disposer la ficelle pour que le tableau tombe si on enlève le clou *x*, mais pas si on enlève *x* et *y*. Cette condition, dite de monotonie, est en fait exactement celle qui assure qu'il y a une solution. Quand l'énoncé du problème est monotone (autrement dit pas absurde), le problème peut se réécrire comme une disjonction de conjonctions et admet donc une solution. En clair : tous les cas où l'on peut raisonnablement envisager qu'il y ait une solution sont effectivement des cas où il y a une solution, et on sait la trouver.

On n'a pas fait le tour complet des problèmes d'accrochage de tableaux. D'autres questions liées à la complexité des algorithmes à mettre en œuvre pour résoudre ces problèmes sont abordées. Certaines sont résolues et d'autres, comme c'est toujours le cas en mathématiques face à une problématique riche, sont encore ouvertes et attendent leur vainqueur. Voici deux des problèmes en attente de solution :

– La solution la plus courte (en nombre de symboles) pour traiter le problème des *n* clous (enlever un des clous fait tomber le tableau) compte-t-elle moins de n^2 symboles ?

– Une ficelle autour de clous soutenant un tableau étant donnée (par son parcours ou sa formule), existe-t-il un algorithme polynomial permettant de connaître le plus petit ensemble de clous qui libère le tableau ?

Lorsque vous visiterez la prochaine exposition de peinture contemporaine de tableaux monochromes (si, si, ça existe !) et que vous vous ennuierez un peu, pensez à ces problèmes qui rendent le dos des tableaux plus intéressants que leur face, et aux artistes mathématiciens qui y travaillent.

Le *Rubik's cube* : pas plus de 20 mouvements !

Le cube de Rubik est le numéro un de tous les casse-tête. Plus de trente ans après son invention, on continue à y jouer et à résoudre les problèmes qu'il pose.

Le cube de Rubik (ou *Rubik's Cube*) est le plus étonnant des casse-tête jamais inventés. D'abord, aucun jeu n'a suscité autant d'attention et conduit à la publication d'autant d'articles et de livres. Ensuite, il est difficile et intéresse pourtant des millions de gens, en donnant lieu à toutes sortes de compétitions et d'exploits... plus ou moins étranges et de plus en plus fous. De plus, il est à l'origine de centaines d'autres casse-tête mécaniques souvent aussi remarquables que lui, et qu'on peut aujourd'hui pratiquer virtuellement avec tout ordinateur. Enfin, le problème des configurations les plus difficiles a résisté pendant 30 ans et a exigé l'emploi d'un puissant réseau informatique avant qu'on en vienne à bout.

Nous allons reprendre ces quatre points et en particulier donner quelques informations sur la preuve obtenue que 20 mouvements suffisent toujours pour reconstituer les faces colorées du cube.

Ingénieux mécanisme

En août 1980, dans le n° 34 de *Pour la Science*, Emmanuel Halberstadt publiait un article intitulé *Le cube hongrois et la théorie des groupes* où il décrivait le cube de Rubik et indiquait un moyen pratique de le remettre en ordre, fondé sur l'analyse de la structure mathématique associée au cube.

Cet article contribua au succès du cube en France, succès qui, comme partout dans le monde, fut d'une ampleur considérable et d'une rapidité sidérante.

Le cube inventé six ans plus tôt par le sculpteur et professeur d'architecture Ernö Rubik est un bloc de 26 petits cubes rendus solidaires par un ingénieux mécanisme permettant à chaque face de 9 cubes (3×3) de pivoter autour d'un axe parallèle aux arêtes et passant par le centre de chaque face. L'emplacement du cube central, qui compléterait le tout et donnerait un empilement de $3 \times 3 \times 3$ cubes, est occupé par le système de pivots qui donne sa cohésion à l'ensemble et le met en mouvement. La configuration initiale est telle que chaque face est colorée uniformément avec six couleurs : bleu, rouge, orange, vert, jaune et blanc. En opérant quelques rotations des faces, on mélange les couleurs et le problème posé est alors de reconstituer la configuration initiale.

Quelques instants de manipulation conduisent à comprendre les premiers éléments de la structure du casse-tête.

– Les cubes centraux des faces tournent sur eux-mêmes, mais restent toujours en place ; ils déterminent donc la couleur de chaque face et permettent d'orienter le cube d'une manière fixe.

– Un cube de coin (il y en a huit) sera toujours un cube de coin. Chacun d'eux a trois faces visibles de couleurs différentes qui, en prenant en compte les centres des faces, indiquent précisément la position qu'il doit occuper dans le cube remis en ordre.

– Les 12 cubes restants sont ceux des milieux des arêtes. Ils ont chacun deux faces visibles de couleurs différentes qui, comme pour les cubes de coin, déterminent précisément leur position dans la configuration à atteindre.

D'apparence simple, la remise en ordre se révèle particulièrement coriace, et une fois mélangé, sans aide ou sans étude très approfondie du problème mathématique que pose le cube, vous ne réussirez jamais à le remettre en ordre. Le casse-tête est réellement difficile et son succès reste mystérieux.

On évalue que 350 millions de cubes de Rubik ont été fabriqués et vendus depuis que les premiers exemplaires ont été proposés au public hongrois en 1977. Cela fait de lui le casse-tête le plus vendu de tous les temps, à l'exception peut-être du Taquin (dénommé aussi 15-puzzle) dont il est impossible de comptabiliser les exemplaires (fabriqués selon

Illustration de Francesco de Comité

1 Voici la configuration la plus difficile rencontrée lors du calcul qui a conduit à démontrer que 20 mouvements suffisent toujours pour remettre un cube en ordre. Elle a été dessinée mouvement par mouvement, pour remettre en ordre la configuration en 20 étapes ; vous pouvez la lire et l'effectuer à l'envers pour concocter un problème difficile à votre cousin qui se croit champion du cube de Rubik.

des milliers de modèles différents) depuis son invention en 1879. Bien que le cube de Rubik ait été copié sans vergogne par l'industrie de la contrefaçon, Ernö Rubik, l'inventeur du cube, a fait fortune grâce à son casse-tête qui lui a valu la gloire et... lui a permis de consacrer le reste de sa vie à la mise au point d'autres casse-tête.

Une multitude de livres et d'articles ont été publiés au sujet du cube, de sa théorie et des méthodes pour le résoudre. Sur Internet, un grand nombre de pages lui sont consacrées. Le nombre de documents différents parus chaque année permet de suivre l'évolution de la cubomania des années 1980. Une bibliographie réunie par George Helms recense 719 textes en 22 langues. Il y a 14 publications en 1979, 52 en 1980, 174 en 1981, 70 en 1982, 15 en 1983. L'ouvrage de James Nourse, *The Simple Solution to Rubik's Cube,* a été le livre le plus vendu au monde pour le mois de janvier 1982. Il est resté présent au palmarès des livres les plus vendus pendant trois ans et au total plus de six millions d'exemplaires de l'ouvrage ont été commercialisés. Plusieurs autres livres sur le cube de Rubik ont dépassé le million d'exemplaires.

Des compétitions de cubes de Rubik sont organisées partout dans le monde. La *World Cube Association* (WCA) patronne une multitude de concours.

Les meilleurs cubistes résolvent un cube $3 \times 3 \times 3$ en moins de 10 secondes. Précisons que les règles de la WCA permettent une inspection du cube pendant 15 secondes avant que la résolution ne commence. Le champion australien Feliks Zemdegs, qui a 15 ans, rétablit un cube en 8,5 secondes en moyenne. Il sait aussi résoudre le cube $4 \times 4 \times 4$, beaucoup plus difficile, qui lui demande 42 secondes en moyenne, et le cube $5 \times 5 \times 5$, extrêmement difficile, qui l'occupe 68 secondes en moyenne.

D'autres exploits moins sérieux sont devenus classiques et les résultats progressent comme des records sportifs. La résolution du cube d'une seule main a demandé 14,7 secondes au champion de 2010. Avec le pied, un autre champion range un cube en 42 secondes. Le 16 novembre 2008, Milan Batick a reconstitué 4 786 cubes en

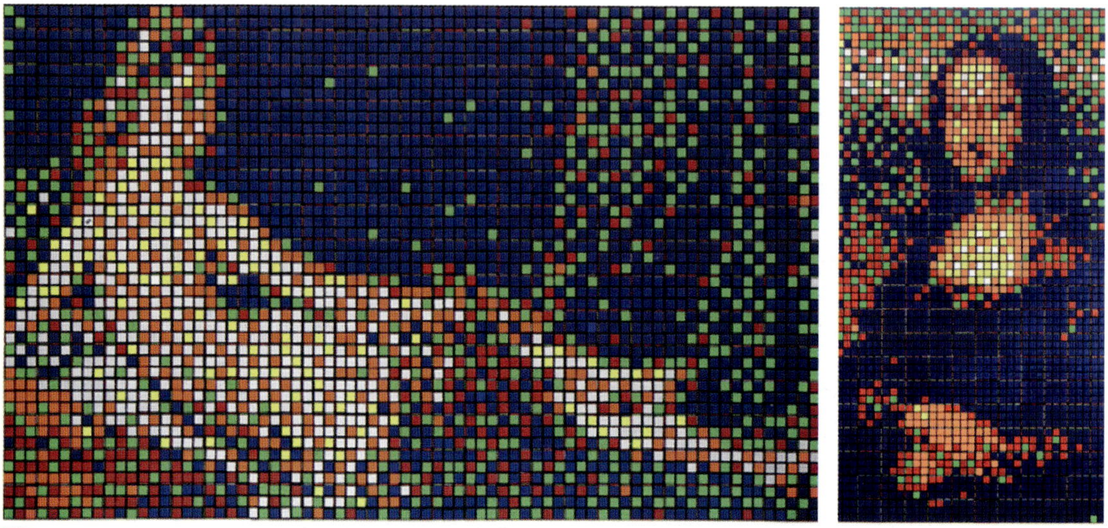

www.space-invaders.com/archives.html

2 « RubikCubisme » : ces images sont décomposées en pavés de neuf pixels, que l'artiste réalise alors en prenant autant de cubes de Rubik qu'il faut et en les manipulant pour faire apparaître sur une des faces les différents pavés colorés de neuf pixels. Ils composent ainsi patiemment le tableau avec six couleurs. D'autres œuvres de ce type sont visibles sur www.space-invaders.com/archives.html.

moins de 24 heures. Il battait le précédent record qui était de 3 505. Notez que M. Batick réussit donc, pendant 24 heures, l'extraordinaire moyenne de 18,05 secondes par cube !

La résolution en aveugle est fascinante. Après que le joueur a observé le cube, on lui bande les yeux et il résout le cube. Le total des opérations (incluant cette fois la phase d'observation) n'exige que 31 secondes à Hiayan Zhuang, le champion de 2010. Le record en nombre de cubes pour le réarrangement en aveugle est dû à l'Indonésien Muhammad Iril Khairul Anam, qui a réussi en 2010 à rétablir 16 cubes en moins d'une heure (temps maximum alloué) : après une période d'observation des 16 cubes, on lui bande les yeux et il refait alors les cubes les uns après les autres.

Le plus jeune manipulateur de cube avait quatre ans quand son exploit fut homologué. Le plus âgé avait, lui, 88 ans. Pour la résolution les yeux bandés, plus difficile, les âges records sont de 10 et 60 ans.

Le succès du cube de Rubik est dû au plaisir qu'on éprouve à le manipuler. Un autre cube, composé seulement de huit petits cubes aimantés, avait été inventé quelques années avant celui de Rubik. Il constituait un casse-tête plus facile, mais du même type. Il n'eut que très peu de succès, car il était trop tentant de tricher en séparant les cubes aimantés au lieu de les faire glisser. Le génie de l'invention de Rubik est plus celui d'une trouvaille mécanique que mathématique.

Parmi les plus étonnantes des variantes, le *Void Cube* est une merveille : il se présente exactement comme le cube de Rubik et permet les mêmes mouvements, sauf que tout ce qui dans le cube de Rubik sert au fonctionnement a disparu : il n'y a rien ni au centre du cube, ni au centre des faces. Seuls persistent les 8 cubes de coin et les 12 cubes des milieux des arêtes qui se déplacent vraiment comme dans un cube de Rubik *(ci-contre)*. L'ingéniosité du mécanisme, le succès du cube, est surpassée ! Si vous voulez essayer et étudier les variantes du cube de Rubik sans avoir à effectuer de nombreux achats, des programmes informatiques gratuits en ligne (applet) permettent de jouer virtuellement (voir en particulier : www.randelshofer.ch/rubik/index.html).

Des décomptes

Il est facile de voir que 15 mouvements ne suffisent pas à remettre en ordre n'importe quelle configuration du cube de Rubik. À chaque fois que vous faites un mouvement (rotation d'une des faces du cube) vous avez 18 choix possibles, car chacune des six faces peut être tournée de 90, 180 ou 270 degrés. En faisant un mouvement, on peut donc atteindre 18 configurations. En réalisant deux mouvements, on peut atteindre au plus $18 \times 18 = 18^2$ configurations différentes. Etc. En effectuant 15 mouvements ou moins, vous atteindrez donc un nombre de configurations différentes inférieur ou égal à :
$18 + 18^2 + 18^3 + 18^4 + ... + 18^{15} = 7{,}1435 \times 10^{18}$.

Or ce nombre est inférieur au nombre de configurations du cube de Rubik, égal à $4{,}3 \times 10^{19}$. En faisant 15 mouvements ou moins, on ne peut donc pas atteindre toutes les configurations possibles. Si on place le cube dans l'une de ces configurations non atteintes, il faudra donc au moins 16 mouvements pour remettre le cube en ordre. Un raisonnement similaire, mais un peu plus subtil, montre que certaines configurations ne pourront être remises en ordre qu'avec 17 mouvements ou plus.

Refaire le cube, c'est bien, mais le refaire en opérant un minimum de mouvements c'est mieux... et plus délicat. La WCA a prévu une épreuve qui mesure cette aptitude des concurrents à l'économie dans l'action. Les règles de l'épreuve sont les suivantes :

(a) Le joueur examine le cube mélangé qu'on lui soumet et l'étudie soigneusement pendant une heure en s'aidant de crayons, de papier, de trois cubes auxiliaires et de gommettes colorées s'il le souhaite.

(b) L'heure écoulée, il remet sa solution sous forme écrite en utilisant un codage standardisé pour indiquer la meilleure suite de mouvements qu'il a trouvée.

La longueur d'une solution est le nombre de rotations de face, une rotation pouvant être d'un quart de tour ou d'un demi-tour. Le champion 2010 est le Hongrois (tiens, tiens !) Itsvan Kocza, qui a proposé une solution en 22 mouvements pour le cube mélangé qu'on lui avait soumis. Il faut noter que ce nombre est particulièrement faible, car les méthodes de reconstitution de cubes expliquées dans les livres ou les multiples pages Internet qui en décrivent conduisent à des reconstitutions en 60 mouvements environ, ou 30 pour les meilleures... qui sont plus difficiles à apprendre. Ce score de 22 n'est pas dû au hasard qui aurait fait que le problème soumis en 2010 était particulièrement simple. La preuve en est qu'en 2009, le champion de cette épreuve avait réussi lui aussi en 22 mouvements. En 2011, le record a été de 25, en 2012 de 20, en 2013 de 21. Les joueurs progressent et une question vient à l'esprit : peut-on toujours faire 22, ou moins ? Plus précisément, quel est le nombre de mouvements qu'un joueur parfait aura à faire dans le pire cas ?

Quand la théorie pure bute

Depuis longtemps, on soupçonne que la réponse est 20. En juillet 2010, la preuve du résultat en a été donnée. Puisque l'étude des mouvements du cube de Rubik se ramène à l'étude d'un certain groupe mathématique, on pouvait penser que la solution proviendrait de progrès mathématiques. La structure étudiée ne contient aucun arbitraire, contrairement par exemple au jeu d'échecs dont le graphe des parties possibles est compliqué, du fait des règles complexes. Ici, la structure du problème, un graphe aussi *(voir la figure 4)*, est définie à partir d'éléments géométriques très simples et la situation paraît donc idéale pour que les mathématiciens exercent leur talent et produisent une réponse s'appuyant sur tout ce qu'ils savent des groupes, de leur classification, de leurs décompositions, etc. Il n'en a rien été, la théorie pure s'est révélée inopérante !

La réponse, 20, n'a été obtenue qu'à l'issue d'une série de progrès algorithmiques s'étalant sur 20 ans. Ils aboutissent grâce à l'utilisation d'une force de calcul équivalente à 35 années de fonctionnement ininterrompu d'un ordinateur de bureau. Ce temps de calcul a été obtenu en mobilisant un ensemble d'ordinateurs prêtés par le géant *Google* pendant quelques semaines.

Le nombre de configurations qu'on peut obtenir en mélangeant le cube est de 43 milliards de milliards. Si en plus de le manipuler, vous le démontez et le remontez sans prendre de précautions, il y a 12 fois plus de configurations et vous n'aurez donc qu'une chance sur 12 de pouvoir le remettre en ordre. Cette propriété du cube est analogue à celle du Taquin : en démontant un Taquin et en replaçant les pièces sans précaution, vous n'avez qu'une chance sur deux de pouvoir revenir à la position initiale.

On peut s'occuper une à une des $4{,}3 \times 10^{19}$ configurations possibles, en recherchant à chaque fois la meilleure suite de mouvements pour l'atteindre. Trouver la suite la plus courte de mouvements pour ranger une position donnée est aujourd'hui possible grâce aux bons algorithmes mis au point par Herbert Kociemba, qui travaille sur la question depuis 1992. Pour une position donnée, il faut souvent plusieurs secondes, même avec une machine puissante, pour identifier la suite optimale de mouvements. La recherche de la pire configuration du cube de Rubik que nous obtiendrions en calculant, pour chaque configuration, la séquence optimale de mouvements avec un algorithme traitant une configuration par seconde, exigerait donc de mobiliser pendant plus de 1 300 ans le milliard d'ordinateurs qu'il y a sur Terre aujourd'hui. La méthode brutale n'est pas en mesure de donner la réponse.

Une autre idée consiste à procéder progressivement en mémorisant ce qu'on obtient et en le réutilisant. On regarde toutes les configurations qu'on atteint en un mouvement (il y en a 18) et on mémorise leur liste avec l'information qu'elles sont atteignables en un mouvement. Partant de ces configurations, on opère un mouvement de plus de toutes les façons possibles. On mémorise les configurations nouvelles qu'on vient d'atteindre avec l'information qu'elles sont atteignables en deux mouvements.

On poursuit de la même façon et, de proche en proche, toutes les configurations possibles se trouvent mémorisées avec l'information de la longueur du plus court chemin qui permet d'y arriver (car quand on engendre une configuration pour la première fois, c'est qu'il n'y a pas de suites de mouvements plus courtes y conduisant). Quand une étape nouvelle de calcul n'ajoute plus de configuration, on arrête l'algorithme : on est certain d'avoir toutes les longueurs des plus courts chemins et on connaît donc les configurations du cube de Rubik les plus longues à ranger.

En théorie, cette approche est bien plus rapide que la précédente, car elle exploite au mieux les résultats des calculs déjà faits qu'elle engrange petit à petit. Mais elle est tout aussi impossible à cause de la quantité de mémoire bien trop importante qu'elle exige. C'est

http://cjonline.com/news/local/2010-11-05/wrhs_student_a_rubiks_master

http://www.francocube.com/

3 **Les variantes les plus classiques** du cube de Rubik sont le cube 2 × 2 × 2, le cube 4 × 4 × 4 *(Rubik's Revenge)*, le cube 5 × 5 × 5 *(Professor's Cube)*. Tous donnent lieu à des épreuves dans les compétitions de la WCA. Les plus gros, commercialisés depuis 2008, sont le cube 6 × 6 × 6 *(V-cube 6)* et le cube 7 × 7 × 7 *(V-cube 7)*. Le nombre de configurations du 2 × 2 × 2 est 3 674 160. Le nombre de configurations du 3 × 3 × 3 est $4{,}3 \times 10^{19}$. Celui du 4 × 4 × 4 est $7{,}4 \times 10^{45}$, celui du 5 × 5 × 5 est $2{,}8 \times 10^{74}$, celui du 6 × 6 × 6 est $1{,}57 \times 10^{116}$, celui du 7 × 7 × 7 est $1{,}95 \times 10^{160}$. On dépasse alors le nombre de bits d'information contenus dans l'Univers visible ! Le succès du cube a été tel que des dizaines de variantes ont été inventées, dont des versions en braille pour les aveugles.

4. Le graphe du cube de Rubik

On associe au cube de Rubik le graphe de toutes ses configurations. Les nœuds du graphe sont les $4{,}3 \times 10^{19}$ configurations possibles et deux nœuds sont reliés par un arc si l'on peut passer de l'un à l'autre en opérant un mouvement de rotation de l'une des faces du cube.

Ce graphe, impossible à dessiner en totalité, est extrêmement symétrique, car tous les nœuds sont équivalents comme c'est le cas par exemple du graphe des sommets d'un cube. Trouver les meilleures suites de mouvements pour résoudre le cube est équivalent à rechercher les plus courts chemins dans ce graphe. Trouver le nombre maximum de mouvements qu'exigent les plus difficiles des configurations est équivalent à rechercher les configurations les plus éloignées de la configuration initiale, ce qui, à cause de la symétrie du graphe, revient à trouver le diamètre du graphe (la distance maximale séparant deux nœuds du graphe).

Les algorithmes généraux de calcul dans un graphe (calcul de plus court chemin, calcul de diamètre, etc.) ne peuvent pas s'appliquer directement à cause de la taille du graphe, et cela même en utilisant de puissants réseaux d'ordinateurs. Le diamètre du graphe a été calculé en adaptant ces méthodes et en exploitant au mieux les propriétés particulières du graphe.

L'une des idées utilisées par les chercheurs est la suivante. Pour connaître un court chemin entre deux positions A et B, on peut choisir une configuration C pas trop loin de A, puis rechercher le plus court chemin entre A et C et le plus court chemin entre C et B. La mise bout à bout des deux plus courts chemins ne conduit pas toujours au plus court chemin entre A et B, mais elle en donne un assez bon. De plus, si on fait varier C, cela permet presque à coup sûr de découvrir le plus court chemin entre A et B.

Le problème du diamètre du graphe du cube de Rubik est étudié depuis 30 ans et les progrès ont été lents jusqu'à la démonstration en juillet 2010 que le diamètre est 20. Pour mesurer les progrès, voyons la date, le nom du prouveur et le diamètre entre parenthèses : juillet 1981, Morwen Thistlethwaite (52) ; avril 1993, Hans Kloosterman (42) ; mai 1992, Michael Reid (39) ; mai 1992, Dik Winter (37) ; janvier 1995, Michael Reid (inférieur à 29 et supérieur à 20) ; décembre 1995, Silviu Radu (28) ; avril 2006, Silviu Radu (27) ; mai 2007, Dan Kunkle (26) ; mars 2008, Tomas Rokicki (23) ; août 2008, Tomas Rokicki (22) ; juillet 2010, Tomas Rokicki, Herbert Kociemba, Morley Davidson et John Dethridge prouvent enfin que le diamètre est 20.

Le tableau suivant (obtenu à l'occasion du dernier résultat) indique le nombre de nœuds du graphe ayant une distance donnée à la configuration initiale. Le dernières lignes du tableau sont des valeurs approchées.

0	1
1	18
2	243
3	3 240
4	43 239
5	574 908
6	7 618 438
7	100 803 036
8	1 332 343 288
9	17 596 479 795
10	232 248 063 316
11	3 063 288 809 012
12	40 374 425 656 248
13	531 653 418 284 628
14	6 989 320 578 825 358
15	91 365 146 187 124 313
16	environ 1 100 000 000 000 000 000
17	environ 12 000 000 000 000 000 000
18	environ 29 000 000 000 000 000 000
19	environ 1 500 000 000 000 000 000
20	environ 300 000 000

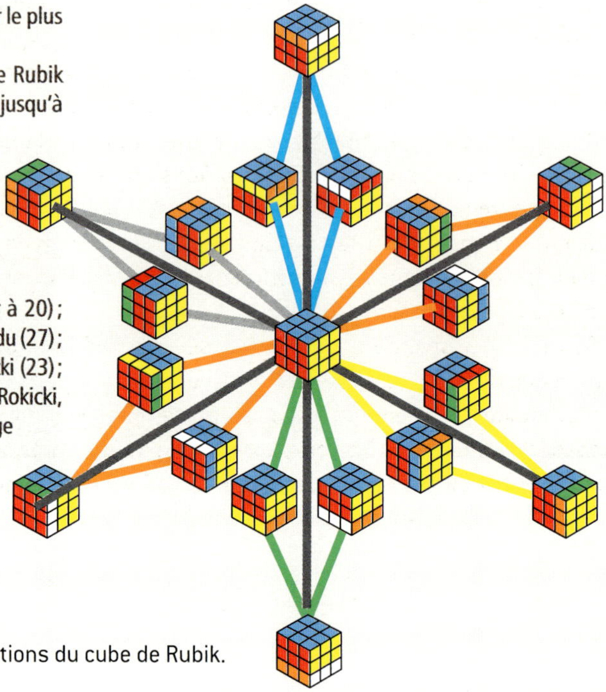

Début de l'immense graphe des configurations du cube de Rubik.

la totalité de la mémoire de tous les disques durs des ordinateurs sur Terre, de l'ordre de 10^{21} octets, qu'il faudrait utiliser pour exécuter l'algorithme de calcul progressif de tous les plus courts chemins que nous venons de décrire !

Un exploit algorithmique

Entre trop de calculs et trop de mémoires, il fallait trouver une solution médiane. Tomas Rokicki, H. Kociemba, Morley Davidson et John Dethridge ont su faire ce travail et démontrer que 20 est le nombre de mouvements nécessaires pour ranger le cube de Rubik dans les cas les plus difficiles. La méthode résulte d'une longue recherche et de la mise au point d'une série de perfectionnements pour apprivoiser la complexité du problème et exploiter à la fois la mémoire disponible sur une machine contemporaine et la capacité de calcul qu'elle donne, en s'arrangeant pour ne jamais dépasser les bornes que la technologie fixe aujourd'hui.

Outre l'utilisation des symétries du problème qui permet d'en réduire un peu la taille, l'idée a été de séparer le problème en un grand nombre de sous-problèmes que la mémoire disponible sur un ordinateur permet de traiter globalement par une méthode apparentée à celle progressive évoquée. Le problème a ainsi été découpé en 2 217 093 120 ensembles de 19 508 428 800 configurations chacun. L'utilisation des symétries a ramené le nombre d'ensembles à traiter à 55 882 296.

Une variante de l'algorithme de H. Kociemba exploite l'information que le pire cas ne demande pas moins de 20 mouvements. On sait depuis 1995 que certaines configurations ne peuvent être résolues en moins de 20 mouvements, et donc, dès que pour une configuration donnée, on connaît une solution en moins de 20 mouvements, et même si ce n'est pas la meilleure, on peut se dispenser d'en rechercher une plus courte.

Le long calcul mené pour arriver au résultat que 20 mouvements, même dans le pire cas, suffisent à remettre en ordre un cube de Rubik, a produit d'autres informations intéressantes. En moyenne, le nombre de mouvements nécessaires est 17,7. Les configurations exigeant 20 mouvements sont assez rares : il y en a environ 300 millions, ce qui signifie qu'une configuration prise au hasard a moins d'une chance sur 100 milliards de nécessiter 20 mouvements. Ces informations font maintenant comprendre que les joueurs humains qui réussissent en 22 mouvements réalisent un exploit pas très lointain de l'optimum, chose remarquable. Cependant, malgré tous leurs efforts et tous les entraînements auxquels les joueurs humains se soumettent, ils ne réussissent pas à découvrir les meilleures séquences de mouvements.

Ainsi, ce jeu inventé il y a plus de 30 ans a défié le monde des informaticiens qui n'ont pu que difficilement résoudre le problème de la pire configuration. Le jeu défie aussi la communauté des mathématiciens qui, sur une question simple purement algébrique et abstraite, a dû, pour l'instant, laisser la machine l'emporter en proposant un résultat qu'aucun théoricien ne peut contredire ni valider à la main.

Shutterstock / agsandrew

PARTIE 3

Des ponts entre la géométrie et l'arithmétique

Il arrive que ce qui se passe en géométrie entraîne au-delà, et que, subrepticement, l'arithmétique et l'algèbre s'introduisent et soient nécessaires pour accéder à une véritable compréhension des figures et de leurs relations. Les thèmes de cette partie ont ce point en commun qu'ils jettent des ponts entre la géométrie et les nombres. Ils montrent que l'univers mathématique est un monde cohérent où tout se tient.

Les plaisirs du rectangle

Trois mille ans de géométrie n'ont pas épuisé tout ce qu'un mathématicien peut dire de l'élémentaire figure géométrique du rectangle.

Quoi de plus simple qu'un rectangle ! Pourtant ce rectangle recèle des problèmes aux beautés cachées : nous allons en voir certains qui sont inattendus. Vous serez sans doute surpris de découvrir que nombres d'entre eux sont assez récents.

Commençons par des questions élémentaires. Le problème du recouvrement d'un damier rectangulaire de côtés entiers n et m par des dominos (rectangles 1×2) est assez facile. Si n et m sont impairs, le recouvrement est impossible, car le nombre total de carrés est impair. Si n ou m est pair, c'est possible : on aligne des dominos horizontalement ou verticalement selon que n ou m est pair *(voir la figure a)*.

Découpage et coloriages

L'exploitation d'un coloriage bicolore en damier permet de résoudre toutes les questions du type suivant : en enlevant deux carrés (1×1) d'un rectangle $n \times m$ (n ou m pair), peut-on encore recouvrir ce qui reste du rectangle avec des dominos ?

Si les deux carrés enlevés sont de la même couleur, par exemple aux deux coins diagonalement opposés, la réponse est négative : chaque domino recouvrant une case noire et une case blanche, il y a maintenant deux cases de plus d'une des couleurs. Si les deux cases enlevées sont de couleurs différentes, alors le rectangle diminué des deux cases peut être pavé par des dominos : on considère un chemin qui revient à son point

a

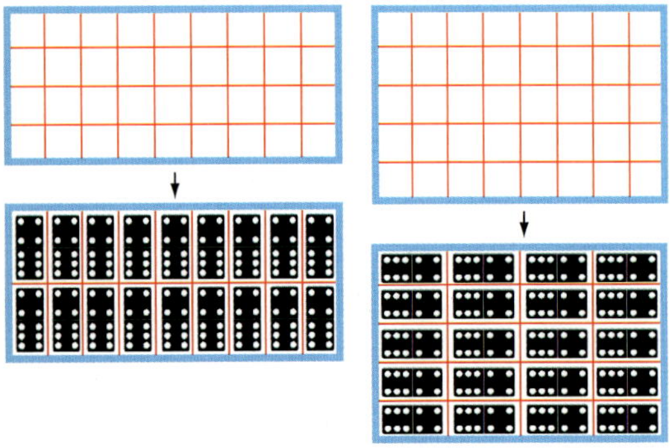

b

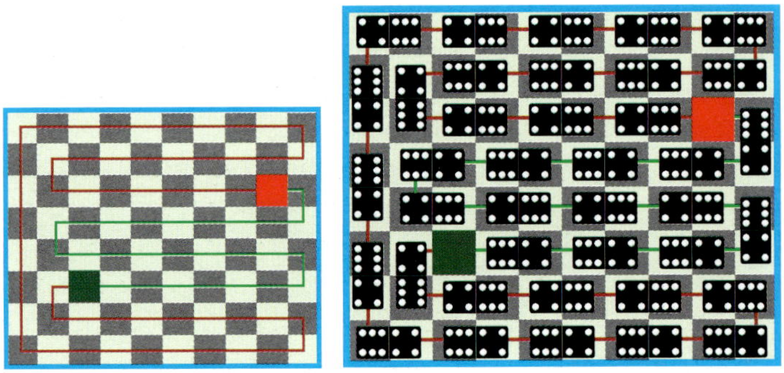

de départ et qui passe par toutes les cases (si n ou m est pair, il existe) ; en enlevant deux cases de couleurs différentes, il reste deux bouts de chemin de longueur paire *(en vert et en rouge sur la figure b)*, qu'il est facile de recouvrir par des dominos.

Ces raisonnements par coloriage sont puissants et parfois subtils. Ainsi, comment prouver que l'on ne peut pas recouvrir exactement un damier 10×14 avec des rectangles 1×4, bien que 140 soit un multiple de 4 ? Colorions le damier avec quatre couleurs comme sur la figure *c (ci-dessous)*. En posant verticalement ou horizontalement un rectangle 1×4 sur les cases de ce coloriage, il couvre nécessairement deux cases d'une couleur et deux cases d'une autre couleur. Si on pouvait recouvrir le damier 10×14 avec des dominos 1×4, le nombre de cases vertes (par exemple) couvertes serait donc pair. C'est impossible, car il y a 35 cases vertes. Le même raisonnement montre qu'on ne recouvrira jamais par des rectangles 1×4 les rectangles 6×6, 6×10, 6×14, 10×10, 10×14, et plus généralement les rectangles $(4n + 2) \times (4m + 2)$ qui ont pourtant tous un nombre de cases multiple de 4.

c

d

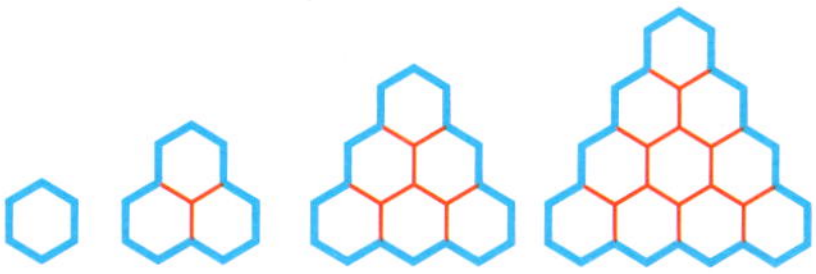

Notons que les raisonnements avec des coloriages ne peuvent pas démontrer toutes les impossibilités de recouvrement : en 1990, John Conway et Jeffrey Lagarias, après avoir étudié soigneusement ce que peuvent donner les arguments de coloriage, ont proposé un problème dont ils ont démontré qu'il est impossible à résoudre par un argument de coloriage.

Ce résultat ne concerne pas les rectangles, mais les figures $T(n)$ formées d'hexagones juxtaposés *(voir la figure d)*. J. Conway et J. Lagarias ont montré que $T(n)$ est pavable par des copies de $T(2)$ si $n = 12k$ ou $n = 12k + 2$ ou $n = 12k + 9$ ou $n = 12k + 11$. Dans les autres cas, le pavage de $T(n)$ par $T(2)$ est impossible, mais aucun argument de coloriage n'aboutira.

Pavages par rectangles 1×2 et 1×3

Les pavages par les rectangles 1×2 et 1×3 semblent faciles à obtenir. C'est à la fois vrai et faux. D'une part, d'après un résultat démontré en 1995 par Danièle Beauquier, Maurice Nivat, Eric Remila et Mike Robson, le problème *Une figure composée de carrés juxtaposés est-elle pavable par des rectangles* 1×2 *placés horizontalement et des rectangles* 1×3 *placés verticalement ?* est NP-complet. Il s'ensuit qu'on ne connaît aucun algorithme fonctionnant en temps polynomial qui réponde à la question. Les problèmes NP-complets sont considérés comme impossibles à résoudre en pratique : les temps de résolution croissent trop vite quand la valeur des données augmente.

D'autre part, parallèlement au résultat indiquant qu'il est difficile de trouver les pavages envisagés par les rectangles 1×2 et 1×3, un résultat affirme que ce type de pavage est parfois facile à trouver : si on n'impose plus le positionnement horizontal des rectangles 1×2 et vertical des rectangles 1×3, alors tout change. E. Remila a établi que le problème *Une figure composée de carrés juxtaposés est-elle pavable par des rectangles* 1×2

1. Le théorème du transfert

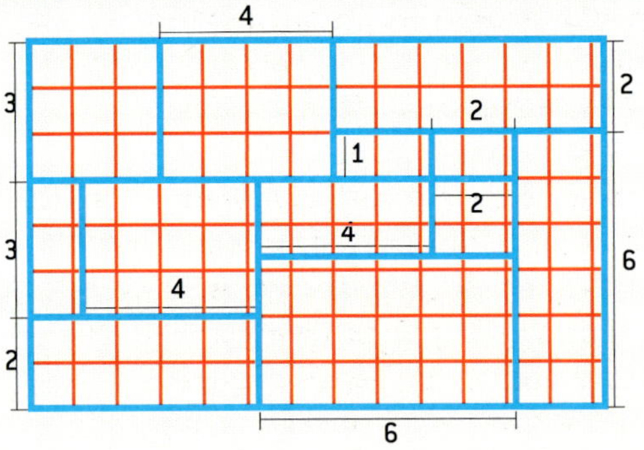

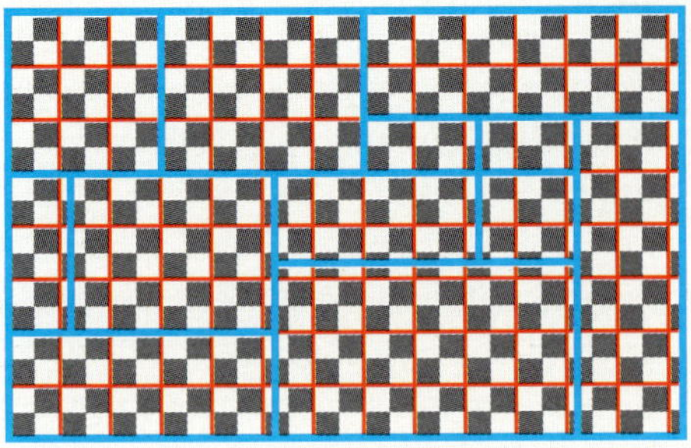

Le théorème de transfert stipule : *Si un rectangle est pavé par des rectangles ayant tous au moins un côté de longueur entière, alors lui-même possède au moins un côté de longueur entière.*

Démontrons-le. Soit un rectangle de côtés a et b, dont on suppose qu'il est pavé par des tuiles rectangulaires (éventuellement différentes) dont chacune possède au moins un côté de longueur entière. Supposons que ni a ni b ne sont des nombres entiers. Cela va nous conduire à une contradiction et donc à la conclusion recherchée (a ou b est entier).

(1) On dessine un damier sur le grand rectangle en prenant des carrés de côté de longueur 1/2. On débute le coloriage en damier dans le coin en bas à gauche en y plaçant un carré noir *(comme ci-dessus à droite)*.

Chaque tuile rectangulaire ayant un côté de longueur entière et posée horizontalement ou verticalement sur ce damier recouvre une aire égale de blanc et de noir. En effet, son côté entier correspond exactement à un nombre pair de carreaux du damier *(comme illustré ci-dessous)*.

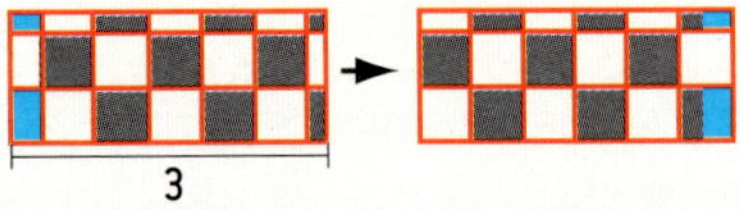

L'hypothèse que le rectangle de côtés a et b est entièrement pavé par des rectangles ayant chacun un côté de longueur entière, donc recouvrant autant de noir que de blanc, entraîne qu'il contient lui-même la même aire en blanc et en noir.

(2) Examinons comment se présente le rectangle dans son ensemble, en faisant apparaître le rectangle de côtés $[a]$ et $[b]$, où $[x]$ désigne la partie entière de x (ainsi, $[3{,}14] = 3$). Prenons l'exemple $[a] = 4$ et $[b] = 5$ *(ci-contre au milieu)*. En prolongeant les côtés de ce rectangle contenu dans le rectangle de côtés a et b, on découpe quatre rectangles notés A, B, C et D *(voir le dessin)*. Le rectangle A a une aire blanche égale à l'aire noire, car il est composé de blocs de deux carrés noirs et deux carrés blancs. Il en est de même des rectangles B et C (cela provient, comme en (1), du fait que chacun de ces rectangles a un côté de longueur entière). Reste à étudier le petit rectangle D.

(3) L'hypothèse que ni a ni b ne sont entiers signifie que $[a] < a < [a] + 1$ et $[b] < b < [b] + 1$. Quatre cas sont à considérer selon que la différence entre a et $[a]$ est inférieure à 1/2 ou non, et selon que la différence entre b et $[b]$ est inférieure à 1/2 ou non. Notons-les D_1, D_2, D_3 et D_4. Nous allons montrer que l'aire noire de chacun de ces rectangles est supérieure à son aire blanche.

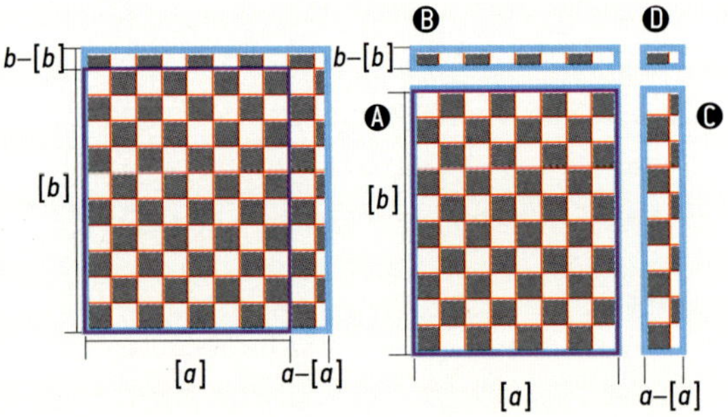

Pour les trois premiers, c'est évident. Pour D_4, il faut y regarder de plus près ; mais en découpant D_4 comme le montre la version agrandie de D_4 *(ci-dessous)*, on voit que lui aussi contient plus de noir que de blanc. Sur le dessin, les aires x et x' sont égales, de même que y et y' et z et z'. L'aire de t est donc égale à l'aire noire en excès dans D_4.

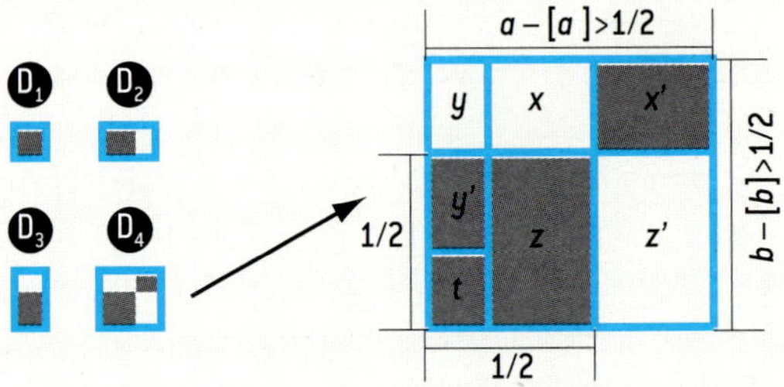

(4) Au total, pour le grand rectangle, l'aire noire est strictement plus grande que l'aire blanche. C'est en contradiction avec la conclusion du paragraphe (1). Il en résulte que l'hypothèse initiale, que ni a ni b n'étaient des entiers, est fausse. Le côté a ou le côté b est entier.

et 1×3 *(sans contrainte d'horizontalité ou de verticalité) ?* se traite en temps proportionnel au nombre de carrés de la figure à paver, c'est-à-dire rapidement *(voir la figure e).*

Les démonstrations de ces deux résultats sont bien sûr assez délicates et nous ne les détaillerons pas, mais elles illustrent l'idée que la prise en considération des algorithmes introduit un intéressant renouveau en géométrie : les mathématiciens étendent toujours les domaines sur lesquels leur curiosité se porte.

Les problèmes de pavage avec des dominos, ou plus généralement des polyminos (formes composées de plusieurs carrés juxtaposés), n'ont pas qu'un intérêt ludique. David Vanderhaeghe, de l'INRIA à Grenoble, et Victor Ostromoukhov, de l'Université de Montréal, ont conçu en 2008 une méthode de représentation graphique fondée sur les pavages de rectangles à l'aide de polyminos permettant un meilleur rendu esthétique. Le découpage d'une image en « pixels » pas trop réguliers et pas trop bien rangés est meilleur que les codages tirés des réseaux totalement réguliers habituels faits de grilles rectangulaires. Partant d'un pavage de rectangles par un polymino fixé (étudiés soigneusement par Michael Reid dans les années 1990), on en déduit un pavage du polymino par lui-même *(voir les figures f et g).* Ce pavage utilisé plusieurs fois permet de découper facilement tout rectangle en « pixels » irréguliers aussi fins qu'on le souhaite.

e

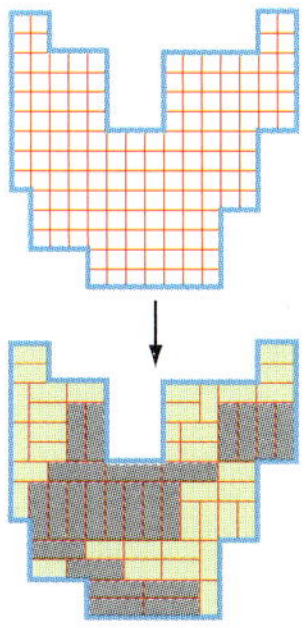

f

g

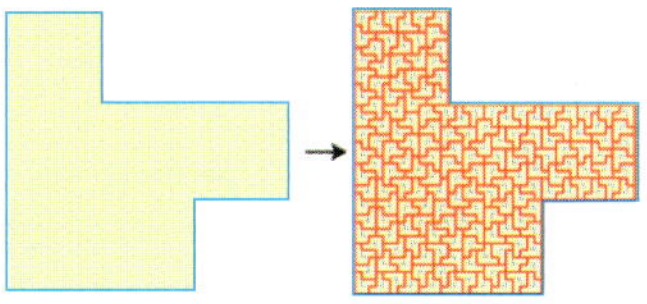

Le problème le plus simple concernant le pavage de rectangles par des rectangles et qui généralise celui du rectangle 10×14 cité plus haut est le suivant : *Dans quels cas des copies d'un petit rectangle* $a \times b$ *remplissent-elles exactement un grand rectangle* $n \times m$? (n, m, a et b sont des entiers). Les travaux de Nicolaas de Bruijn et David Klarner ont résolu la question en 1969. Le rectangle $n \times m$ peut être recouvert par des rectangles $a \times b$ si et seulement si les trois conditions suivantes sont satisfaites :

(1) nm est multiple de ab ;

(2) n et m peuvent chacun s'écrire comme une somme de a et de b ;

(3) (n ou m est multiple de a) et (n ou m est multiple de b).

Paver un rectangle avec des copies d'un même rectangle

Réfléchissons aux trois conditions. La condition (1) est évidemment nécessaire. La condition (2) est elle aussi nécessaire car, si un pavage existe, en suivant le bord de longueur n du rectangle pavé, on trouvera une somme de a et de b donnant n, par exemple $2a + 5b$. De même pour m. La troisième condition est aussi nécessaire, mais cette fois, c'est nettement moins évident (si ça l'était, le résultat aurait été démontré bien avant 1969 !). Notons que si (3) est vérifiée, il se peut que ce soit n qui soit à la fois multiple de a et multiple de b, et alors m peut donc n'être multiple ni de a ni de b. Nous reviendrons un peu plus loin sur cette condition (3).

Pour voir l'intérêt du résultat de de Bruijn et Klarner, voici quelques exemples de son application. Un argument de coloriage démontre l'impossibilité du pavage du rectangle 10×14 par des pavés 1×4, impossibilité vue auparavant. Elle n'est pas étonnante, car le théorème général la redonne; la condition (3) n'est pas satisfaite, ni n ni m ne sont multiples de 4.

Le rectangle 16×25 peut-il être pavé par le rectangle 1×10? Là encore, (1) et (2) sont vérifiées, mais (3) ne l'est pas. Le pavage est impossible.

Le rectangle 21×11 peut-il être pavé par le rectangle 7×3? La condition (1) est vérifiée, la condition (3) aussi, mais pas la condition (2): 11 n'est pas somme du nombre 7 (pris zéro, une ou plusieurs fois) et du nombre 3 (pris zéro, une ou plusieurs fois). Le pavage est impossible.

Le rectangle 22×20 peut-il être pavé par le rectangle 4×10 *(voir la figure h)*? La condition (1) est vérifiée, la condition (3) aussi et la condition (2) est vérifiée, puisque $22 = 10 + 4 + 4 + 4$. Le pavage est possible: trouvez-le!

h

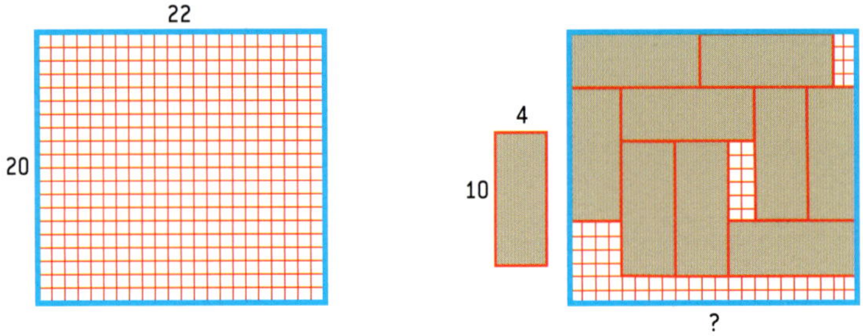

Transferts de propriété

Pour établir que lorsqu'on veut paver un rectangle $n \times m$ par des rectangles $a \times b$, la condition (3) doit être vérifiée, nous allons utiliser un théorème que nous nommerons « théorème de transfert »:

Si R un rectangle est pavé par une famille de tuiles rectangulaires dont chacune a au moins un de ses côtés de longueur entière, alors R a au moins, lui aussi, un côté de longueur entière.

Il y a « transfert », des petits rectangles vers le grand rectangle pavé, de la propriété « avoir au moins un côté de longueur entière » que possède chaque petit rectangle du pavage. Ne croyez pas que la démonstration soit évidente *(voir l'encadré 1)*.

Ce résultat est particulièrement intéressant pour de nombreuses raisons. Une première démonstration utilisait un calcul avec des intégrales doubles. En 1985, Hugh Montgomery, sans doute étonné de la difficulté des démonstrations connues, demanda à ses collègues, lors d'une réunion de l'Association américaine de mathématiques, de trouver des preuves plus simples. Quelques mois plus tard, Stan Wagon publia un article qui proposait 14 démonstrations! L'une d'elles est donnée dans l'encadré 1. Il faut bien se concentrer, mais c'est une démonstration uniquement graphique... utilisant un coloriage.

Cette collection de démonstrations d'un même résultat pas vraiment évident a été l'occasion de réfléchir à quelques questions que les mathématiciens se posent régulièrement: qu'est-ce qu'une bonne démonstration? Quelle est la plus belle démonstration d'un résultat donné? Un accord unanime est-il toujours possible pour désigner la meilleure démonstration?

Dans le cas du théorème de transfert, la situation est particulièrement riche. Les avis sont partagés sur la meilleure preuve. Certaines preuves sont assez courtes, mais exigent des connaissances préalables que peu de gens possèdent. Certaines preuves se généralisent facilement et semblent donc recéler un potentiel intéressant, mais plusieurs généralisations différentes sont envisageables et, du coup, le choix d'une meilleure preuve fondée sur le critère de généralisation ne conduit pas, lui non plus, à une réponse unanime : la notion de meilleure preuve est affaire de goût.

Parmi les généralisations du théorème de transfert pour les rectangles, citons-en deux, intéressantes parce qu'elles montrent que, même en géométrie, la théorie des nombres n'est pas loin (ce qu'un autre résultat cité plus loin confirmera). La première est facile, mais pas la seconde.

• Transfert de la propriété « avoir un côté rationnel » : Si R est un rectangle pavé par une famille de tuiles rectangulaires et si chaque tuile du pavage a au moins un côté de longueur rationnelle (c'est-à-dire de la forme p/q où p et q sont des entiers), alors R possède aussi cette propriété.

• Transfert de la propriété « avoir un côté algébrique » : Si R est un rectangle pavé par une famille de tuiles rectangulaires dont chacune a au moins un côté dont la longueur

2. Célèbres dissections

Une célèbre question de découpage de rectangle qui a donné lieu à de nombreux travaux est celle de savoir s'il est possible de paver un rectangle (ou un carré) avec des carrés de tailles toutes différentes.

Le site de Stuart Anderson (http://www.squaring.net) vous donnera toutes les informations sur le sujet : histoire, résultats détaillés, recherches récentes. Parmi les variantes du problème, en voici trois.

1. On recherche les carrés pavables par des carrés et tels qu'aucun autre groupement de carrés du pavage ne forme un rectangle. Voici par exemple *(ci-contre)* le pavage « sans rectangle » du carré 23 × 23. Une thèse de doctorat sur le sujet a été soutenue en 1999 à Marseille par Ian Gambini ; elle propose des algorithmes efficaces pour résoudre ce type de problèmes et le travail a permis la découverte de nombreux nouveaux pavages du carré.

Le carré pavable en carrés de tailles différentes ayant le plus petit nombre de carrés en contient 21. Il a été découvert en 1978 par A. Duivestijn, qui a démontré qu'on ne pouvait faire mieux que 21, et que la solution avec 21 carrés était unique.

2. On recherche un pavage du carré par des carrés de tailles différentes, mais, au lieu de se placer sur le plan, Ian Stewart se place sur la surface d'une bande de Moëbius (deux côtés du carré sont collés en inversant le sens) ou d'un tore (les côtés haut et bas, et droit et gauche sont collés sans inverser le sens) : on recolle les côtés en superposant les flèches.

3. Un étonnant résultat a été démontré en 2008 par Frederick Henle et James Henle : il est possible de paver le plan entier avec des carrés de côtés 1, 2, 3,..., n,... en utilisant chacun de ces carrés une et une seule fois. *Ci-contre*, le début (facile) de ce pavage.

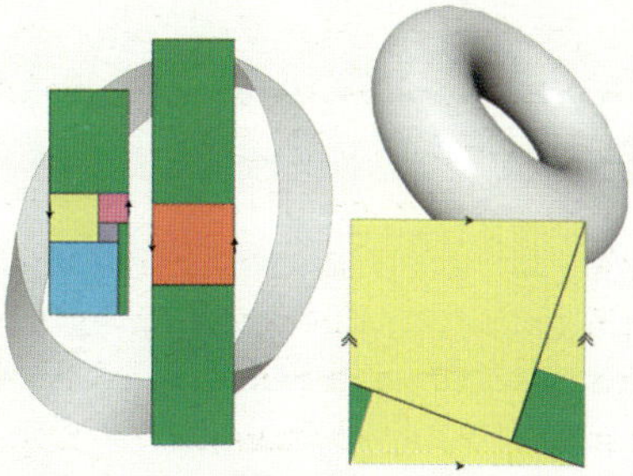

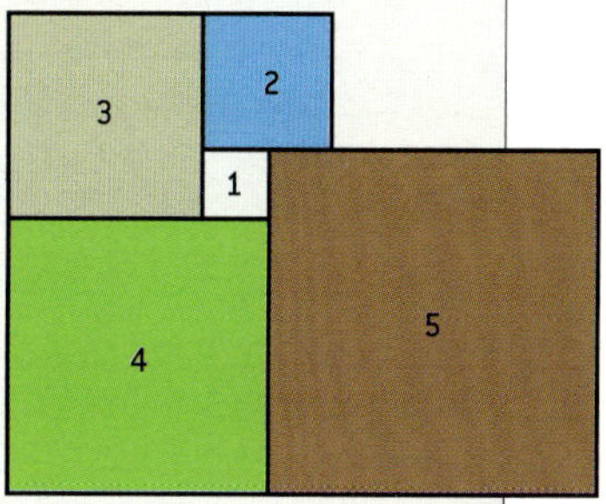

est un nombre algébrique (c'est-à-dire un nombre solution d'une équation polynomiale à coefficients entiers), alors R possède aussi cette propriété.

Revenons à la propriété (3) rencontrée quand nous avons considéré le problème du pavage d'un rectangle $n \times m$ par des copies du rectangle $a \times b$. Est-il vrai que, si un tel pavage est possible, alors nécessairement d'une part, n ou m est multiple de a et, d'autre part, n ou m est multiple de b ?

Voici le raisonnement qui prouve que oui. Prenons un rectangle $n \times m$ pavé par des copies du rectangle $a \times b$. Opérons la transformation, nommée homothétie, qui réduit toutes les tailles du facteur a. Nous avons maintenant un rectangle $(n/a) \times (m/a)$ pavé par des copies du rectangle $1 \times (b/a)$ qui possède un côté de longueur entière. D'après le théorème de transfert, n/a ou m/a est lui aussi un entier, et donc n ou m est multiple de a. De même, n ou m est un multiple de b. C'est ce que nous voulions obtenir.

Un étonnant résultat, démontré indépendamment par C. Freiling et D. Rinne en 1994, puis par M. Laczkovich et G. Szekeres en 1995, affirme qu'un simple problème de pavage par des rectangles conduit inéluctablement à considérer l'idée de nombre algébrique (nombre solution d'une équation polynomiale à coefficients entiers, tel $\sqrt{2}$ qui est solution de $x^2 = 2$), et la notion de polynôme minimal : le polynôme de plus petit

3. Pavage d'un carré par des rectangles semblables

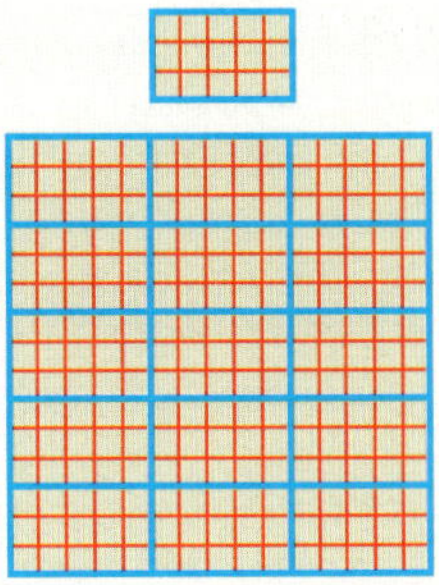

Un carré de côté 1 étant donné, il est facile de voir que pour tout nombre rationnel p/q (p et q entiers positifs), on peut le paver par des rectangles de proportions $1 \times (p/q)$. Cela résulte de ce qu'on sait paver le carré de côté pq par des rectangles $q \times p$ puisque les trois conditions (1), (2) et (3) du théorème énoncées sont satisfaites. Voici par exemple le pavage pour le rapport 3/5.

La question se pose alors naturellement de savoir pour quels nombres réels t il existe un pavage du carré 1×1 par des rectangles de proportions $1 \times t$.

D'autres pavages que ceux, très réguliers, qu'on trouve quand on suppose t rationnel sont sans doute envisageables. Peut-on par exemple avoir un pavage de la forme ci-contre à droite, fait de trois rectangles semblables ?

Supposons que c'est possible et notons t le rapport hauteur/longueur des trois rectangles. Le rectangle marron a pour hauteur t. Le rectangle jaune a donc comme côtés $1 - t$ et $t(1 - t)$. Par soustraction, cela implique que le rectangle orange a pour côtés $1 - t(1 - t)$ et $1 - t$. La construction sera satisfaisante si ce dernier rectangle a les bonnes proportions, c'est-à-dire si :

$$t = (1 - t)/[1 - t(1 - t)],$$

ce qui donne : $t^3 - t^2 + 2t - 1 = 0$.

Il s'agit d'un polynôme de degré 3 possédant une racine réelle unique, qui est 0,569 840 291... C'est donc la proportion qu'il faut donner exactement aux rectangles pour que le pavage du carré soit correct.

Le fait d'être tombé sur un polynôme à coefficients entiers n'est pas un hasard. Tout pavage d'un carré par des rectangles de tailles différentes, mais ayant les mêmes proportions, conduit aussi à découvrir que cette proportion t est solution d'une équation polynomiale à coefficients entiers. Le plus étonnant est que la réciproque est presque vraie. Chris Freiling, Dan Rinne, Miklos Laczkovich et György Szekeres ont en effet démontré le remarquable résultat suivant :

Un carré peut être pavé par des rectangles semblables à un rectangle $1 \times t$ si et seulement si t est un nombre algébrique (racine d'un polynôme à coefficients entiers) et que toutes les racines de son polynôme minimal ont une partie réelle positive.

La condition « toutes les racines du polynôme minimal ont une partie réelle positive » est un peu mystérieuse ; elle ne semble pas avoir d'interprétation géométrique simple.

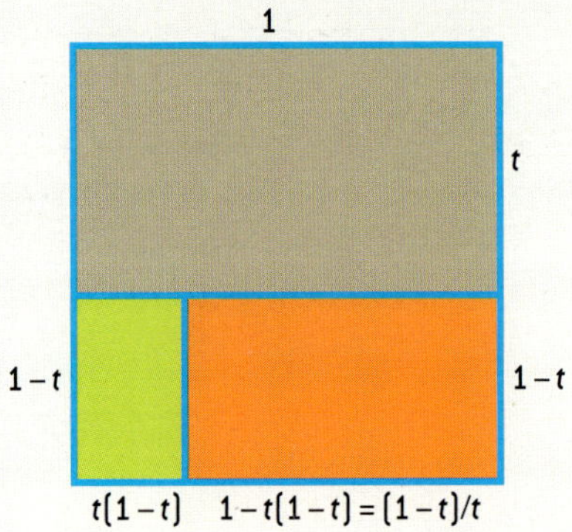

degré dont x (un nombre algébrique) est solution. Voici ce remarquable résultat où les rectangles nous précipitent vers la théorie des nombres :

Un carré peut être pavé par des rectangles semblables à un rectangle $1 \times t$ *si et seulement si* t *est un nombre algébrique et si toutes les racines de son polynôme minimal (certaines sont peut-être des nombres complexes) ont une partie réelle positive (voir l'encadré 3).*

Notons les étranges conséquences de ce théorème : un carré ne peut pas être pavé par des rectangles de proportions $1 \times \sqrt[3]{2}$, alors qu'on peut le paver par des rectangles de proportions $1 \times (1 + \sqrt[3]{2})$. En effet, d'une part, le polynôme minimal de $\sqrt[3]{2}$ est $x^3 = 2$, dont les deux racines complexes ont une partie réelle négative ; d'autre part, le polynôme minimal de $(1 + \sqrt[3]{2})$ est $(x - 1)^3 = 2$, dont les racines complexes ont une partie réelle positive.

i

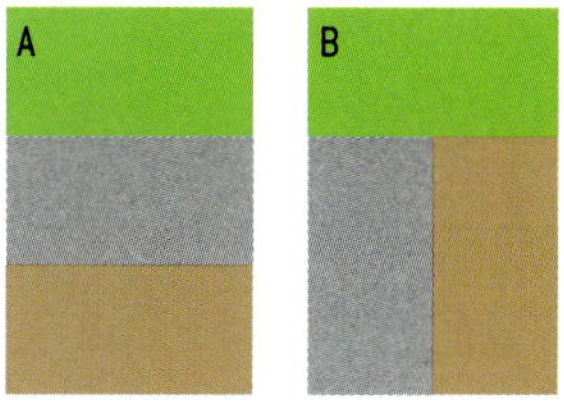

Parmi les énoncés simples concernant les rectangles, un singulier et amusant théorème a été démontré en 1992 par Samuel Maltby. Imaginons que l'on souhaite découper un champ rectangulaire en trois parties superposables (c'est-à-dire ayant exactement la même forme, et donc la même aire). Est-ce possible ? Il y a bien sûr le découpage A *(voir la figure i)*, qui convient pour tout rectangle (et dont l'idée se généralise pour découper un rectangle en n parties superposables, pour tout $n \geqslant 1$). Lorsque le rapport entre la hauteur et la largeur est 3/2, il y a aussi le découpage B.

Le théorème de Maltby, dont la démonstration occupe une bonne dizaine de pages, affirme qu'aucune « trisection du rectangle » autre que ces deux méthodes évidentes n'est possible. Le propriétaire d'un champ rectangulaire qui veut faire un partage parfaitement équitable de son champ entre ses trois enfants est obligé de leur laisser des rectangles !

Découpage en triangles de même aire

Terminons cette petite exploration (partielle) des résultats récents concernant le rectangle par le difficile (et pourtant simple à énoncer) théorème de Paul Monsky :

Si un carré (ou un rectangle) est pavé par des triangles de même aire, alors le nombre de triangles est pair.

Ce résultat qui date de 1970 a été généralisé en 1999 par Sherman Stein à tout polymino composé d'un nombre impair de carrés. Il établit donc l'impossibilité de découper chaque élément de cette famille infinie de formes en un nombre impair de triangles de même aire... ce qui semble mystérieux !

Dans le chapitre sur l'accrochage des tableaux, nous avons indiqué qu'une exposition de tableaux monochromes pouvait devenir intéressante en retournant les tableaux contre les murs, car les problèmes d'accrochage sont riches en énigmes mathématiques. Maintenant, pour vous adonner à la contemplation et à la méditation mathématiques, vous savez qu'il n'est même pas nécessaire de retourner les tableaux : le rectangle du cadre, à lui tout seul, est une source inépuisable d'inspiration.

L'automate des chiffres

En fixant des règles simples pour transformer une suite de chiffres en une autre, Éric Angelini fait surgir un petit monde étrange et délicat.

Martin Gardner admirant une bouteille de Klein.

Donna Bise, Gamma Liaison

Ce chapitre a été rédigé en hommage à Martin Gardner qui est décédé le 22 mai 2010 à l'âge de 95 ans. Parmi mille autres sujets, il fit connaître l'automate cellulaire du Jeu de la vie *dont on poursuit l'étude aujourd'hui et auquel il a consacré plusieurs articles et quelques chapitres de ses... 70 livres ! Le présent chapitre décrit un automate unidimensionnel, comme celui du* Jeu de la vie. *On sait peu de choses sur ce jeu, sinon qu'il apparaît prometteur et plein de ce mystère mathématique que Martin Gardner savait déceler partout et faire partager, avec un infini talent et autant d'enthousiasme, aux millions de gens qui le lisaient.*

Les bons divertissements mathématiques se fondent nécessairement sur des idées simples n'exigeant aucune connaissance abstraite. Les règles de base doivent, autant que possible, donner lieu à des manipulations combinatoires ou géométriques faciles à exécuter : il faut que l'on s'amuse. Enfin, des problèmes naturels de toutes difficultés doivent surgir sitôt les principes fixés.

Ces problèmes conduiront celui qui s'y intéresse à y passer un peu de temps, puis, s'il mord à l'hameçon, à y consacrer des heures, des jours, et pour certains la vie entière. Les flexagones (sujet du premier article de Martin Gardner dans *Scientific American*, en décembre 1956), les carrés magiques, les dissections géométriques, les sudokus, le taquin sont de tels divertissements mathématiques qui séduisent les curieux et leur procurent de longs moments de bonheur.

Éric Angelini est un amateur inventif de jeux mathématiques. Nous présentons ailleurs certaines de ses trouvailles, dont une généralisation de l'idée de nombre premier (voir le chapitre *La suite du lézard et autres inventions*). Récemment, il a introduit un automate cellulaire dont l'étude se révèle féconde, quoiqu'encore bien incomplète. Si prochainement, vous ne savez pas quoi faire de quelques jours de vacances, vous avez une occupation.

É. Angelini a baptisé son jeu *SoupAutomat*. Ce nom a pour effet que si vous entrez « *SoupAutomat* » dans un moteur de recherche, parmi les pages résultats qui vous seront indiquées et à côté de celles que vous attendez, vous en trouverez une proposant... 23 recettes de soupe aux tomates !

Les règles du jeu

On part d'un nombre ou d'une série de chiffres séparés par des espaces vides (quelquefois symbolisés par des points) et l'on en déduit une nouvelle série de chiffres et de points.

La « loi de déplacement incrémenté » indique que chaque chiffre pair se déplace vers la droite d'autant d'espaces que sa valeur, et est incrémenté avant de se poser *(a)*.

a

b

c

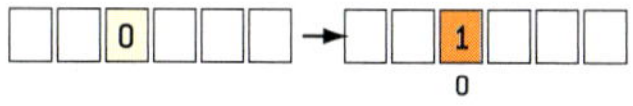

d

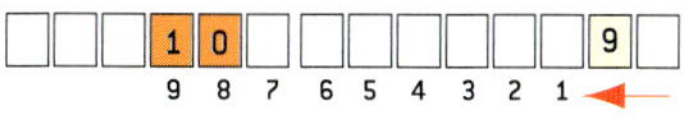

Pour les chiffres impairs, la règle est la même, mais le déplacement se fait vers la gauche. Ainsi 3 devient 4 *(b)* :

Bien sûr, le zéro reste sur place en se transformant en 1 *(c)* :

Notons que 9 devient 10, c'est-à-dire deux chiffres occupant deux espaces *(d)* :

Si plusieurs chiffres arrivent sur la même case, ils s'additionnent et si le total dépasse 9, on l'écrit sur plusieurs cases comme ici *(e)* :

e

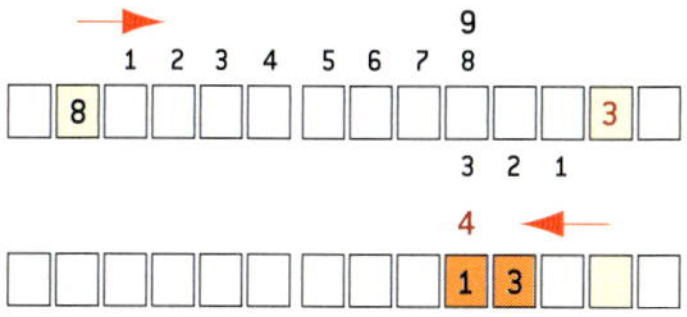

f

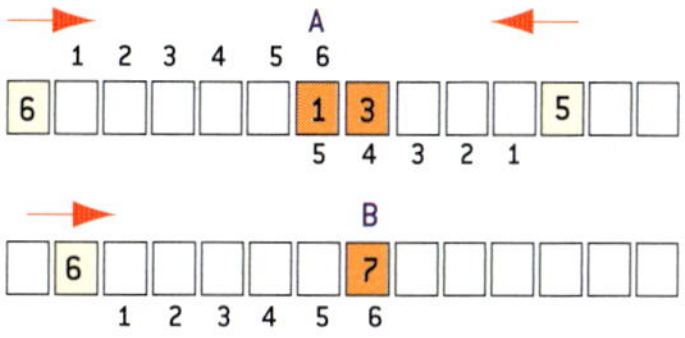

Tout n'est pas terminé, car il faut prévoir comment interagissent les nombres (ayant éventuellement plusieurs chiffres) arrivés sur chaque case. Considérons par exemple deux cases côte à côte AB.

Imaginons que la ligne de départ envoie le nombre 13 sur la case A (car par exemple il y avait un 6, six places à gauche, qui est devenu 7, et un 5, cinq places à droite, qui est devenu 6). De la même façon, la case B reçoit 7 (car il y avait un 6, six places à gauche) *(f)*.

Pour la nouvelle ligne, il faut « superposer » le 13 et le 7. É. Angelini propose que la superposition se fasse en utilisant la règle d'addition de la gauche vers la droite avec retenues pour obtenir 110 *(g)*.

Quand un total de colonne dépasse 9 (par exemple 12), on pose le 1 et l'on retient 2, qu'on prendra en compte pour le résultat de la case suivante vers la droite.

Cette règle d'addition est un peu étrange, mais elle se justifie par le fait qu'elle est plus facile à effectuer que l'addition usuelle (qui va en arrière), et plus facile à programmer.

Pour vous entraîner, vous pouvez contrôler que la transformation suivante est juste *(h)*.

g

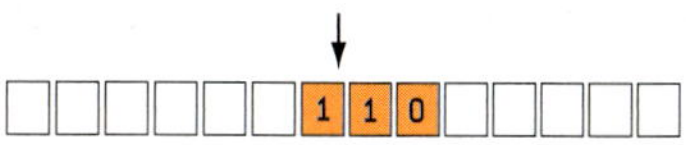

h

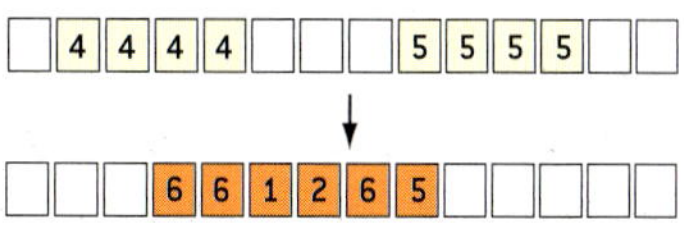

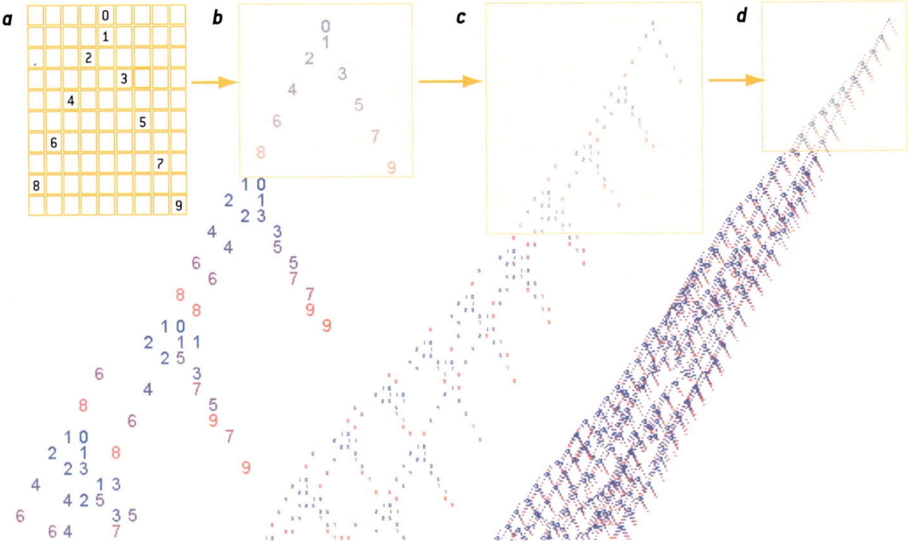

1 La vie du chiffre 0. L'entier 0, avec les règles de l'automate cellulaire fixées par Éric Angelini, donne naissance à une dynamique complexe dont il semble aujourd'hui impossible de déterminer le développement précis (personne ne sait dire quel sera l'entier en tête à la génération mille milliards). L'allure générale de l'évolution semble, en revanche, assez prévisible et caractérisée par un élargissement régulier de la partie active s'accompagnant d'un déplacement vers la gauche.

Suivons maintenant le devenir du 0 qui, de génération en génération, produit le dessin d'une cascade infinie *(voir la figure 1)*.

Les générations se suivent et dessinent des motifs de plus en plus compliqués : 0 est la source d'une dynamique impénétrable.

L'allure générale de la cascade de chiffres se décrit simplement : la ligne de chiffres, au départ uniquement 0, s'élargit petit à petit en même temps qu'elle se déplace lentement vers la gauche. L'élargissement est régulier, de même que le glissement vers la gauche. La partie active, de plus en plus large, est assez homogène si on l'observe d'assez loin.

En utilisant d'autres configurations initiales, on obtient le plus souvent un comportement dynamique du même type que celui engendré par 0 : élargissement régulier et déplacement progressif vers la gauche. Un raisonnement heuristique, c'est-à-dire indicatif mais non rigoureux, explique le déplacement vers la gauche. Le voici :

– Les chiffres 2, 4, 6, 8 donnent leurs résultats vers la droite avec un déplacement moyen de (2+4+6+8)/4 = 5 ;

– les chiffres 1, 3, 5, 7, 9 donnent leurs résultats vers la gauche avec un déplacement moyen de (1+3+5+7+9)/5 = 5 ;

– puisqu'en moyenne le déplacement est le même, mais que cinq chiffres vont vers la gauche et quatre vers la droite, si la probabilité d'obtenir un chiffre ne varie pas trop d'un chiffre à l'autre, ce qui est plausible, on doit observer un déplacement général de la partie active vers la gauche.

Pour l'élargissement régulier, des raisonnements heuristiques du même type conduisent au résultat qu'en général, on doit s'attendre à un élargissement du motif au cours des générations.

Même s'ils aident à comprendre et permettent de prévoir des phénomènes numériques trop complexes pour être traités avec une parfaite rigueur, les raisonnements heuristiques produisent parfois des résultats faux dans des cas particuliers, et, si on est maladroit, des résultats qui peuvent être en totale contradiction avec l'observation.

Constaté, mais pas démontré

Ici, aucune exception n'a jamais été trouvée au déplacement vers la gauche, mais l'élargissement d'une configuration n'est pas systématiquement vérifié. La configuration proposée pour s'exercer à l'addition est justement un cas particulier où l'élargissement ne se produit pas : régulièrement, la même ligne revient décalée vers la gauche *(voir la figure 2)*.

Plus précisément : à partir de la ligne 18......79, toutes les neuf générations, le même motif réapparaît déplacé de cinq cases vers la gauche. C'est ce qu'on nomme un glisseur ou un vaisseau. Puisqu'on retrouve cycliquement toujours les mêmes lignes, l'élargissement cesse. Aujourd'hui, on ne connaît pratiquement rien de certain sur les propriétés globales de *SoupAutomat*. Une multitude de questions se posent. Examinons une à une les plus simples.

– Déplacement vers la gauche ?

On constate que toutes les configurations, quelle que soit la ligne initiale, se déplacent vers la gauche. Personne n'en a jamais trouvé une qui aille vers la droite. Rien n'interdit cependant qu'il y en ait. Rien n'empêche non plus qu'une démonstration mathématique établisse que toute configuration glisse vers la gauche. Qui saura résoudre cette énigme à l'apparence élémentaire ?

– La vitesse de déplacement est-elle toujours la même ?

Dans un cas typique, le centre de la partie active, son côté gauche et son côté droit se déplacent tous les trois. Il semble que, pour chacun de ces trois repères, le déplacement

2 Vaisseaux. Un vaisseau est engendré par 4444...5555 (il est aussi engendré par l'entier 4213). Il se reproduit identique à lui-même à partir de la génération 18......79, et se déplace alors de cinq cases toutes les neuf générations. Les entiers 13, 1313, 131313, 13131313, 1313131313 engendrent chacun un vaisseau. Ce n'est pas le cas de 131313131313 qui s'autodétruit rapidement (et détruit des vaisseaux posés devant lui). Gilles Esposito-Farèse a recherché systématiquement les vaisseaux : il a pris tous les entiers de 0 à 250000 et en a calculé 120 générations. Il a trouvé des vaisseaux de divers types. Plus de détails sur : http://www.cetteadressecomportecinquante-signes.com/AutomateNBR03.htm.

se fasse avec une certaine régularité. Peut-on le démontrer ? Peut-on au moins donner des précisions de nature statistique sur ces vitesses de déplacement ?

Attention : s'il y a des vitesses caractéristiques, celles-ci ne concerneront pas toutes les configurations, car les vaisseaux, comme on va le voir plus loin, ont des vitesses de déplacements variées. Des résultats statistiques sur les vitesses de déplacement ne seront vrais qu'en général, avec des cas échappant à la règle.

– Vitesse maximale de déplacement ?

Pour l'instant, la vitesse de déplacement la plus rapide observée est de sept cases toutes les quatre générations, soit 7/4 = 1,75 (voir vaisseaux P4D–7). C'est très inférieur à la vitesse limite théorique qui est de neuf cases par génération. Peut-on faire mieux que 7/4 ? Peut-on démontrer qu'on ne fera pas mieux ? Mêmes questions pour la vitesse minimale.

– Densité des zones actives ?

Les zones actives présentent un aspect général assez uniforme. Quels sont les paramètres de ces zones : densité moyenne des cases non vides, moyenne des valeurs prises, répartition égale ou non entre les chiffres ? Tout reste à faire au sujet de la « physique statistique » de ce monde.

Venons-en à ce qui pour l'instant est le mieux connu : les vaisseaux.

Six familles de navires... ou plus

Le premier vaisseau identifié l'a été par Douglas McNeil et est particulièrement simple puisqu'il provient de l'entier 13 *(voir la figure 2)*. Comme celui déjà rencontré plus haut, c'est un vaisseau qui se déplace de cinq cases vers la gauche toutes les neuf générations. Nous dirons que c'est un vaisseau de type P9D–5 (période 9, déplacement –5).

Les entiers 1313, 131313, 13131313 et 1313131313 engendrent aussi des vaisseaux de type P9D–5, mais pas 131313131313 qui redonne le schéma standard d'un élargissement progressif.

Les études de Douglas MacNeil et Gilles Esposito-Farèse ont permis d'identifier six types de vaisseaux : P9D–5, P16D–11, P6D–6, P4D–7, P26D–15, P18D–10. On ne sait pas s'il existe d'autres types de vaisseaux, ni s'il existe une infinité de types de vaisseaux différents. Notons bien que les recherches entreprises jusqu'à présent n'ont jamais permis de découvrir de motifs purement périodiques (vaisseaux immobiles), ni de vaisseaux se déplaçant vers la droite.

En revanche, on connaît une méthode, mise au point par G. Esposito-Farèse, qui donne des vaisseaux aussi longs que l'on veut et qui ne consiste pas seulement à disposer, assez éloignés les uns des autres, des vaisseaux identiques *(voir la figure 3)*.

Notons une chose remarquable : puisque le comportement des configurations qui s'élargissent n'est pas compris dans le détail, on n'est jamais certain que ces configurations continuent toujours de s'élargir et que le nombre de chiffres qu'elles contiennent augmente sans limites. Dans chaque cas particulier, il est possible que la séquence devienne un vaisseau au bout d'un certain temps : cela semble peu probable, mais comment le démontrer ? Au final donc, on ne connaît aucune configuration dont on soit mathématiquement certain que son nombre de chiffres augmente toujours : on le voit expérimentalement dans une majorité des cas, mais on ne sait jamais le démontrer. Qui saura établir définitivement que certaines lignes de départ provoquent un accroissement sans borne du nombre de chiffres présents sur les lignes ?

Une piste se trouve peut-être dans la dynamique étonnante engendrée par l'entier 887. Ce nombre produit deux vaisseaux de types différents qui s'écartent l'un de l'autre *(voir la figure 4, à gauche)*.

La largeur de la ligne active augmente donc infiniment et c'est mathématiquement sûr du fait de la périodicité des comportements, mais ce n'est pas le cas du nombre de chiffres de la configuration.

Pour résoudre cette énigme, il faudrait trouver l'équivalent du fameux lance-glisseur du *Jeu de la vie*: une configuration qui lance périodiquement un vaisseau s'éloignant de la partie centrale de la configuration, elle-même présentant un comportement de vaisseau. Qui trouvera le lance-glisseur de *SoupAutomat*?

Quelques merveilles

Parmi les jolies choses découvertes au sujet des vaisseaux, en voici quatre, dues toujours à G. Esposito-Farèse:

– Le vaisseau 4...3.8.......7...6...9510.....2 utilise chaque chiffre une fois et une seule. On ignore si on peut faire plus court, mais c'est sans doute possible.

– La rencontre de vaisseaux ayant des vitesses différentes ne donne le plus souvent que le schéma typique d'élargissement chaotique avec déplacement vers la gauche. Un cas

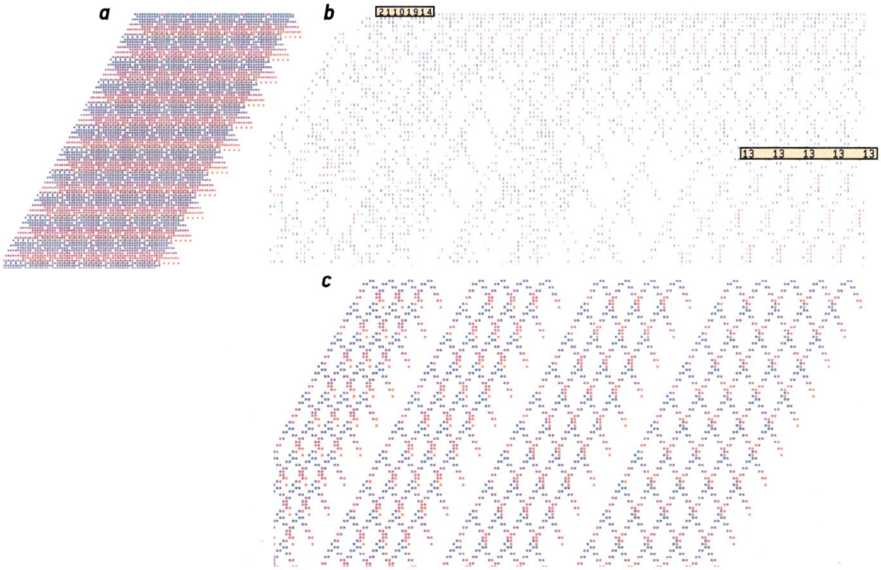

3 Vaisseaux allongeables et vaisseaux Gardner. L'entier 28202020209 est un motif de vaisseau allongeable, ce qui veut dire que collé à lui-même plusieurs fois, il donne toujours un vaisseau *(a)*. Ce motif découvert par Gilles Esposito-Farèse permet d'affirmer qu'il existe des vaisseaux de taille aussi grande qu'on le veut. En partant des chiffres de la date de naissance de Martin Gardner, le 21 octobre 1914, ce qui donne 21101914 (répétée, *b*), on trouve des motifs de base de vaisseau allongeable avec 13...... (13 suivi de six espaces) *(c)*. En l'honneur de Martin Gardner, nous baptiserons vaisseaux Gardner tous les vaisseaux composés en mettant côte à côte des séquences de la forme 13... On ne sait pas caractériser les vaisseaux Gardner, c'est-à-dire indiquer avec précision quels assemblages de 13 et de ... donnent des vaisseaux.

4 **Un entier singulier, 887** *(ci-contre, à gauche)*, produit à lui tout seul deux vaisseaux qui s'éloignent l'un de l'autre sans interagir, ce qui garantit que la largeur de la ligne s'accroît infiniment. C'est un premier pas vers la démonstration qu'il existe des lignes de départ dont le nombre de chiffres s'accroît sans borne (pour l'instant, on ne sait pas démontrer rigoureusement ce résultat).
À droite, deux vaisseaux en donnent deux autres : c'est une magnifique découverte de Gilles Esposito-Farèse. Les deux vaisseaux engendrés par les deux nombres 29452 et 46811 séparés de 60 espaces se rencontrent, et de leur interaction naissent deux nouveaux vaisseaux qui s'écartent l'un de l'autre.

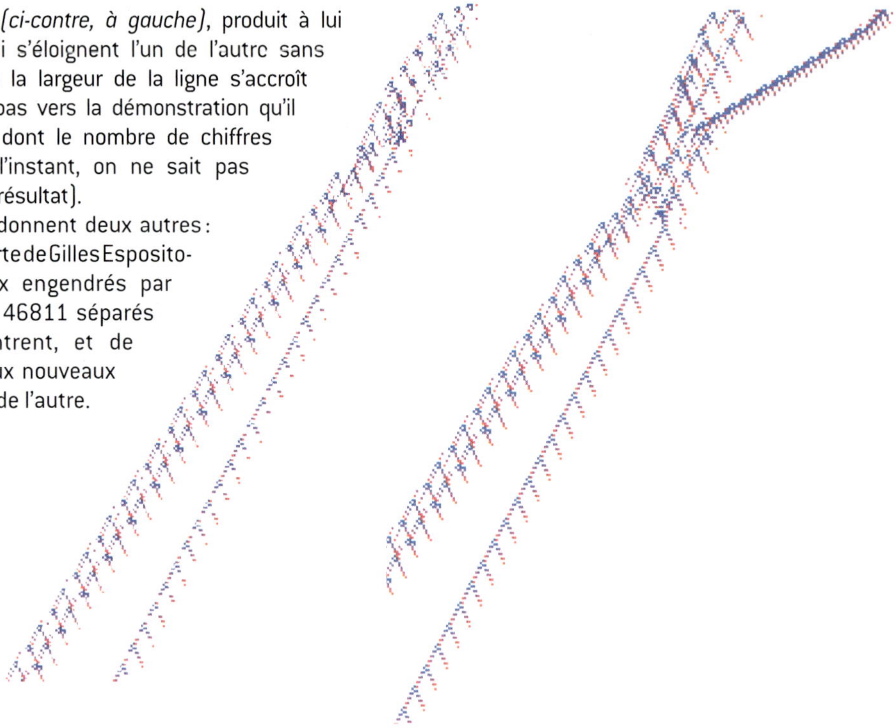

intéressant a cependant été trouvé de deux vaisseaux donnant naissance à deux nouveaux vaisseaux *(voir la figure 4, à droite)*.

– Même si aucun vaisseau connu ni aucune ligne de départ connue ne vont vers la droite, il est possible de faire se déplacer de l'information vers la droite de ligne en ligne. Une première méthode consiste à prendre comme génération initiale une ligne infinie 010101010101... Cette ligne se reproduit elle-même toutes les huit générations, sauf pour le début qui, déstabilisée, provoque une onde de chaos qui se déplace vers la droite et envahit la ligne.

Calculer avec *SoupAutomat*

Une autre méthode, un peu mieux contrôlable, consiste à créer une ligne infinie vers la droite en répétant sans cesse 28202020209. Ce vaisseau infini (car c'en est bien un) constitue une sorte d'espace régulier dans lequel on peut faire circuler une information vers la droite. Pour cela, on place à l'avant de cet espace régulier un motif banal (par exemple un 0 ou un vaisseau). De manière contrôlée et différée, on provoque la destruction du vaisseau infini avec, comme précédemment, une onde de chaos se déplaçant rapidement vers la droite. Si on place un 0 à 13 cases de distance du vaisseau infini, l'onde de destruction est régulière et désintègre le vaisseau en créant un motif de destruction périodique avançant précisément à la vitesse de 99 cases toutes les 77 générations *(voir la figure 5)*. Il s'agit d'une sorte de vaisseau laissant des saletés derrière lui (dénommé « puffeur » au *Jeu de la vie*).

Puisqu'une ligne composée de chiffres et de points constitue un départ possible pour une cascade, on peut s'intéresser aux dates en format JJ.MM.AA. Les dates qui produisent des vaisseaux sont sans doute particulièrement importantes.

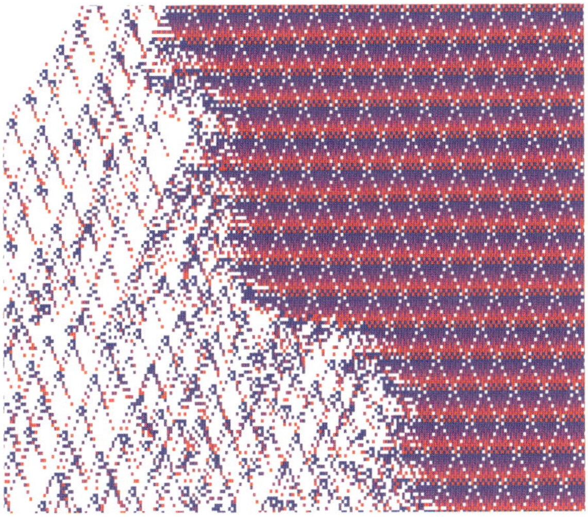

5 Déplacement vers la droite. On n'a trouvé jusqu'à maintenant aucun vaisseau se déplaçant vers la droite. Cela n'interdit pas de faire se déplacer de l'information vers la droite. Une façon contrôlée de faire circuler de l'information vers la droite est de placer un vaisseau infini vers la droite qui crée un substrat régulier, et de faire réagir un entier (ici 0) avec ce substrat. La rencontre dont on peut programmer l'instant en éloignant plus ou moins l'entier du substrat régulier engendre une onde dans le substrat régulier. Cette onde, dans certains cas, se déplace avec régularité. Dans l'exemple donné ici, l'onde de désintégration se déplace vers la droite à une vitesse de 77 cases toutes les 99 générations très précisément, et constitue donc un pseudo-vaisseau se déplaçant vers la droite.

Pour l'année 2001, on en trouve trois : 20.05.01, 13.06.01 et 11.08.01. On ne trouve donc pas le 11.09.01 qui conduit à une banale cascade chaotique. Les Nostradamus contemporains qui rêvaient de moderniser leurs méthodes seront peut-être déçus... à moins qu'ils apprennent à déchiffrer le chaos engendré par la majorité des dates et en tirent des prédictions. Une science ésotérique de type astrologie naîtra peut-être de *SoupAutomat* ?

On sait que le *Jeu de la vie* (automate cellulaire bidimensionnel) possède un pouvoir computationnel universel : on peut y programmer tout calcul moyennant l'élaboration d'une bonne configuration de départ. On sait aussi que certains automates unidimensionnels ont ce même pouvoir de calcul universel. La démonstration en a été donnée en 2001 par Matthew Cook pour l'automate 110 qui ne comporte que deux sortes de cellules, 0 et 1 (alors que *SoupAutomat* en comporte 11). Le devenir d'une case à la génération n ne dépend que de son état à la génération $n - 1$ et de l'état de ses deux voisines à la génération $n - 1$.

Une case contenant un 0 entouré de deux 0 à la génération $n - 1$ contiendra un 0 à la génération n, ce que l'on note 000→0. L'ensemble des règles de l'automate est donné par le tableau suivant :

000	001	010	011	100	101	110	111
0	1	1	1	0	1	1	0

La démonstration de M. Cook utilise des vaisseaux et des interactions entre vaisseaux. Avec *SoupAutomat*, il semble que nous soyons dans une situation aussi riche, et il est donc probable que *SoupAutomat* possède lui aussi un pouvoir computationnel universel. Avant d'obtenir ce résultat, il faudra d'abord progresser et comprendre très finement toutes les interactions entre vaisseaux.

Le jeu des pousses

Un crayon et un papier permettent d'y jouer, mais pour gagner, mieux vaut être mathématicien et aimer la programmation. Les anciennes analyses de John Conway ont été dépassées grâce aux nouvelles techniques interactives homme-ordinateur pratiquées par Simon Viennot et Julien Lemoine.

La topologie est la science des courbes et des espaces, ces termes étant entendus dans le sens abstrait que leur donnent les mathématiciens. C'est un domaine étudié à l'université, pourtant certains jeux reposent sur la variété des formes topologiques et les difficultés que nous avons à les maîtriser.

Le jeu des « pousses » (*Sprouts game* en anglais) entre dans cette catégorie. Il doit son nom au fait qu'en y jouant, les adversaires dessinent des schémas dont les formes évoquent une plante à la croissance anarchique. Il a été inventé en 1967 – précisément l'après-midi du 21 février – par John Conway alors professeur à Cambridge et par Michael Paterson alors étudiant en informatique théorique. Conway précise que leurs parts dans l'invention du jeu sont proportionnelles à 3/5 pour Paterson, et 2/5 pour lui...

Avant même que Martin Gardner ne l'évoque dans sa chronique de *Scientific American* en juillet 1967, le jeu s'était déjà répandu comme une mauvaise herbe dans de nombreux départements de mathématiques où il détournait de leur travail professeurs et étudiants. Aujourd'hui encore on y joue et on l'étudie : loin de s'épuiser comme nombre de jeux mathématiques simples, les subtilités qu'il recèle restent indéchiffrables.

Le jeu tient un rôle important dans le roman *Macroscope* de Piers Anthony paru chez *Avon* en 1972 et il existe une association de joueurs, la *World Game of Sprouts Association*, qui organise régulièrement des concours et tente de réunir des informations sur le jeu. On trouve des programmes pour y jouer sans papier, par exemple, voir :
http://www.math.utah.edu/~pa/Sprouts

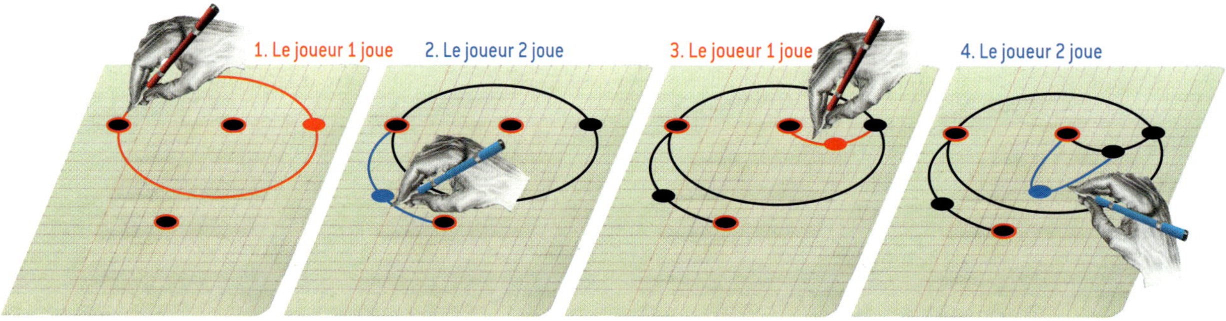

1 Les règles et un exemple. Le jeu des pousses est le plus simple des jeux complexes. Au début du jeu, on place *n* points sur une feuille, trois dans notre exemple. Les joueurs 1 et 2 dessinent à tour de rôle un nouvel arc de courbe et un nouveau point est placé sur l'arc

Le jeu est simple à expliquer et dès six ans, les enfants peuvent y jouer et certains y excellent. Pourtant son étude, comme nous allons le voir, ne progresse que lentement. Des avancées ont été obtenues ces dernières années, en particulier par deux Français acharnés et efficaces.

Règles du jeu et progrès

Au début du jeu, on place n points sur une feuille et les deux joueurs dessinent alors à tour de rôle un nouvel arc de courbe reliant deux points autorisés et un nouveau point est ajouté sur l'arc selon les règles de la figure 1 où est représenté un exemple de partie. En outre, d'un point ne peuvent jamais partir plus de trois arcs, et les arcs ne peuvent se croiser.

Une partie ne se poursuit pas indéfiniment, car en partant de n points, le raisonnement suivant montre que la partie est nécessairement terminée avant le coup $3n$. Puisque chaque point peut être l'extrémité de 3 arcs au plus, il y a au départ $3n$ places possibles pour des arcs de courbes. À chaque coup, le joueur consomme 2 places possibles pour les extrémités d'arcs et en crée une nouvelle (le point qu'il ajoute est déjà l'extrémité de deux arcs). Chaque joueur consomme en jouant une place libre. Après $3n$ coups, on est certain qu'il n'y aura plus aucune place libre pour une nouvelle extrémité d'arc et que le jeu sera donc bloqué. En fait, c'est déjà le cas après $3n - 1$ coups, car pour jouer il faut disposer de deux places libres.

Les parties durent au plus $3n - 1$ coups, mais souvent moins, car certains points sont l'extrémité de deux arcs isolés et inutilisables : pour les joindre, il faudrait couper au moins un arc. Dans l'exemple de la figure 1, une partie avec 3 points de départ dure 7 coups. On démontre aussi qu'une partie ne peut pas durer moins de $2n$ coups *(voir la figure 2)*. Les parties minimales – celles qui durent $2n$ coups – ont une propriété particulière découverte par le mathématicien écossais Denis Mollison et John Conway : elles sont composées uniquement de 5 formes *(voir la figure 3)*, auxquelles on s'est amusé à donner des noms d'arthropodes : le pou *(louse)*, le coléoptère *(beetle)*, le cancrelat *(cockroach)*, le perce-oreille *(earwig)* et le scorpion *(scorpion)*.

Le jeu appartient à la catégorie des jeux à information complète et parfaite sans intervention du hasard. Les joueurs disposent à chaque instant du jeu de toutes les informations sur les configurations qui évoluent par les coups joués et jamais par le fait de tirages aléatoires. Pour un jeu de cette catégorie – le jeu de dames, le jeu d'échecs et le jeu de Go en font partie –, trois cas sont possibles.

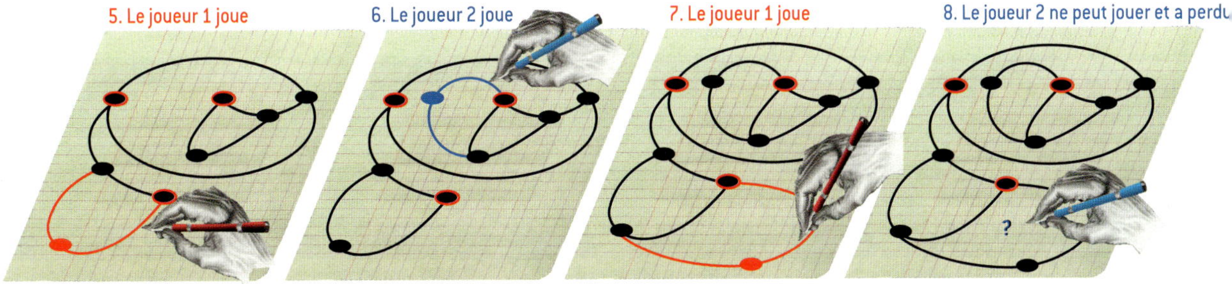

ajouté (1, 2, 3, 4, 5, 6, 7). Un nouvel arc doit joindre deux des points déjà placés sur la feuille, sans croiser un des arcs précédents, ni se croiser lui-même. Jamais plus de trois extrémités ne doivent se rejoindre en un point. Le joueur qui ne peut plus jouer, ici le joueur 2, a perdu.

2. Informations sur le jeu

Lorsque nous jouons en partant de n points, nous avons vu que la partie dure un nombre de coups inférieur ou égal à $3n-1$. Si cette durée (en nombre de coups) est impaire, le joueur qui commence gagne, sinon le second joueur gagne. Bien jouer consiste à garder la maîtrise de la durée de la partie. Ces éléments d'analyse vous aideront à maîtriser cette durée.

Dans une configuration du jeu, il existe plusieurs catégories de points. Les points totalement libres qui peuvent servir d'extrémités à trois arcs nouveaux ; de tels points donnent trois libertés au jeu. Les points qui donnent deux libertés. Les points qui en donnent une. Enfin, ceux qui n'en donnent aucune, car ils sont déjà l'extrémité de trois arcs : ce sont les points « morts ».

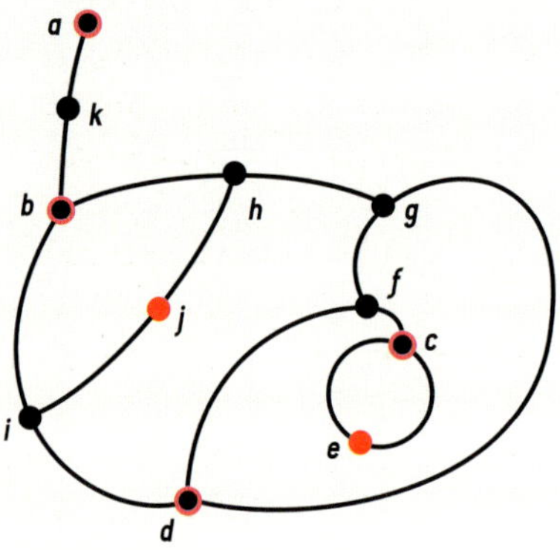

$n = 4$
Sept coups ont été joués : *a*, *b*, *c* et *d* au départ (cerclés de rouge), puis *e*, *f*, *g*, *h*, *i*, *j*, *k* dans l'ordre.

Le jeu terminé, il ne reste aucun point donnant deux ou trois libertés au jeu, car un point qui donne deux ou trois libertés permet, au moins, de tracer une boucle partant de lui et y revenant.

Il y a deux catégories de points donnant une liberté : ceux pour lesquels il est encore possible d'utiliser leur liberté pour construire un arc qui rejoindra un autre point ayant encore au moins une liberté et ceux qui sont isolés, comme e et j sur les schémas : leur liberté ne pourra jamais être utilisée, car plus rien ne peut évoluer dans la zone où ils se trouvent. Ces points (rouges) ayant une liberté inutilisable consomment une liberté pour rien et diminuent la durée de la partie d'un coup. Si à un moment du jeu, il y a r points rouges, la partie durera au plus $3n - r$ coups.

Dans le voisinage proche de chaque point rouge, il y a nécessairement deux points morts liés qui sont ses deux voisins (i et h sont ainsi voisins directs de j) ou qui sont ceux sur l'arc conduisant à la boucle qui les porte (les points c et f sont ainsi les deux voisins morts associés à e). Un point mort lié à un point rouge ne peut être en même temps le point mort lié à un autre point rouge (sinon un arc pourrait relier les deux points rouges).

Le dessin à la fin d'une partie commencée avec n points et dont m coups ont été joués comporte r points rouges et $r = 3n - m$ (le nombre de liberté est au départ de $3n$ et à chaque coup joué, il diminue d'une unité, pour être, à la fin, égal au nombre de points rouges). À chaque point rouge, nous avons vu que sont associés deux points morts (qui lui sont propres). Nous nommerons points bleus les autres points morts d'une figure finale. Leur nombre b vérifie $b = n + m - (r + 2r) = n + m - 3(3n - m) = 4m - 8n$, car il y a $n + m$ points en tout, r points rouges et 2 points morts associés à chaque point rouge.

À la fin d'une partie, on a donc $m = 2n + b/4$ (équation découverte par J. Conway). De cette équation, on déduit, d'une part, que b est un multiple de 4 (sur le schéma de fin de partie, $b = 4$). D'autre part, que le nombre m de coups joués quand une partie est terminée est au moins $2n$.

On déduit aussi de cette équation que si, en cours de partie, on connaît b points bleus, alors la durée de la partie sera d'au moins $2n + b/4$. Cette information permet un certain contrôle de la durée d'une partie. Le nombre de points rouges en donne une autre puisque la partie durera moins de $3n - r$ coups. À chaque instant du jeu, on dispose ainsi d'un encadrement de sa durée possible.

Une dernière remarque est encore utile pour avoir la maîtrise de la durée d'une partie. Si une zone délimitée par des courbes tracées par les joueurs contient à un moment du jeu un point (non situé sur sa frontière) ayant une liberté, alors cette zone en fin de partie contiendra encore un point ayant une liberté, c'est-à-dire un point rouge. Il est en effet impossible de consommer toutes les libertés intérieures à une zone qui en contient au moins une, car chaque nouveau coup qui pourrait la consommer en introduit une autre.

Dans notre exemple, après que les coups *e f g h i j* ont été joués, la zone extérieure contient un point ayant une liberté (le point a), la zone de frontière *bhgfdi* en contient un aussi, j, et la zone *dfg* en contient un troisième, e. La partie durera donc au plus $3n - 3$ coups.

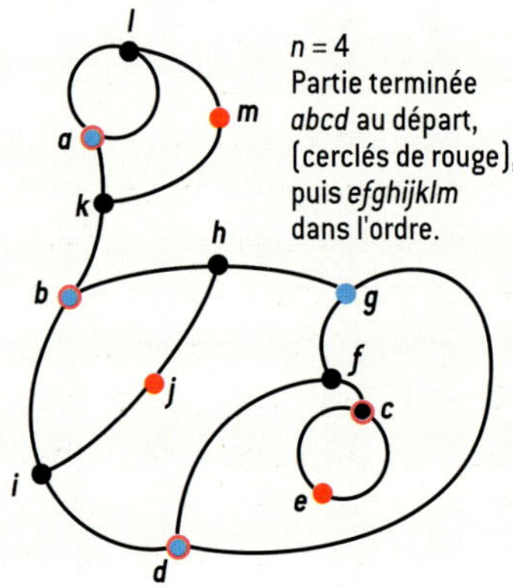

$n = 4$
Partie terminée *abcd* au départ, (cerclés de rouge), puis *efghijklm* dans l'ordre.

(a) Soit une stratégie parfaite permet au joueur qui commence de gagner à tout coup, quels que soient les coups choisis par son adversaire.

(b) Soit une stratégie parfaite assure la victoire du joueur qui joue en second.

(c) Soit deux stratégies, une pour chaque joueur, conduisent toujours à une partie nulle.

Dans le cas du jeu des pousses, une partie n'est jamais nulle, et l'un des deux joueurs est certain de gagner s'il joue bien. Quel joueur gagne dépend du nombre n de points donnés au départ. Le problème est donc de savoir, en fonction de n, qui gagne et quelle stratégie de jeu il doit appliquer.

En partant d'un seul point ($n = 1$), le joueur 1 qui commence est certain de perdre. En effet, il n'a qu'une possibilité de jeu, faire une boucle liant le point de départ à lui-même, ce qui permet au second joueur de jouer – en liant le point initial avec le point ajouté sur la boucle par le premier joueur – et le joueur 1, qui ne peut plus jouer, a perdu.

En partant de deux points ($n = 2$), l'analyse du jeu est déjà moins évidente, mais on peut établir la liste de toutes les configurations et le joueur qui commence perdra toujours si son adversaire joue convenablement.

L'analyse complète du jeu oblige rapidement à des raisonnements subtils *(voir la figure 2 où quelques détails sur les méthodes de jeux sont précisés)* et surtout à l'étude d'un grand nombre de configurations dont la maîtrise est plus difficile qu'à un autre jeu à cause de la complexité topologique des diagrammes créés par les joueurs.

En 1967, quand M. Gardner publia son article, les seuls cas résolus étaient les cas $n = 1, 2, 3, 4, 5$ et 6. Les cas 4 et 5 l'avaient été par D. Mollison qui gagna un pari de 10 shillings avec J. Conway en résolvant le cas $n = 6$ en moins d'un mois grâce à une démonstration de 49 pages ! Les résultats trouvés indiquaient que pour $n = 1, 2$ ou 6, le second joueur est gagnant et que pour $n = 3, 4$ ou 5, c'est le premier. Selon M. Gardner et J. Conway, le cas $n = 7$ exigeait un traitement informatique et même les plus puissants ordinateurs ne seraient pas en mesure de résoudre le cas $n = 8$.

D'étonnants progrès récents par guidage des programmes

Dans un premier temps, personne ne s'attaqua à la programmation du jeu qui est particulièrement délicate : la nature topologique, donc déformable, des pousses se prête mal aux représentations symboliques que nécessite un programme informatique. Il s'agit d'un défi de représentation des configurations. En 1991, après une attente de 24 ans, un système de notations adaptées fut proposé par David Applegate, Guy Jacobson et Daniel Sleator de l'Université Carnegie Mellon, à Pittsburgh. Leur notation, à l'aide de mots codés, permet la représentation sous une forme unique d'un grand nombre de configurations différentes, mais équivalentes du point de vue du jeu. Cette efficacité de la représentation – qui limite l'explosion combinatoire – et l'utilisation de techniques spécialisées de programmation pour la recherche arborescente des stratégies optimales leur permirent de traiter les cas jusqu'à $n = 11$. Le joueur qui joue en second est gagnant pour $n = 7$ et 8. Le joueur qui commence gagne pour $n = 9, 10$ et 11. L'observation de ces résultats les conduisit à formuler une conjecture simple.

Conjecture du jeu des pousses : avec n points au départ, le jeu des pousses est gagnant pour le second joueur si le reste de la division par 6 de n est 0, 1 ou 2 et gagnant pour le premier joueur si ce reste est 3, 4 ou 5. Autrement dit, en énumérant dans l'ordre les cas $n = 1, 2, 3, 4, ...$ le joueur gagnant est le joueur 2, puis 2, 1, 1, 1, 2, 2, 2, 1, 1, 1, 2, 2, 2, 1, 1, 1, ...

3. Les parties courtes

Une partie du jeu des pousses avec n points dure au plus $3n - 1$ coups et s'arrête au plus tôt au coup $2n$. Les parties qui ne durent que $2n$ coups se terminent par une figure qui est composée de 5 motifs fixés quel que soit n. Les motifs peuvent être imbriqués et dessinés en inversant intérieur et extérieur comme dans l'exemple proposé.

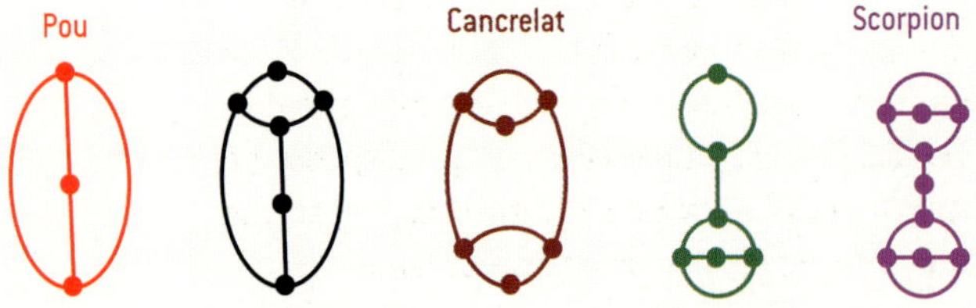

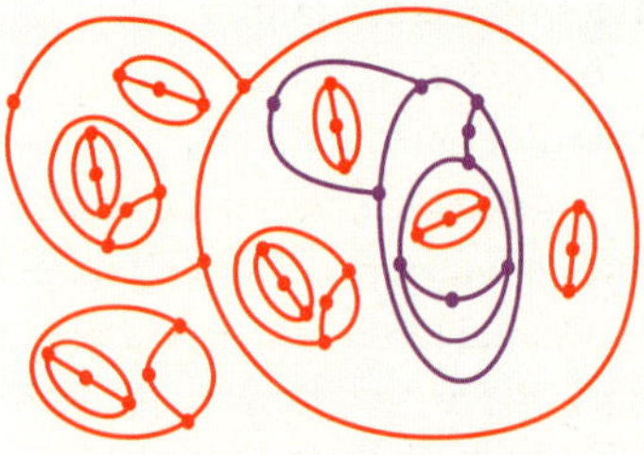
Configuration de fin de partie pour une partie de durée $2n$ (ici $n = 16$).

L'étude des propriétés mathématiques du jeu *(certaines sont présentées à la figure 2)* a permis en 2001 à Riccardo Focardi, de l'Université de Venise, et à Flaminia Luccio, de l'Université de Trieste, de traiter « à la main » (c'est-à-dire sans l'aide d'un ordinateur) le cas $n = 7$, ce qui avait été jugé impossible par J. Conway. Aller plus loin à la main apparaissait alors inconcevable, pourtant nous allons voir qu'on y est arrivé par un moyen détourné.

Les derniers progrès proviennent de deux Français, Simon Viennot, assistant profcsscur au JAIST (Japan Advanced Institute of Science and Technology), et Julien Lemoine, agrégé de mathématiques en poste dans le Cantal. Ils ont mené un travail méticuleux et remarquable qui les a conduits à battre tous les records, y compris ceux réalisés à la main.

Leur méthode a d'abord consisté à perfectionner le système de notation des configurations du jeu et à programmer soigneusement la recherche des configurations perdantes (celles où un joueur est certain de perdre face à un joueur qui joue parfaitement) que leur système informatique mémorise. La mémorisation des configurations gagnantes (celles qui assurent de gagner à tout coup) occuperait trop d'espace. Que les configurations gagnantes soient plus nombreuses que les configurations perdantes résulte de la dissymétrie déjà présente dans leurs définitions respectives.

(a) Les configurations où plus aucun nouvel arc ne peut être ajouté sont perdantes (d'après les règles du jeu).

(b) Une configuration est gagnante si parmi les coups qu'on peut jouer à partir d'elle, il y en a un au moins qui conduit à une configuration perdante.

(c) Une configuration est perdante si tout coup joué à partir d'elle conduit à une configuration gagnante pour l'autre joueur.

Les points *(b)* et *(c)* permettent, de proche en proche, de marquer toute configuration comme gagnante ou perdante en remontant l'arbre du jeu à partir des situations bloquées qui sont marquées perdantes par convention *(a)*.

L'introduction d'une méthode de décomposition de certaines configurations en configurations plus simples et indépendantes qu'on traite chacune de leur côté a joué un rôle important dans le succès de l'entreprise de J. Lemoine et S. Viennot. Ils espéraient que les nouvelles notations et l'exploitation des décompositions détermineraient de proche en proche un nombre de configurations perdantes de plus en plus grand ce qui, en les mémorisant, conduirait à dépasser les résultats du programme de 1991 proposés par Applegate, Jacobson et Sleator. Ils réussirent en effet à traiter de cette façon les cas n = 12 et n = 13 (qui confirmèrent la conjecture précédente). Cependant, au-delà, leur programme se perdait dans des calculs inutiles et maladroits et la limite n = 13 restait infranchissable. Pour aller plus loin encore, ils eurent recours à une idée simple : il fallait guider le programme.

Pour déterminer la nature perdante ou gagnante d'une configuration du jeu, il n'est pas nécessaire de maîtriser l'arborescence totale des configurations qu'on atteint à partir de la configuration étudiée. Seule une faible partie des configurations suffit, car une configuration est gagnante si une façon de jouer conduit à une configuration perdante, ce qui dispense de connaître le marquage des autres possibilités de jeu. La difficulté pour marquer gagnante une configuration est donc de savoir lequel des coups conduit à une situation perdante. L'expérience et une bonne perception du jeu aident ce travail. Remarquons que cette situation est la même que pour le jeu de dames.

J. Lemoine et S. Viennot ont donc développé une interface informatique qui permet de suivre finement, en temps réel, les essais du programme et de le guider dans ses choix en lui indiquant par exemple de renoncer à élucider une configuration et à dévouer sa puissance de calcul à une autre jugée plus prometteuse. Cette association symbiotique de l'ordinateur et de l'humain fut miraculeuse puisqu'elle a conduit à la résolution

4. Le jeu des choux de Bruxelles

Les règles du jeu des choux de Bruxelles (Brussel Sprouts) sont les mêmes que celles du jeu des pousses, sauf qu'au lieu de points, on part de croix permettant chacune d'accrocher 4 arcs, et que sur chaque courbe, on trace un trait (au lieu d'un point), ce qui crée donc deux libertés de plus pour des extrémités d'arcs à chaque coup.

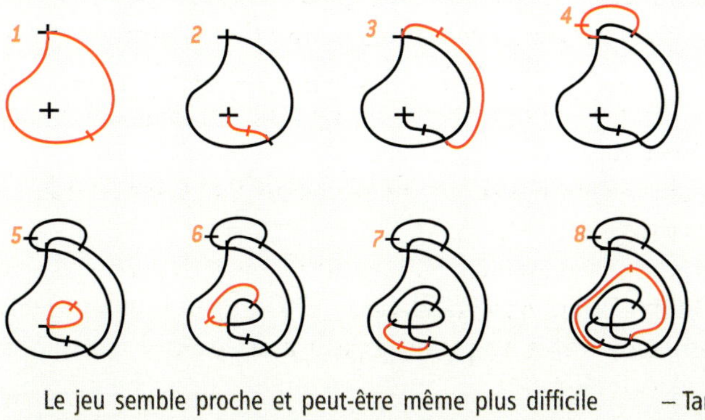

Le jeu semble proche et peut-être même plus difficile que le jeu des pousses, pourtant c'est une farce mathématique. En partant de n croix, la durée du jeu est nécessairement $5n - 2$. Si n est impair, celui qui commence gagne donc même si, à chaque coup, il fait n'importe quoi. Si n est pair c'est le second qui gagnera sans même avoir à réfléchir (voir le déroulement d'une partie ci-dessus).

Voici les étapes du raisonnement qui démontre que la durée du jeu est $5n - 2$.

– Le nombre de libertés à chaque instant est exactement de $4n$, car au départ il y a $4n$ libertés et à chaque coup, on en consomme et on en crée deux.

– Chaque coup, sauf au plus $n - 1$, crée une nouvelle zone dans le dessin (au départ il y en a une seule). Lorsque m coups ont été joués et que les $n - 1$ possibilités de jeu sans création de zone ont été épuisées, il y a donc exactement $m - n + 2$ zones.

– Chaque zone contient une liberté au moins, quoi qu'on fasse. Tant qu'il y a deux libertés (ou plus) dans une zone, il est possible de jouer dedans. Quand il n'y en a plus qu'une, on ne peut plus jouer dans la zone, qui consomme donc une liberté pour rien.

– Quand m coups ont été joués, et que les $n - 1$ possibilités de jeu sans création de zone ont été épuisées, le nombre de zones est donc exactement $m - n + 2$. Le nombre de libertés est lui toujours de $4n$.

– Tant que $4n$ est supérieur à $m - n + 2$, on peut jouer, car il y a au moins deux libertés dans une même zone. En revanche, dès que $m - n + 2$, qui augmente d'une unité à chaque coup, est égal à $4n$, chaque zone contient au moins une liberté, et donc en contient exactement une (qui est inutilisable car seule) et donc la partie est bloquée. La partie se poursuit donc précisément jusqu'à ce que $m - n + 2 = 4n$, c'est-à-dire exactement jusqu'à ce que $m = 5n - 2$ et il n'y a jamais de coup suivant.

de tous les cas jusqu'à $n = 44$, auxquels s'ajoutent un certain nombre de cas dispersés $n = 46, 47$ et 53. Le progrès est considérable et totalement inespéré. On est très loin du $n = 8$ jugé inaccessible par M. Gardner et J. Conway !

J. Lemoine et S. Viennot ont malgré tout tenté de programmer leur système pour qu'il fasse de lui-même ce qu'ils lui suggèrent de faire lors de leurs séances de guidage. Cette automatisation du choix des branches à abandonner ou à explorer n'a pas bien fonctionné malgré une multitude d'essais. Il semble ici que l'intelligence humaine dans son travail de conseil utilise des idées variées et subtiles provenant de l'expérience passée ou de considérations stratégiques très délicates à programmer. Il s'agit d'un problème relevant de l'Intelligence artificielle et rien ne dit qu'on échouera toujours à mener cette automatisation… même si pour l'instant cela ne fonctionne pas.

Les deux Français signalent que le pilotage du programme à la recherche des meilleurs coups est une occupation particulièrement amusante et addictive. Ils mettent en garde les utilisateurs de leur programme (disponible librement sur Internet) contre les dommages à la vie sociale que l'usage de leur système interactif est susceptible d'engendrer.

Les résultats obtenus sont le produit de nombreuses heures de « conduite » du programme. Les limites atteintes aujourd'hui ne sont pas dues au nombre d'heures qu'on peut demander à des machines de consacrer à la résolution d'un problème particulier, mais aux nombres d'heures que les pilotes humains du programme sont prêts à donner pour aller un pas plus loin.

Les succès de l'équipe de J. Lemoine et S. Viennot ne s'arrêtent pas là. Un résultat prouvé par ordinateur – même s'il est guidé par l'être humain – est sujet à doutes : n'y a-t-il pas une erreur ? Comment valider définitivement les résultats obtenus ? Pour répondre à cette question, nos deux héros ont utilisé plusieurs techniques. D'abord, ils ont développé un module qui vérifie les ensembles de configurations perdantes élaborées pendant les parcours guidés de l'ordinateur. La recherche de raccourcis dans les preuves (recherches d'ensembles de configurations perdantes plus petits, mais conduisant aux mêmes résultats globaux) est une façon de valider *a posteriori* les résultats et donc d'en améliorer la fiabilité. Cette optimisation des preuves est spectaculaire, puisque seules 499 configurations perdantes ont besoin d'être connues pour prouver que la position $n = 17$ est perdante, alors que pour le cas $n = 11$ il fallait 116 299 configurations en 1991 au programme de Pittsburgh.

Se débarrasser de l'ordinateur ?

Il existe des mathématiciens intransigeants qui n'admetteront pas qu'un résultat obtenu avec une machine soit aussi sûr qu'un résultat dont la preuve est validée par un être humain. Aussi J. Lemoine et S. Viennot ont proposé d'engendrer des schémas résumant la preuve qu'une configuration est gagnante ou perdante. Ces schémas produits soigneusement par certains modules de leur programme qui les disposent en vue d'une lisibilité optimale sont parfois d'une taille assez petite pour qu'un être humain en vérifie les détails. Leur étude a été un moyen supplémentaire de contrôle que leur programme ne commettait pas d'erreur. Pas question bien sûr de vérifier à la main les preuves impliquant des milliers de configurations, en revanche J. Lemoine et S. Viennot ont pu valider le cas $n = 9$ et battre ainsi le record de $n = 7$ de R. Focardi et F. Luccio en 2004 pour une affirmation vérifiée sans ordinateur. Le théorème qui dit que pour $n = 9$ le jeu des pousses

n	Défaite/victoire pour le 1er joueur	Positions	n	Défaite/victoire pour le 1er joueur	Positions	n	Défaite/victoire pour le 1er joueur	Positions
2	perte	3	20	perte	1831	38	perte	80281
3	gain	6	21	gain	5312	39	gain	98905
4	gain	15	22	gain	1581	40	gain	45782
5	gain	15	23	gain	1058	41	gain	42663
6	perte	43	24	perte	5327	42	perte	98947
7	perte	65	25	perte	2497	43	perte	98961
8	perte	137	26	perte	4458	44	perte	99095
9	gain	58	27	gain	12768	45	?	
10	gain	110	28	gain	2549	46	gain	80473
11	gain	113	29	gain	2172	47	gain	54542
12	perte	316	30	perte	12800	48	?	
13	perte	369	31	perte	5463	49	?	
14	perte	1017	32	perte	58204	50	?	
15	gain	1986	33	gain	62389	51	?	
16	gain	669	34	gain	21107	52	?	
17	gain	329	35	gain	4265	53	gain	73225
18	perte	1997	36	perte	80001			
19	perte	1736	37	perte	80009			

5 **Les résultats de J. Viennot et S. Lemoine** : on a indiqué le nombre de configurations qu'il est nécessaire de mémoriser pour prouver le résultat. Ces résultats, surpassent tous les résultats obtenus précédemment. Ils ont été calculés en utilisant une méthode étonnante de guidage humain de l'ordinateur. Une mise à jour de ce tableau se trouve en sprouts.tuxfamily.org/wiki/docu.php?id=records

est gagnant pour le joueur qui commence est donc validé sans ordinateur, celui-ci n'ayant été qu'un intermédiaire congédié au moment du contrôle pour plus de sécurité dans le résultat final. Le cas $n = 17$, pour peu qu'on trouve un mathématicien assez patient et courageux, pourrait peut-être aussi être vérifié à la main !

Il est assez amusant de constater que même les plus exigeants des mathématiciens – ceux qui n'acceptent que des démonstrations humainement vérifiables – sont contraints de reconnaître l'utilité des ordinateurs pour ce jeu. La démonstration vérifiée à la main par l'être humain pour $n = 9$ a été écrite grâce à un ordinateur : sans la présentation qu'il propose aucune preuve humainement vérifiable n'aurait été possible.

Une situation analogue s'était déjà présentée en 1996 quand la conjecture de Robbins avait été démontrée par un programme qui en avait fourni une preuve courte et humainement vérifiable. Même ceux qui voudraient bien que l'ordinateur ne joue aucun rôle en mathématiques reconnaîtront qu'il est le seul aujourd'hui à pouvoir écrire une preuve suffisamment courte et bien disposée du cas $n = 9$ pour qu'elle puisse être contrôlée sans ordinateur : pour se passer de l'ordinateur, il faut faire appel à lui !

Bien sûr, la base de données des configurations perdantes découvertes par le programme de J. Lemoine et S. Viennot, associées à un programme de jeu l'utilisant, constitue un joueur automatique invincible pour l'être humain. Le champion du monde ultime (c'est-à-dire dans un concours où humains et machines participent) du jeu des pousses est donc un programme... comme c'est le cas pour le jeu d'échecs, le jeu de dames et de nombreux autres jeux de plateau.

L'étude générale du jeu bénéficie aussi des avancées du programme français. Grâce à l'expérience acquise avec l'aide du programme, J. Lemoine et S. Viennot proposent une nouvelle conjecture plus générale que la conjecture de Carnegie Mellon : en ajoutant six points dans une même région d'une configuration, on ne change pas la nature gagnante ou perdante de cette configuration.

Au sens strict, cette conjecture a déjà été prouvée fausse (on en a trouvé quelques contre-exemples), mais l'exploration montre qu'elle est vraie dans plus de 90 pour cent des cas. Cette vérité approximative (peut-être ajustable en une vérité robuste) suggère qu'il ne faut pas trop se fier à la conjecture de Carnegie Mellon : en effet, la vieille conjecture pourrait avoir été vérifiée jusqu'à présent parce qu'elle serait comme la nouvelle conjecture (dont elle n'est en fait qu'une forme particulière) : vraie le plus souvent, mais fausse dans l'absolu, les contre-exemples rares ne s'étant pas encore présentés. Le mystère de ce qui se passe quand n tend vers l'infini persiste donc et s'obscurcit plutôt avec les nouveaux résultats !

« Qui perd gagne »

Le jeu des pousses se pratique à qui perd gagne (le joueur qui ne peut plus dessiner un nouvel arc a gagné). Son étude est plus complexe, car il se prête moins bien à la décomposition d'une configuration en sous-configurations. Diverses conjectures ont été formulées dont certaines sont fausses. La seule chose certaine est que pour n =1, 2, ... jusqu'à 19, le gagnant est le joueur 1, puis 2, 2, 2, 1, 1, 2, 2, 2, 1, 1, 1, 2, 2, 2, 1, 1, 1, 2, 2.

Un autre jeu très proche du jeu des pousses mérite d'être mentionné, car c'est une bonne farce mathématique pas très facile à détecter. Il se nomme le jeu des choux de Bruxelles *(Brussels Sprouts)*. On part de n croix – au lieu de n points – et sur chaque nouvel arc que les joueurs ajoutent à tour de rôle, on trace une barre (au lieu d'un point) en travers de la courbe *(voir la figure 4)*. La barre indique qu'on crée deux extrémités nouvelles pour les arcs que les joueurs dessinent (au lieu d'une seule quand il s'agissait d'un point). L'analyse complète du jeu a montré qu'en partant de n croix initiales, une partie dure invariablement $5n - 2$ coups (le résultat est vrai sur toute surface orientable, et pour les surfaces non orientables un résultat du même type a été découvert en 2007). Le joueur qui commence gagne donc si n est impair et le second joueur gagne si n est pair. Quand vous en aurez assez de perdre contre votre petit-neveu de 6 ans au jeu des pousses, proposez-lui une partie du jeu des choux de Bruxelles, mais ne vous trompez pas dans le calcul de parité pour savoir qui doit commencer.

La cryptographie visuelle

Une information cachée peut apparaître instantanément à notre œil qui, presque aussi bien qu'un ordinateur, l'extrait d'images grises.

La moindre des qualités que doit posséder un homme d'honneur consiste à garder un secret. La plus grande consiste à oublier ce secret.
Al-Muhallab (672-720)

La cryptographie moderne propose des méthodes nouvelles et parfois extraordinaires pour cacher de l'information, puis, au prix de quelques calculs, pour la retrouver. L'ordinateur y joue un rôle central : le plus souvent, il n'est pas envisageable de s'en passer, ni pour chiffrer ni pour déchiffrer le message caché.

Il existe cependant une famille de procédés où l'ordinateur n'est pas obligatoire pour le déchiffrement. L'œil humain, associé à la puissance de calcul du système visuel de notre cerveau, sait opérer le calcul qui extrait un message clair de données aléatoires, et réussit l'opération avec une surprenante efficacité.

La « cryptographie visuelle » est le domaine spécialisé de la cryptographie qui s'occupe de développer et de perfectionner ce type de méthodes, nées en 1994 d'un travail de Moni Naor et Adi Shamir (le *S* du système de cryptage RSA).

La méthode de cryptographie visuelle de base est fondée sur le principe du « masque jetable ». Nous partons d'une image M (le masque) dont les pixels, uniquement noirs ou blancs, ont été tirés au hasard, et d'une image S de même taille, elle aussi composée uniquement de pixels noirs ou blancs, mais qui représentent le secret. L'image S, qu'on souhaite cacher et faire parvenir à un correspondant, peut être un dessin, une photo ou un texte, l'essentiel étant qu'elle soit de la même taille exactement que M et qu'elle ne comporte que des pixels noirs ou blancs.

Combiner le masque et le secret

À l'aide d'un logiciel de dessin ou d'un programme, on opère le « ou exclusif » (en informatique, on le note XOR) entre les pixels de M et ceux de S. Cela donne une image chiffrée C. En clair : pour chaque emplacement de pixel, si le pixel de M est le même que celui de S, on dessine sur C un pixel blanc, sinon on dessine un pixel noir. Le message chiffré C résulte ainsi d'un XOR entre le masque M et le secret S, c'est-à-dire C = M XOR S.

Après avoir créé les images M et C, si vous imprimez M et C sur des transparents, vous constaterez que la superposition de M et de C fait apparaître S. Si vous disposez d'un ordinateur, vous verrez encore mieux l'image S en opérant un XOR entre M et C *(voir l'encadré 1)*.

Voici maintenant comment utiliser ce procédé pour faire circuler des informations secrètes et les envoyer à quelqu'un ne disposant pas d'ordinateur, cela d'une manière parfaitement sûre.

Alain souhaite envoyer des messages secrets à Béatrice. Ils se rencontrent une première fois et produisent une série d'images aléatoires, les masques M_1, M_2, ..., M_n, dont ils gardent chacun une copie et que bien sûr personne d'autre ne devra connaître. Ils peuvent aussi convenir de ces masques secrets en les faisant circuler sur le réseau : Alain les crée et les envoie à Béatrice, ou l'inverse. Cependant, si on utilise le réseau, il faut être certain au moment de l'échange des images M_1, M_2, ..., M_n que personne d'autre n'en prend connaissance. C'est possible en utilisant un canal de communication protégé, ou en utilisant un procédé cryptographique tel que le RSA qui permet sans risque ce type de partages à distance.

Alain n'est pas prêt à noircir à la main pixel par pixel l'image chiffrée C ! Aussi dispose-t-il des masques sous la forme de fichiers informatiques et il utilise un ordinateur pour produire les images chiffrées C. Béatrice, elle, n'aura besoin de rien d'autre que ses yeux pour le déchiffrage. L'opération de partage des masques réalisée, Alain et Béatrice échangeront des secrets en parfaite sécurité par la poste ou en utilisant des émissaires, même si ceux-ci sont douteux.

Un masque à usage unique

Lorsque Alain souhaite communiquer à Béatrice une image secrète S, il choisit l'un des masques M_i dont il dispose ; il utilise son ordinateur pour calculer l'image $C = M_i$ XOR S qu'il poste ou fait remettre sous la forme d'un transparent à Béatrice en lui indiquant le numéro *i* du masque utilisé. Ce numéro *i* peut être inscrit sans risque sur le transparent, car celui qui ne dispose pas des transparents M_1, M_2, ..., M_n ne peut rien faire de l'information *i*, pas plus qu'il ne peut tirer quoi que ce soit du transparent C. Alain peut aussi transmettre l'image chiffrée C en utilisant le réseau et demander à Béatrice d'imprimer le transparent C quand elle reçoit le fichier numérique.

1. La méthode du masque jetable

Les pixels du masque M *(a)* sont choisis aléatoirement, noir ou blanc. L'image secrète est S *(b)*. L'image chiffrée C *(c)*, de même taille que M, est calculée informatiquement en opérant un « ou exclusif », noté XOR, entre M et S : un pixel de C est blanc si les pixels de S et de M sont tous les deux blancs ou tous les deux noirs, sinon il est noir. L'image chiffrée C semble aléatoire, comme M.

La superposition d'un transparent sur lequel est imprimé M et d'un transparent sur lequel est imprimé C fait apparaître l'image secrète S plongée dans du « gris » *(d)*. L'œil a extrait l'information secrète. Cette superposition (M OU C) correspond à l'opération logique OU entre les deux images. Si l'on dispose de versions informatiques de M et de S, on peut opérer le OU EXCLUSIF (XOR) entre M et C, ce qui redonne parfaitement l'image secrète S *(e)*. Les lecteurs souhaitant disposer des images ci-contre sous forme de fichiers informatiques les trouveront en : http://www.lifl.fr/~delahaye/PLS416.

a

MASQUE : M

Pour prendre connaissance de l'image secrète, Béatrice superpose le transparent reçu C et le transparent du masque M_i dont elle dispose. Alain et Béatrice jetteront le masque M_i qu'il ne faudra plus jamais utiliser.

Pour que la méthode résiste aux attaques d'espions, il est essentiel que les images des masques M_1, M_2, ..., M_n soient aussi aléatoires que possible : il faut les produire avec de bons procédés de génération de suites aléatoires et ne surtout pas prendre pour masques des images représentant quelque chose. De plus, il ne faut jamais réutiliser un masque M_i : si vous le faites, plus aucune garantie de confidentialité ne pourra être assurée *(voir l'encadré 2)*.

En respectant cette double consigne de sécurité, le procédé est sûr, car ce système cryptographique est équivalent à la méthode du masque jetable (aussi dénommé *one-time pad* ou code de Vernam), dont Claude Shannon a démontré l'absolue inviolabilité en 1949.

La superposition des deux transparents M_i et C fait bien apparaître l'image S, mais sous une forme dégradée (bruitée), car le OU opéré instantanément par l'œil laisse un bruit qui remplace le blanc de l'image secrète initiale. Si, au lieu d'utiliser l'œil, Béatrice dispose d'un ordinateur, un déchiffrage parfait est possible. En effet, nous savons que pour un message quelconque A, on a A XOR A = 0 et 0 XOR A = A (vous pouvez le vérifier avec les valeurs blanches et noires, blanc = 0, noir = 1) ; Béatrice opère un XOR entre M_i et C qui redonne S, car :

$$M_i \text{ XOR } C = M_i \text{ XOR } (M_i \text{ XOR } S) = (M_i \text{ XOR } M_i) \text{ XOR } S = 0 \text{ XOR } S = S.$$

Insistons bien sur le fait qu'une fois le masque M_i et l'image chiffrée C créés, aucun des deux transparents à lui seul n'a la moindre information sur l'image secrète S. C'est évident pour M_i, puisqu'il a été créé sans même qu'on sache quelle serait l'image S qu'on chiffrerait. Voici maintenant le raisonnement qui montre que connaître C sans connaître M_i ne permet pas d'avoir la moindre information sur S.

Un espion qui dispose de l'image C et sait qu'elle a été engendrée par la méthode du masque jetable sans connaître le masque peut essayer tous les masques possibles qui, *a priori*, ont la même probabilité d'avoir été utilisés pour créer C à partir de S.

L'espion se dit qu'en essayant les masques systématiquement, quand il arrivera au bon M_i, il verra apparaître un dessin différent d'un nuage aléatoire, ce qui lui indiquera qu'il est en train d'utiliser le bon masque M_i. Cependant, cette idée est illusoire : pour toute

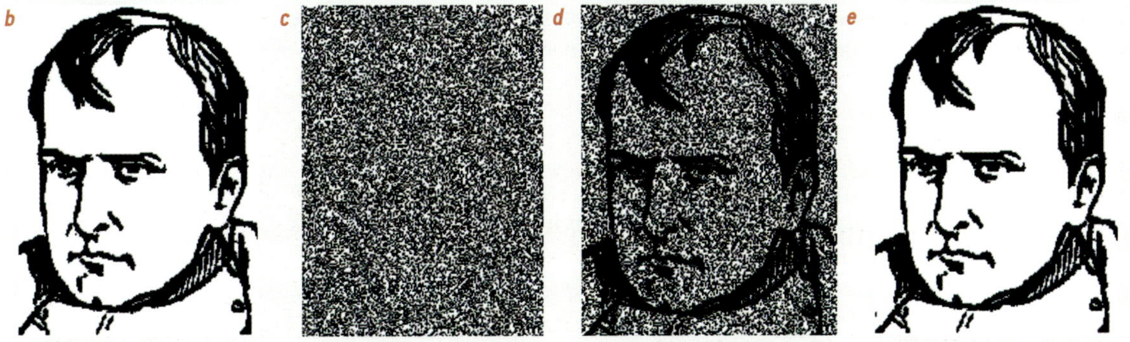

IMAGE SECRÈTE : S — IMAGE CHIFFRÉE : C = M XOR S — IMAGE DÉVOILÉE : M OU C — IMAGE RECONSTITUÉE : M XOR C

2. Jamais deux fois le même masque

Si on utilise la méthode du masque jetable *(voir l'encadré 1)* pour créer des transparents chiffrés, il ne faut surtout pas utiliser deux fois le même masque. En voici la preuve.

Ici, en utilisant le même format d'image que pour l'encadré 1, et le même masque de chiffrage M, on a créé une image où est caché le mot SECRET, en opérant un XOR avec le masque M ; S' = SECRET *(a)*, C' = M XOR S' *(b)*. Un espion qui s'emparerait des deux messages secrets (celui avec la tête de Napoléon, et celui contenant le mot SECRET) et superposerait les transparents C et C' verrait l'image C OU C' *(c)*. Si l'espion opérait (à l'aide d'un ordinateur) un XOR entre les deux images chiffrées *(d)* soit C XOR C', ce qu'il obtiendrait serait encore plus net : car C XOR C' = (M XOR S) XOR (M XOR S') = S XOR 0 XOR S'= S XOR S'.

Utiliser un masque aléatoire une seule fois est une méthode inviolable, mais utiliser le même masque deux fois est une énorme bêtise.

a

IMAGE SECRÈTE : S'

b

IMAGE CHIFFRÉE : C' = M XOR S'

c

IMAGE DÉVOILÉE : C OU C'

d

IMAGE RECONSTITUÉE : C XOR C'

image S' autre que S, il existe un masque M' qui, quand on l'applique à l'image chiffrée C en faisant un XOR, donne S' (il s'agit du masque M' = C XOR S'). En conséquence, en essayant systématiquement tous les masques possibles (ce qui par ailleurs n'est pas envisageable du fait de leur trop grand nombre), l'espion tombera sur une fausse solution S' avec la même probabilité que sur la véritable image secrète S. Cela étant vrai de n'importe quelle fausse solution S', pour celui qui n'a en main que C, il n'existe aucun moyen de distinguer S de n'importe quelle autre image S', et donc aucun moyen de reconnaître que S est l'image qui a été cachée dans l'image chiffrée C.

La mise en œuvre de ce procédé est réellement facile. Pour réaliser les images de l'encadré 1, je n'ai utilisé aucun logiciel spécialisé : je me suis juste procuré des grilles aléatoires (en utilisant le logiciel *Golly*), puis j'ai réalisé les manipulations d'images avec un logiciel de dessin standard (*Graphic Converter* pour MacIntosh).

Information préservée

Cette méthode de base de la cryptographie visuelle a un petit défaut. Un pixel sur deux est perdu dans l'image M OU C, car si les pixels noirs de S sont bien retrouvés noirs, les pixels blancs sont, une fois sur deux, transformés en noir. Cette image M_i OU C est la seule que l'on voit si on ne dispose pas d'ordinateur pour opérer un XOR (qui, lui, redonne chaque pixel exactement). Si l'image S est suffisamment redondante, par exemple un texte écrit en assez grosses lettres, cela n'est pas ennuyeux. Cependant, si l'on souhaite transmettre à une personne sans ordinateur une image dont chaque pixel est important, la méthode du masque jetable ne conviendra pas. C'est sans doute pourquoi la méthode présentée par M. Naor et A. Shamir dans leur travail de 1994 est légèrement différente de la méthode de base.

En voici la description : chaque pixel de l'image à cacher est décomposé en deux demi-pixels ; de même pour les pixels des masques M_1, M_2, ..., M_n. Pour effectuer ces opérations sur des demi-pixels, on double la taille de l'image, ce qui fait que chaque groupe de quatre pixels peut être considéré comme un seul pixel et est maintenant séparable en deux (et même en quatre, ce qui sera utile pour d'autres procédés de chiffrage).

Les images M_1, M_2, ..., M_n sont constituées cette fois d'une grille aléatoire de demi-pixels : selon un tirage aléatoire aussi parfait que possible, chaque pixel de M_i est rempli par un demi-pixel droit noir ou un demi-pixel gauche noir, ou l'inverse.

L'image chiffrée C est elle aussi composée de demi-pixels. Le demi-pixel en position (x, y) de C sera identique à celui du masque M_i si le pixel de l'image secrète S en position (x, y) est blanc et sera le demi-pixel complémentaire de celui de M_i sinon. Comme précédemment, les images M_i ou l'image C sont d'un gris uniforme et aucune ne contient la moindre information sur S *(voir l'encadré 3)*.

3. Masques jetables sans perte d'information

La première méthode a un défaut : l'image reconstituée à l'œil par superposition du masque M et de l'image chiffrée S (qui correspond à un OU et non à un XOR) ne redonne pas tous les pixels blancs, mais en transforme un sur deux en pixel noir. En coupant chaque pixel en deux (un côté droit et un côté gauche), on évite cette perte d'information due à l'utilisation d'un OU plutôt que d'un XOR (opération que l'œil ne sait pas faire !).

On part maintenant d'un masque M *(a)* constitué de pixels découpés en deux : on a doublé la taille de l'image pour que chaque pixel de base soit maintenant composé d'un carré de quatre pixels. Soit la moitié droite, soit la moitié gauche de chaque « gros pixel » sera noire, ce choix étant opéré aléatoirement *(détail en b)*.

L'image chiffrée C *(c)* est obtenue en opérant un XOR entre l'image secrète S (dont on a doublé la taille) et le masque M, ce qui inverse les pixels du masque correspondant à des pixels noirs de S :

– si le pixel du masque est noir du côté droit et que le pixel correspondant de S est noir, alors le pixel de C sera noir du côté gauche (et inversement) ;

– si le pixel de l'image secrète S est blanc, le pixel de l'image chiffrée sera le même que celui du masque.

La reconstitution de l'image secrète se fait comme auparavant. On obtient, en superposant les images M et C (c'est-à-dire en faisant M OU C), une image où les pixels noirs de S sont noirs, et où les pixels blancs de S sont remplacés par des pixels à moitié noirs (à droite ou à gauche aléatoirement). Aucune information n'est perdue. Comme précédemment, en opérant un XOR entre M et C (ce qui exige un ordinateur et non pas seulement deux transparents), on reconstitue exactement et avec le contraste initial l'image secrète S.

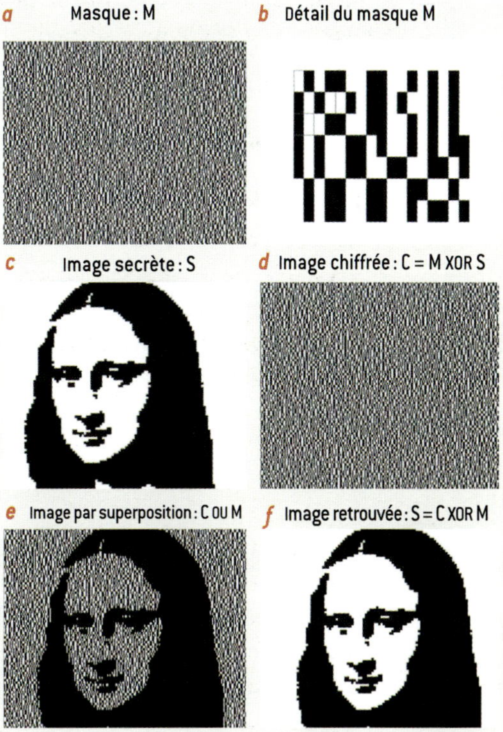

4. Éclatement d'une image en trois

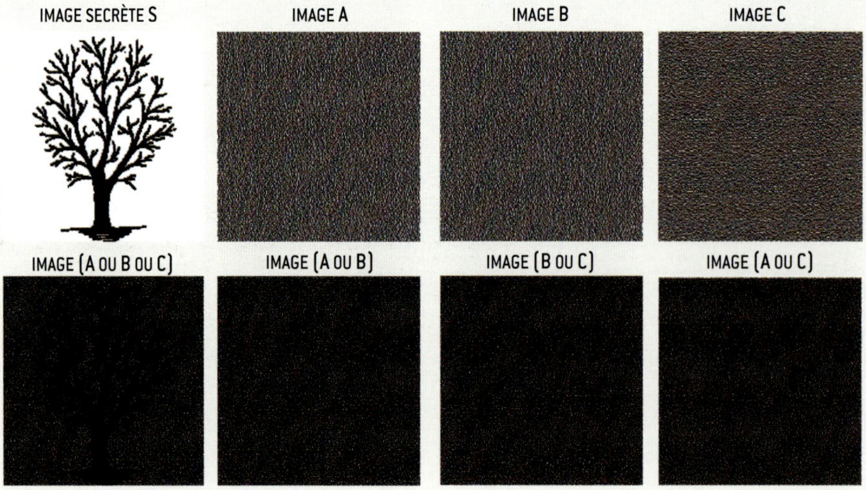

Pour reconstruire les informations de l'image dans les deux méthodes décrites dans le texte de l'article, il faut disposer à la fois du masque et de l'image chiffrée. L'information de l'image a été éclatée en deux. On peut faire mieux et éclater une image en trois morceaux (ou plus) dont aucun à lui seul n'indiquera rien à propos de l'image secrète S, et dont même la possession de deux des trois images ne permettra pas de tirer la moindre information sur S. Celui qui n'a pas les trois images n'a rien ! Si Hergé, dans *Le secret de la licorne*, avait connu ce procédé, il l'aurait certainement retenu pour les trois parchemins cachés *(voir l'image ci-dessous)*, dont la superposition indique l'emplacement de l'épave au trésor.

Voyons le procédé permettant l'éclatement parfait d'une image en trois images. On divise d'abord chaque pixel en quatre sous-pixels. Si l'image secrète est de taille $n \times m$, on va créer trois images A, B et C, chacune de taille $2n \times 2m$, dont la superposition fera apparaître l'image secrète S. À la place des pixels blancs, la superposition de A, B et C montrera des pixels 2×2 comportant chacun un sous-pixel blanc et trois sous-pixels noirs, et à la place des pixels noirs la superposition comportera des pixels 2×2 entièrement noirs. Malgré une importante perte de contraste, l'information sera donc complètement restituée par la superposition de A, B et C (et un traitement informatique redonnerait exactement S).

L'image A *(voir ci-contre)* sera composée de pixels 2×2 choisis aléatoirement (NB, NB) ou (BN, BN). L'image B sera composée de pixels 2×2 choisis aléatoirement parmi (BB, NN) ou (NN, BB). L'image C sera composée de pixels 2×2 choisis parmi (BN, NB) ou (NB, BN). Les pixels de C ne seront pas choisis aléatoirement, mais de façon que :

– si le pixel correspondant de l'image secrète S est blanc, alors la superposition des pixels correspondants de A, B et C comportera un sous-pixel blanc et trois noirs ;

– sinon, la superposition de A, B et C sera composée de quatre sous-pixels noirs.

On vérifie facilement qu'une telle transformation est toujours possible en considérant les quatre cas possibles pour un pixel de A et un pixel de B.

Montrons que ce procédé a bien les propriétés annoncées : connaître deux des trois images A, B et C ne donne aucune information sur l'image secrète S. Il est clair que celui qui dispose de A et de B n'a aucune information sur l'image secrète S, car A et B ont été tirées au hasard sans même utiliser S.

Montrons que, de même, disposer de A et C ne donne rien concernant S (le raisonnement sera le même avec B et C). Considérons un pixel de S de coordonnées (x, y). Les pixels correspondants de A et C recouvrent exactement trois des quatre sous-pixels (on le vérifie en considérant les quatre cas possibles). Selon que le pixel correspondant de B est noir en haut ou en bas, le pixel de la superposition de A, B et C représentera un pixel blanc de S ou un pixel noir. Ne pas avoir B implique donc qu'on n'a aucune information sur ce pixel (x, y) de S. Cela étant vrai pour tout pixel de S, celui qui dispose uniquement de A et C ne sait absolument rien de S.

On constate qu'en superposant deux des trois images A, B ou C, aucune information n'apparaît.

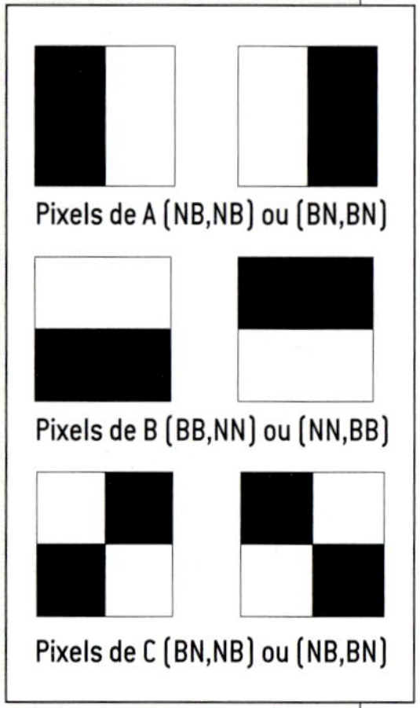

5. Magie des masques

Les méthodes décrites dans les encadrés 1, 2, 3 et 4 risquent d'attirer les soupçons si vous les utilisez, car on se doutera que les images grises « d'allure aléatoire » portent une information cachée. C'est pourquoi un perfectionnement a été proposé : le masque M aussi bien que l'image chiffrée C ne sont plus gris, mais représentent des images ayant un intérêt en soi. La superposition des deux fait disparaître les deux images initiales et fait apparaître l'image secrète.

Nous n'indiquons pas le détail du procédé qu'un peu de réflexion vous fera imaginer.

On remarquera que dans les deux images M et C, le dessin est obtenu avec deux types de gris : un gris 50 % (moitié pixels blancs, moitié pixels noirs) et un gris 75 % (1/4 de pixels blancs, 3/4 de pixels noirs), alors que dans l'image reconstituée de S, il y a deux types de gris : un gris 75 % et un gris composé de 100 % de pixels noirs, qui permet de voir très clairement l'image secrète.

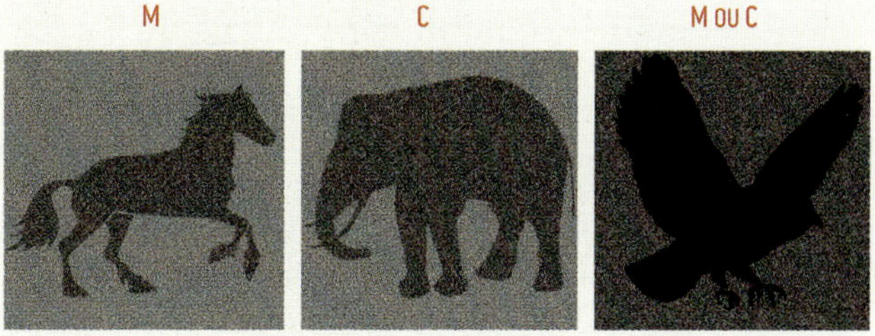

Lorsque l'on superposera C et M_i, là où il y a un pixel noir dans S, on aura un pixel noir, et là où il y a un pixel blanc, on aura un demi-pixel noir et un demi-pixel blanc (puisque ceux de C et de M_i auront été choisis identiques).

Cette fois, l'observation de la superposition opérée par l'œil redonne tous les pixels de S. La présence de demi-pixels là où il y avait des blancs a pour effet de changer le contraste (le blanc est devenu gris), mais aucune information n'est perdue dans l'image M_i OU C qui, cette fois, reconstitue parfaitement l'image secrète S, au contraste près *(voir l'encadré 3)*.

Perfectionnements...

L'idée de découper un pixel en sous-pixels permet d'autres miracles, dont voici deux exemples.

Éclatement d'une image en *m* morceaux

Pour tous entiers positifs k et m donnés, on peut définir un système de construction de transparents tel que l'image secrète S donnera m images chiffrées C_1, C_2, ... C_m différentes et telles que la connaissance de moins de k d'entre elles ne permet pas de connaître quoi que ce soit de l'image secrète S, alors que la connaissance de k images parmi C_1, C_2, ..., C_m, quelles qu'elles soient, permet de reconstituer l'image S.

Autrement dit, une fois les informations de S éclatées en C_1, C_2, ..., C_m et distribuées à m personnes différentes, si k d'entre elles se mettent d'accord, elles peuvent retrouver S, mais si elles sont moins de k, elles n'en tireront strictement rien.

Une méthode d'éclatement d'une image secrète en trois transparents C_1, C_2, C_3 tels que deux parmi les trois transparents ne donnent absolument rien de S, mais telle que la superposition des trois redonne S est décrite dans l'encadré 4 et présentée avec un exemple.

Le secret insoupçonnable

La méthode produit deux images, chacune d'apparence innocente U et V (par exemple un cheval et un éléphant). Cependant, la superposition de U et de V fait disparaître ce qu'il y avait sur U et V et fait apparaître une troisième image, celle secrète qu'on avait cachée *(voir l'encadré 5)*.

Toutes les images du chapitre sont disponibles en http://www.lifl.fr/~delahaye/PLS416

Le problème de l'ange est résolu

... après 30 ans de recherches ! John Conway a perdu son défi, mais le résultat confirme ce qu'il avait conjecturé : un ange de force 2 peut échapper au démon.

Le problème de l'ange du mathématicien anglais John Conway est un casse-tête concernant le confinement d'un pion se déplaçant sur un échiquier. Cette énigme appartient à une catégorie de jeux inventés par David Silverman et Richard Epstein à la fin des années 1940. Voyons son énoncé.

Un ange, qui occupe une case d'un échiquier infini à cases carrées, se déplace comme le roi du jeu d'échecs : d'une case vers la droite, ou vers la gauche, ou vers le haut ou vers le bas ou en diagonale. L'ange cherche à échapper au démon qui, à chaque coup, détruit une case de son choix de l'échiquier (différente de la case où l'ange est placé). Le démon commence, puis l'ange et le démon jouent à tour de rôle. Le but du démon est de coincer l'ange, c'est-à-dire de l'emprisonner au centre de huit cases détruites. Le but de l'ange est d'échapper indéfiniment au démon. Aucun élément de hasard n'étant présent dans le jeu, l'un des deux joueurs possède une méthode lui assurant de gagner : ou l'ange est confiné ou il ne l'est pas. Lequel des deux gagne et comment doit-il procéder ?

Sous cette forme, on connaît la réponse, due à Elwym Berlekamp : le démon jouant convenablement gagnera toujours, c'est-à-dire réussira à emprisonner l'ange sur une case isolée. Malgré la simplicité de l'énoncé, vous noterez que la solution *(voir l'encadré 2)* n'est pas évidente : elle illustre le charme de ces problèmes de poursuite. Maintenant, au lieu de considérer un ange qui à chaque coup se déplace d'une case, on accorde à l'ange de force n le droit de bouger de n cases au plus à chaque coup, comme un roi du jeu d'échecs qui se déplacerait au plus n fois de suite : partant de la case de coordonnées (i, j), l'ange peut gagner n'importe quelle case de coordonnées $(i \pm k, j \pm m)$, avec k et m deux entiers

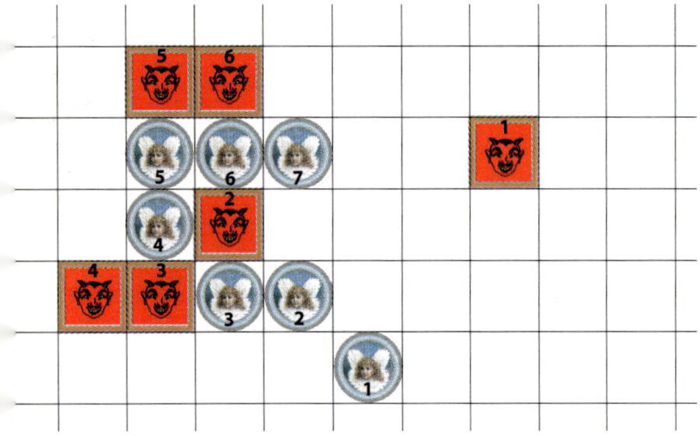

1 Règles du jeu de l'ange (ici de force 1). L'ange est un pion placé sur un échiquier infini, représenté par le pion bleu. À chaque coup, l'ange se déplace d'une case (au plus n fois de une case pour l'ange de force n) horizontalement, verticalement ou en diagonale. Quand c'est au démon de jouer, il détruit une case de son choix *(cases en rouge)* et l'ange, bien sûr, ne peut plus y aller. Le démon qui joue en premier cherche à immobiliser l'ange en l'entourant d'un fossé ; si le fossé est moins large que n cases, l'ange peut sauter par-dessus. L'ange a pour but de s'échapper indéfiniment : l'ange et le démon jouent alternativement. L'ange de force 1 se fait immobiliser par le démon si ce dernier joue bien *(voir l'encadré 2)*.

compris entre 0 et n, et cela sans tenir compte d'éventuels obstacles entre son point de départ et son point d'arrivée (l'ange « vole », comme le cavalier aux échecs).

Pour coincer l'ange, il faut cette fois l'entourer d'un fossé de largeur n, car si le fossé n'est pas assez large, d'après les règles, il volera par-dessus : c'est le problème de l'ange de force n. Ce problème (difficile) est resté ouvert pendant 30 ans malgré les efforts de brillants mathématiciens.

L'un d'eux, J. Conway, a démontré plusieurs résultats intéressants que nous présenterons plus loin sur cet ange de force n. Il a aussi promis un prix de 100 dollars à la personne qui trouverait une stratégie assurant à l'ange de force 2 (ou plus) d'échapper indéfiniment au démon, et un prix de 1000 dollars à la personne qui réussirait à démontrer que l'ange de force n (pour un n supérieur ou égal à 2) se fait toujours coincer par un démon assez malin. En 2006, quatre chercheurs ont découvert, presque simultanément, des solutions au

2. L'ange de force 1 se fait coincer

Un démon adroit finit toujours par coincer un ange de force 1 (c'est-à-dire un roi) sur une case isolée entourée de 8 cases détruites. La méthode qui fait gagner le démon assure que l'ange ne s'échappera pas d'un carré de 35 cases de côté, c'est-à-dire qu'il ne pourra jamais se poser sur une case du bord.

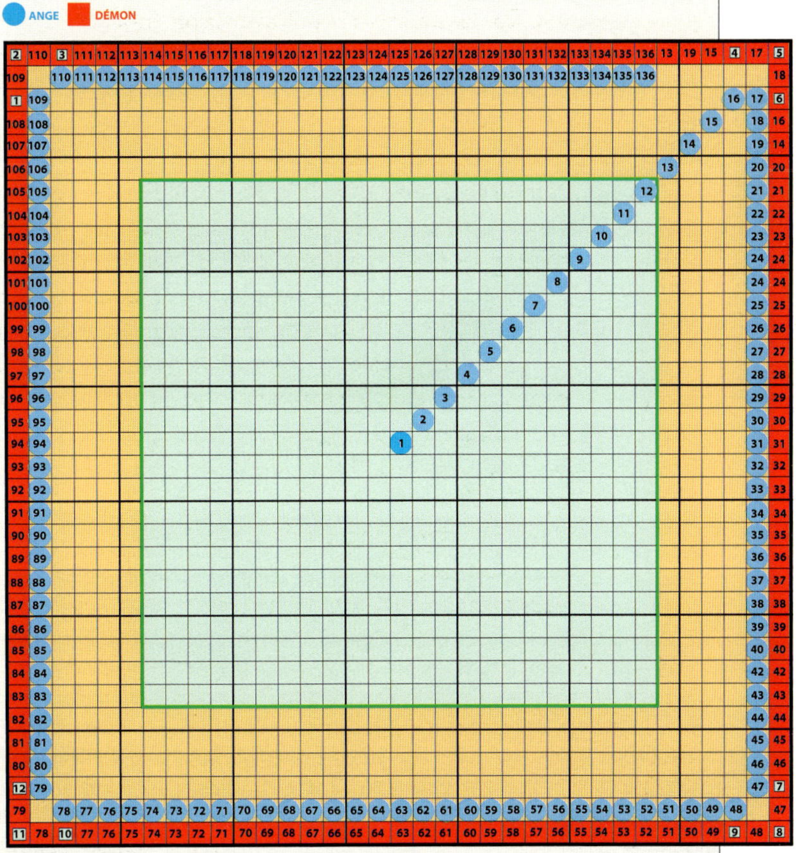

Phase 1. L'ange pendant les 12 premiers coups se déplace comme il veut, alors que le démon détruit trois cases à chaque sommet du carré noir de côté 35 centré sur la case départ de l'ange, selon le schéma dessiné. Pendant cette phase, l'ange est nécessairement resté dans le carré délimité en vert, car il s'est déplacé d'au plus 12 cases.

Phase 2. L'étude des cas (qui prend quelques minutes avec des pions ou en faisant des petits dessins) montre que le démon peut maintenant : (1) empêcher l'ange de franchir les côtés du grand carré si celui-ci les aborde loin des coins (pour cela, les cases détruites dans les coins ne sont pas nécessaires au démon) ; (2) empêcher l'ange de profiter des coins (les cases détruites par avance dans chaque coin sont essentielles pour cela).

Phase 3. Le démon, en empêchant l'ange de franchir les frontières du carré, complète la destruction du bord du carré de côté 35 : dans cette phase, l'ange pourra longer le fossé que le démon creuse, mais ne réussira jamais à le franchir. Une fois que cela est fait, l'ange est prisonnier à l'intérieur du carré de côté 33.

Phase 4 (non représentée). Le démon détruit une à une les cases intérieures, et l'ange finit bloqué entouré de huit cases détruites.

problème. Oddvar Kloster, d'Oslo en Norvège, et András Máthé, de Melbourne en Australie, ont tous les deux proposé des stratégies permettant à l'ange de force 2 d'échapper au démon, tandis que Brian Bowditch, de Southampton en Grande-Bretagne, et Peter Gacs, de Boston aux États-Unis, établissaient le résultat pour des anges plus puissants.

Ainsi l'ange de force supérieure ou égale à 2 peut toujours s'échapper, quoi que fasse le démon. J. Conway va devoir s'acquitter des 100 dollars promis et déterminer à qui et dans quelle proportion il faut donner cette somme ! Son intuition lui avait fait penser, à juste titre, qu'il était plus probable que l'ange s'échappe et cela lui évite de débourser 1 000 dollars.

Avant de décrire une stratégie d'échappement pour l'ange de force 2, il est intéressant de voir les étonnants résultats établis par J. Conway, car ils montrent pourquoi il n'existe aucune stratégie simple pour l'ange.

3. L'ange montant est confiné

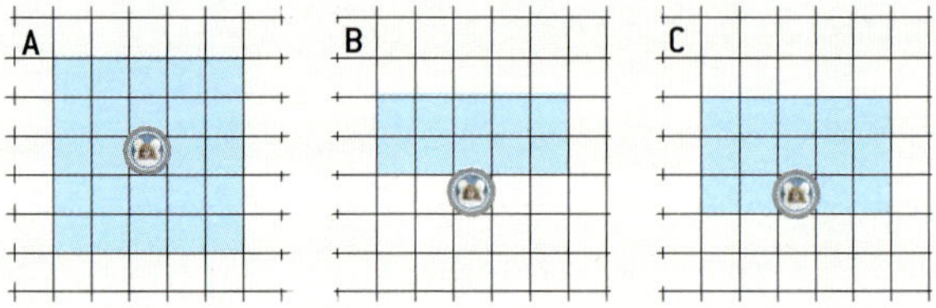

Déplacements possibles de l'ange dans le cas d'un ange de force 2 *(schéma A)*, d'un ange de force 2 montant *(schéma B)*, d'un ange de force 2 montant mou *(schéma C)* : l'ange peut atteindre n'importe quelle case en bleu.

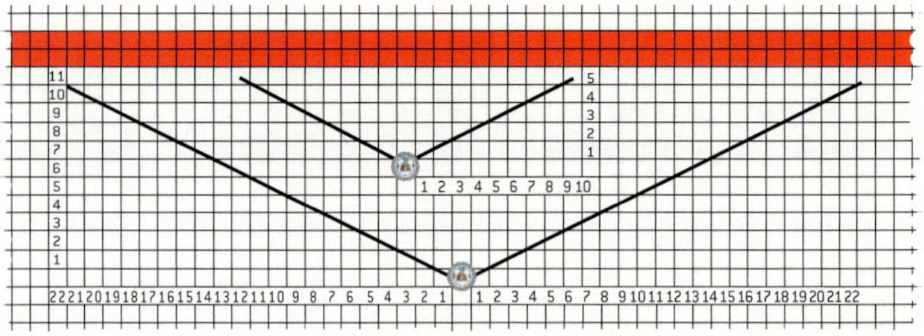

En dessous, on montre comment l'ange montant de force 2 se fait bloquer par le fossé creusé par le démon. Le démon décide de creuser le fossé à une distance k du point de départ de l'ange. À chacun de ses coups, l'ange monte d'une case au moins et de deux au plus ; donc, quand il sera arrivé à une distance $k/2$ du fossé (on a pris k égal à 12 pour le dessin), le démon aura pu creuser au moins $k/2$ cases réparties uniformément dans le fossé. Le démon aura donc pu creuser sur toute la largeur (de $4k + 2$) une esquisse du fossé (qui possède $8k + 4$ cases).

Pour simplifier les calculs dans ce qui suit, nous supposerons qu'il creuse un fossé un peu plus large, de largeur $5k$ possédant $10k$ cases. Il a donc creusé, lors de la montée de $k/2$ de l'ange, un début de fossé de densité uniforme de 1/40 (il doit creuser $10k$ cases et a pu en creuser $k/4$, soit une case sur 40). Arrivé à la distance de $k/2$ cases, la largeur nécessaire du fossé a été réduite de moitié puisque, dans les $k/2$ pas vers le Nord que l'ange doit faire avant d'atteindre le fossé, il ne pourra aller sur le côté que moitié moins qu'au départ. En conséquence, dans la phase suivante (quand il passera d'une distance de $k/2$ cases du fossé à une distance à $k/4$ cases), le démon creusera sur cette partie utile du fossé (qui est deux fois plus petite). C'est ce qu'il fait pendant le temps que l'ange monte encore de $k/4$ cases. Dans la partie utile du fossé, il creuse durant cette seconde phase des cases avec une densité 1/40 (il dispose de deux fois moins de temps, mais construit maintenant un fossé deux fois moins large) atteignant donc une densité de 2/40 pour la partie utile au moment où l'ange arrive à $k/4$ cases du fossé.

Quand l'ange monte encore de $k/8$ cases, la partie du fossé utile, qui aura encore été divisée par deux, atteindra une densité de 3/40, etc. La densité de la partie utile du fossé atteindra 4/40 quand l'ange se sera approché à $k/16$ cases du fossé, puis 5/40 quand l'ange se sera approché à $k/32$ cases du fossé, et ainsi de suite jusqu'à atteindre une densité de 40/40 égale à 1, quand l'ange se sera approché de $k/2^{40}$ cases du fossé. Avec k égal à 2^{40}, lorsque l'ange arrivera à une distance d'une case du fossé, sur la largeur utile, qui aura alors 5 cases (2 cases de chaque côté), le fossé sera entièrement creusé, et donc, l'ange montant, qui rappelons-le s'impose d'aller vers le Nord d'une case au moins à chaque coup, sera coincé.

Le premier résultat indique que si l'on nomme *ange montant* un ange qui s'impose, à chaque coup, de se déplacer d'au moins une case vers le Nord, alors un tel ange montant, même de force mille milliards, perdra contre un démon astucieux, lequel disposera d'une méthode sans faille pour le coincer. Bien sûr, le résultat vaut aussi pour un ange descendant, un ange qui va à l'Ouest ou à l'Est.

La méthode *(voir l'encadré 3)* que le démon utilisera pour coincer un ange montant de force 2 s'étend aux anges montants de force n pour tout entier n. Il faut être patient pour l'utiliser, mais elle marchera toujours.

Ainsi, un ange montant de force 2 peut être coincé, mais cela demande beaucoup de temps au démon, qui doit préparer son coup 2^{40} coups à l'avance, soit mille milliards de coups environ. Pour un ange de force 1000, le démon doit commencer à creuser son fossé encore bien plus loin de la case de départ de l'ange : d'une part, car le fossé doit être plus épais (non plus 2, mais 1 000) et, d'autre part, car l'ange peut dévier bien plus vite sur le côté (non plus de 2 cases, mais de 1 000). On tombe dans le domaine des grands nombres ! Il reste cependant que le raisonnement présenté est mathématiquement parfait et un ange montant, même de force mille ou cent mille milliards, se fait coincer par le démon malin.

Ange montant mou et stratégie de l'ange de force 2

Poursuivant son exploration, J. Conway a démontré que quelle que soit sa force, un « ange montant mou » (à chaque fois qu'il joue, cet ange par définition assure qu'il ne va pas aller vers le Sud, mais ne donne pas la garantie qu'il ira au moins d'une case vers le Nord ; il peut donc aller indéfiniment vers l'Ouest ou l'Est) se fait toujours coincer par un démon malin et patient (encore plus patient que le précédent).

Un « ange montant très mou d'ordre k » qui, sans assurer qu'il n'ira pas vers le Sud, garantit qu'à l'avenir il ne se rendra jamais à plus de k cases au Sud de toute position qu'il occupe, se fait encore coincer... par un démon toujours plus patient.

Un « ange fuyant » qui, par définition, assure qu'il s'éloignera toujours de la case de départ d'au moins une case à chaque coup, se fait aussi toujours coincer par un démon malin et patient. Et il en va de même pour un ange « fuyant mou » et « un ange fuyant très mou d'ordre k » dont vous devinez les définitions.

Ces résultats sont surprenants et suggèrent qu'un ange de force 2 (ou plus) ne s'échappe que très difficilement : si une stratégie de fuite existe, elle ne peut être simple. Vouloir toujours aller vers le Nord ne marche pas, de même que s'éloigner toujours du centre : un ange, même de force mille milliards, doit accepter de retourner quelquefois vers le Sud ou de se rapprocher du centre de temps en temps, et doit même accepter de revenir vers le Sud ou vers le centre de plus de 1 000 cases si nécessaire ; sinon, ce serait un ange montant très mou d'ordre 1 000 (ou un ange fuyant très mou d'ordre 1 000), et de tels anges se font coincer à la longue. Le principe de la stratégie proposée par O. Kloster est décrit dans l'encadré 4.

Ainsi que O. Kloster nous l'a expliqué dans un message reçu en février 2007, on déduit, de cette stratégie, une stratégie pour un ange de force 1 confronté à un démon, en dimension 3. Ce problème de l'ange en dimension 3, malgré plusieurs travaux récents à son sujet, restait lui aussi obstinément ouvert ; il est donc maintenant résolu, comme le problème de l'ange de force 2 en dimension 2. La solution de O. Kloster pour la dimension 3 consiste à se ramener au problème précédent en faisant circuler l'ange entre plusieurs plans parallèles où le démon s'épuise sans réussir à bloquer son adversaire.

Un ange de force 2 vole par-dessus une case isolée détruite ou un fossé d'épaisseur 1. La pièce nommée roi de force 2, par définition aussi, diffère de l'ange de force 2 uniquement par le fait qu'il ne peut pas voler au-dessus de tels obstacles. Un roi de force 2 est donc moins agile. Dans une poursuite sur l'échiquier infini, peut-il échapper à un démon ? Là encore la méthode de O. Kloster s'adapte et permet de répondre oui.

Pour une tour du jeu d'échecs de force n (on interdit les déplacements en diagonale, et la tour, qui se déplace de n cases au plus à chaque coup, ne peut passer au-dessus des cases détruites), le problème est plus facile. Une méthode analogue à celle utilisée pour le problème de l'ange de force 1 montre qu'il se fera toujours coincer par un démon assez malin. En revanche, une tour dont la force n'est pas limitée s'échappe facilement en se plaçant toujours sur une case dont la ligne et la colonne ne contiennent aucune case détruite par le démon. Pour le fou, les réponses sont les mêmes : un fou de force n se fait coincer, mais pas un fou de force illimitée.

À l'exception du problème du cavalier, les problèmes de poursuite infinie sur le plan sont donc presque tous résolus. Le cavalier est une pièce moins agile que l'ange de force 2 : il n'a que 8 possibilités de mouvements au plus à chaque coup au lieu de 25. La méthode de O. Kloster ne s'y adapte pas, et aucune autre méthode n'est connue à ce jour. Cette énigme est ainsi proposée à ceux qui souhaitent faire avancer la science des poursuites géométriques : un cavalier peut-il oui ou non échapper au démon sur un échiquier infini ?

4. L'ange de force 2 s'échappe toujours

Une stratégie de fuite pour un ange de force 2 lui permettant d'échapper à un démon (aussi malin qu'il soit) a été recherchée pendant 30 ans (ne nous étonnons pas si elle ne saute pas aux yeux !). En 2006, Oddvar Kloster en a décrit une et a démontré son bon fonctionnement. En voici le principe.

Au départ, l'ange se fixe un projet de trajet droit vers le Nord. Ce projet est dessiné par la flèche bleue. Les cases situées à gauche de ce trajet sont coloriées en orange et l'ange n'envisagera jamais de passer par l'une de ces cases. Cet ensemble de cases orange va s'accroître lorsque l'ange modifiera son projet de trajet de façon à mettre le plus possible de cases détruites par le démon – cases représentées en rouge – dans cette zone « contournée » à gauche de son projet de trajet.

À chaque étape, l'ange étudie systématiquement s'il peut modifier son trajet de manière à contourner des cases détruites par le démon (cases rouges). Il s'impose la règle de n'accepter d'allonger son projet de trajet de $2n$ unités de longueur que si cela lui permet de contourner au moins n cases détruites. Dès qu'une modification de ce type est possible, il la fait. Si plusieurs modifications de ce type sont possibles, il choisit celle qui élimine le plus de cases rouges (c'est-à-dire les fait passer dans la zone contournée en orange). En cas de modifications candidates ex aequo en efficacité, l'ange choisit au hasard la modification qu'il apporte à son projet de trajet.

En (1), le démon détruit une case. Aucune modification possible du trajet ne permet d'englober cette case dans la zone contournée sans allonger le trajet de 2 unités ou moins. L'ange ne modifie donc pas son projet de trajet. En (2), l'ange a avancé sur son trajet (il suit le tracé dessiné et se place *sur la droite* du tracé, la jonction bleue avec le tracé se déplaçant de deux unités à chaque coup) et le démon a détruit une nouvelle case. Cette fois, un contournement fait passer dans la

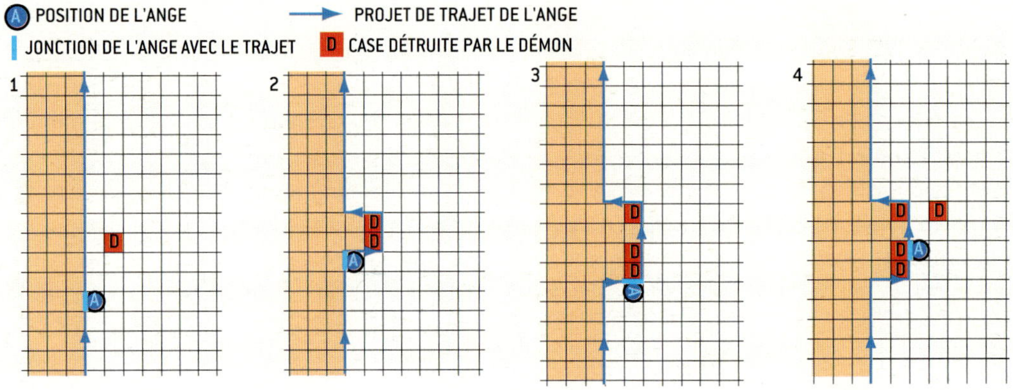

Seul s'échappe l'ange de force 2

Nous avons vu que sur un échiquier infini, un ange de force 1 se faisait coincer par le démon, mais qu'un ange de force 2 s'échappe : ne peut-on pas envisager des cas intermédiaires ?

Un beau résultat allant dans ce sens a été démontré en 2004 par Martin Kutz, de l'Institut Max Plank de Sarrebruck, en Allemagne, et Attila Pór, de l'Université de Cleveland aux États-Unis. On considère un ange et un démon jouant, non pas à tour de rôle, mais en suivant une séquence périodique de A et de D favorisant l'ange : par exemple A, A, D, A, D, A, A, D, A, D, A, A, D... où l'ange joue 3 fois sur 5 et le démon 2 fois sur 5 *(voir la figure 6)*. Si la fréquence des coups de l'ange est strictement inférieure à 2 fois celle des coups du démon, alors le démon peut toujours coincer l'ange. Même en donnant un peu plus de force à un ange, il ne peut pas échapper à un démon tant qu'il n'a pas une force double de celle du démon. Le résultat de O. Kloster est donc le meilleur possible : ce n'est qu'en disposant d'une double force qu'un ange échappe au démon.

Pour terminer, considérons encore quelques variantes de ces jeux de poursuite. On envisage à nouveau les pièces du jeu d'échecs et l'on cherche à bloquer la pièce sur un échiquier carré de taille

zone évitée deux cases rouges tout en n'allongeant le trajet que de 4 unités de longueur ; ce contournement est accepté par l'ange, car conforme à la règle qu'il s'impose et il modifie donc son projet de trajet.

En (3), l'ange a avancé, le démon a détruit une nouvelle case et l'ange qui peut sans allonger son trajet contourner cette case a modifié à nouveau son projet de trajet pour l'éviter. En (4), l'ange a avancé, le démon a détruit une nouvelle case, mais la contourner coûterait trop cher (c'est-à-dire engendrerait un allongement de plus de 2 unités). L'ange ne modifie donc pas son projet de trajet. En (5), la même situation se reproduit. En (6), l'ange modifie son projet de trajet, car l'allongement de 2 unités fait passer une case rouge dans la zone contournée. De même en (7) et en (8). Entre 6 et 7, l'ange reste sur la même case (autorisé par les règles), mais il a tourné de 180 degrés et le segment bleu auquel il est collé le long du projet de trajet a bien avancé de deux unités.

Cette stratégie « décidée et prudente » empêche l'enfermement de l'ange dans un piège que tenterait de construire le démon autour de l'ange : dès que le démon tente de construire les murs du piège, celui-ci est placé dans la zone orange des cases définitivement évitées par l'ange, et même si celui-ci est amené à retarder la poursuite de son voyage vers le Nord, l'espace disponible infini lui assure de toujours pouvoir continuer sa promenade erratique adaptative sans jamais se trouver coincé.

Les détours peuvent être complexes et obliger l'ange à opérer des retours vers le Sud, le Nord, l'Est, l'Ouest ou le centre, mais les remises à jour du trajet seront toujours possibles. Jamais l'ange de force 2 ne se retrouvera dans une zone cernée, car avant qu'elle ne soit cernée, une mise à jour du projet de trajet aura décidé de la contourner. Un programme permet de tester la stratégie en http://home.broadpark.no/~oddvark/angel/index.html

5

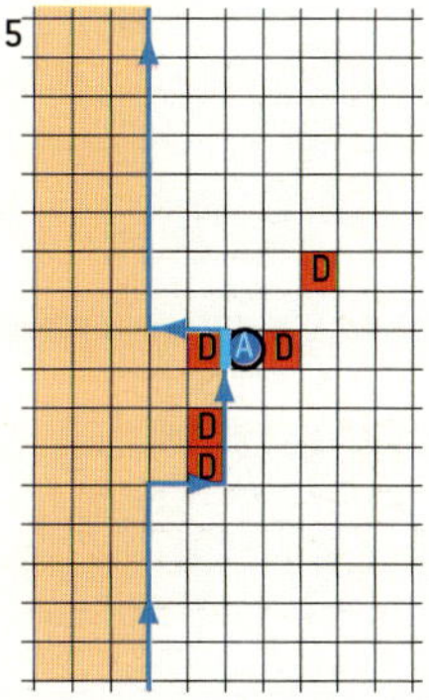

6

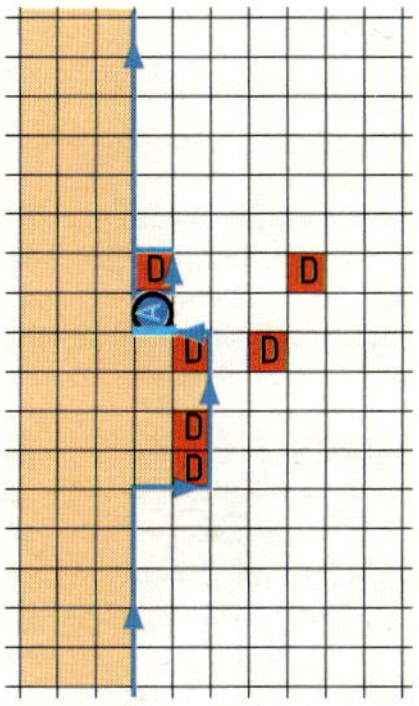

7

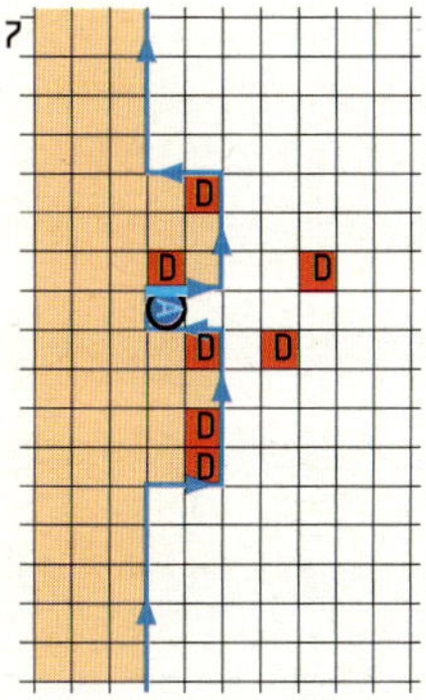

8

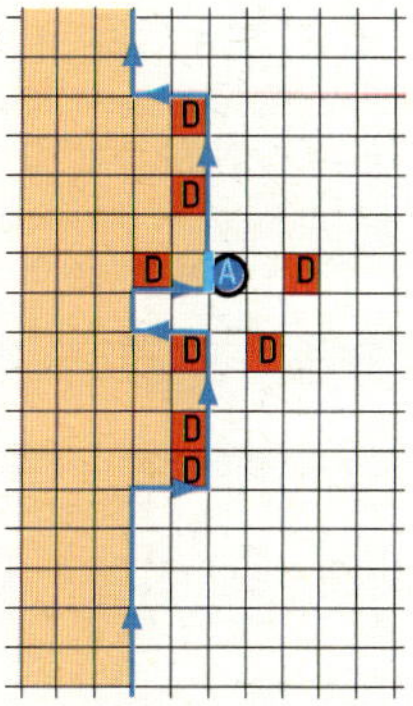

finie $n \times n$: le but de la pièce est de s'échapper non pas à l'infini, mais de l'échiquier choisi, et le but pour le démon est d'empêcher la pièce de sortir de l'échiquier. Dans ces variantes sur échiquier fini, on considère des démons doubles qui détruisent deux cases à chaque coup, des démons triples (trois cases), etc. Plus l'échiquier est grand, plus le démon a des chances de gagner ; le but est à chaque fois de déterminer la taille minimale d'échiquier permettant au démon de gagner. Quand le côté de l'échiquier est pair et qu'il n'y a pas de case centrale, le point de départ est l'une des quatre cases touchant le centre de l'échiquier.

Pour un roi opposé à un démon simple, la solution décrite dans l'encadré 2 fonctionne : on place le roi au centre d'un échiquier de taille 35×35 ou plus. Le démon creuse un fossé le long du périmètre du carré de taille 35×35 centré sur la case de départ du roi et réussit toujours à le confiner. Une solution (compliquée !) pour l'échiquier 33×33 est indiquée dans le livre de Conway, Berlekamp et Guy *(voir bibliographie)*.

Plus simple est le problème de la taille minimale que doit avoir un échiquier carré pour qu'un démon double (qui détruit deux cases à chaque coup) empêche un roi de sortir. La réponse est 8 : sur un échiquier de taille 7 ou moins, le démon double ne réussira pas à empêcher de sortir un roi malin, mais dès que l'échiquier carré a un côté de 8 carrés ou plus, alors un démon double bloquera le roi, quoi que fasse celui-ci (à

5. Fou, tour et cavalier

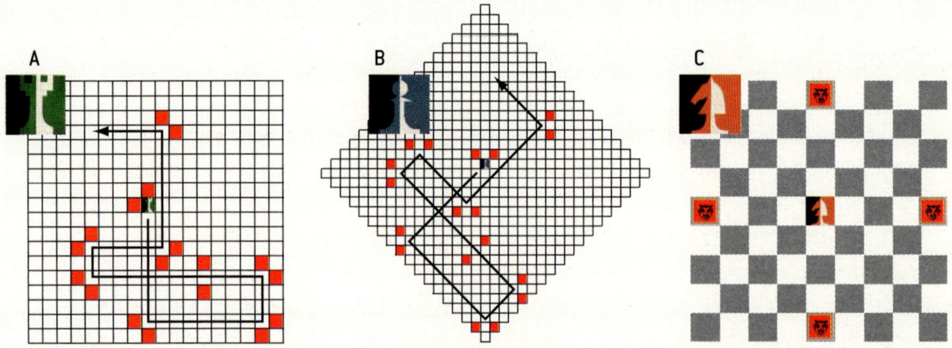

Une tour de force k (c'est-à-dire qui se déplace de k cases au plus à chaque coup) face un démon double (qui détruit deux cases à chaque coup) se fait immanquablement coincer si l'échiquier a une taille $2k + 2$ ou plus. L'idée de la stratégie est représentée sur le dessin (A).

On a un résultat analogue pour le fou (B) de force k qui se fait coincer par un démon double dès que l'échiquier a une taille $4k + 3$. On utilise la méthode de la tour en tournant l'échiquier de 45 degrés.

(C) Le cavalier est placé au centre de l'échiquier $n \times n$ (ou le plus proche possible du centre). Le démon tente de l'empêcher de se poser sur le bord et sur les cases à une case du bord (car s'il s'y pose, le coup suivant il sortira). Selon qu'on se donne un démon *(a)* quadruple qui détruit 4 cases à chaque coup, *(b)* triple, *(c)* double ou *(d)* simple, le problème d'attraper un cavalier du jeu d'échecs est *(a)* facile, *(b)* délicat, *(c)* difficile, ou *(d)* non résolu !

(a) Un démon quadruple coince un cavalier si l'échiquier a une taille 9 ou plus. Voir le dessin. Un démon quadruple ne peut pas empêcher un cavalier de gagner si l'échiquier est de taille 8 ou moins.

(b) Un démon triple attrape le cavalier sur un échiquier de taille 16×16.

(c) Pour un démon double, Martin Gardner indique avoir reçu une preuve (jamais publiée) montrant que le cavalier se fait coincer si l'échiquier est de taille 4 500 ou plus. Il est probable que ce nombre de 4 500 peut être réduit.

(d) Pour un démon simple, personne aujourd'hui ne sait ce qui se passe : le cavalier s'échappe-t-il toujours ? Au contraire, quand l'échiquier est assez grand, se fait-il coincer ? Mystère.

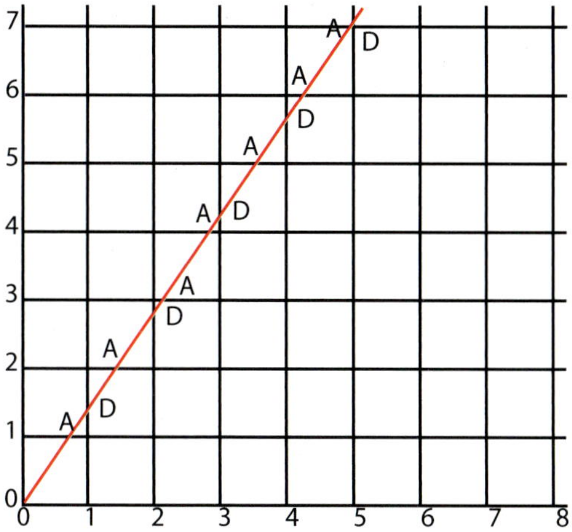

6 **Un ange de force 1** se fait attraper par le démon. Un ange de force 2 s'échappe. Que se passe-t-il pour une force intermédiaire ? Pour donner un sens à cette question, on considère des parties où l'ange et le démon ne jouent pas à tour de rôle A D A D A D... mais selon une règle fixée à l'avance et qui donne un avantage à l'ange. Afin de déterminer la séquence des tours de jeu pour un nombre a entre 1 et 2 (par exemple $\sqrt{2}$), on trace sur un papier quadrillé une droite de pente a. Lorsque la droite coupe une droite horizontale du quadrillage, l'ange joue (A), lorsque la droite coupe une droite verticale du quadrillage, le démon joue (D). Cette méthode assure que la proportion de A par rapport au D est a, mais que le mélange des A et de D est aussi régulier que possible. M. Kutz et A. Pór ont montré que, pour tout a strictement inférieur à 2, le démon attrape l'ange.

vous de trouver comment). Un démon triple et malin coince un roi dès que le côté atteint 6, et un démon quadruple coince le roi à partir d'un côté 5.

Pour une tour qui se déplace d'une seule case à la fois (parfois appelée Duke), le démon simple a besoin d'un échiquier de taille 8, et ne peut rien faire si le côté du carré est 7 ou moins. Plus généralement, si la tour a une force k (la tour peut aller n'importe où, horizontalement ou verticalement à la condition de ne pas se déplacer de plus de k cases à la fois et de ne pas passer au-dessus de cases détruites), elle se fait attraper par un démon simple si la taille de l'échiquier est $8k^2 + 3$. Le démon double coince la tour de force k sur un échiquier de taille $2k + 2$, mais ne peut rien si l'échiquier est plus petit.

En considérant l'échiquier penché de 45 degrés, on ramène les problèmes avec le fou aux problèmes avec la tour et un fou de force k se fait coincer sur un échiquier de taille $4k + 3$ par un démon double. Un démon quadruple (4 cases détruites à chaque coup) coince une dame de force k, si l'échiquier a une taille $4k + 2$ ou plus. Pour un démon triple face à une dame de force k, le travail est plus difficile, mais il est possible dès que la taille de l'échiquier atteint $2n[8n/3] + 3$ (les crochets [ ] indiquent que l'on prend la partie entière).

L'encadré 5 indique encore quelques résultats concernant le cavalier. Bonnes poursuites.

Shutterstock/Mamentilla

PARTIE 4

L'insondable mystère des nombres entiers

Les additions, les multiplications et les opérations arithmétiques élémentaires que nous apprenons à maîtriser à l'école construisent un monde infini et difficile. Malgré plus de deux millénaires de recherche et l'incroyable richesse des découvertes accumulées, nous rencontrons sans cesse de nouvelles questions simples que nous n'arrivons pas à résoudre parfaitement... pour l'instant.

La marelle arithmétique

Les secrets des nombres se cachent-ils dans un jeu de marelle numérique ? Avec des règles créées par Benoît Cloitre, un amateur passionné, le tableau arithmétique livre des théorèmes et des conjectures inattendus.

Quand nous jouions à la marelle - Cerisier rose et pommier blanc
J'ai cru mourir d'amour pour elle - En l'embrassant.
Avec ses airs de demoiselle - Cerisier rose et pommier blanc
Elle avait attiré vers elle - Mon cœur d'enfant.
Ballade de Jacques Larue/ musique de Louiguy - 1950

Les coordonnées cartésiennes relient l'algèbre et la géométrie et transforment tout problème géométrique en un problème algébrique dont la résolution devient, dans bien des cas, une affaire de patience dans les calculs. La traduction inverse d'énoncés d'algèbre en énoncés géométriques concrétise des théorèmes qui, sinon, seraient indigestes (par exemple, la résolution des systèmes d'équations linéaires).

En revanche, l'arithmétique se traduit assez rarement en figures géométriques, sauf pour ce qui est de la spirale de Stanislas Ulam, la parabole de Yuri Matiyasevich et Boris Stechkin et quelques autres constructions de ce type. Benoît Cloitre, ancien pilote de chasse et amateur passionné de mathématiques, a imaginé une intéressante représentation géométrique des nombres: le tableau arithmétique. Ce tableau, connu semble-t-il d'Euler, a été exploité par B. Cloitre qui en a fait un art subtil et riche en surprises, fondé sur des parcours par sauts répétés sur les cases d'une marelle infinie. Cette marelle nous fait regarder d'un œil d'enfant émerveillé les propriétés « aimables » des nombres.

Nous découvrons ainsi de multiples liens entre nombres et figures dessinées: pour qui sait le regarder, ce tableau permet de connaître les diviseurs d'un nombre, d'identifier les nombres premiers, les nombres premiers jumeaux, de visualiser la conjecture de Goldbach et de calculer des suites fractales.

Le tableau arithmétique est de construction simple:

– sur la première ligne, on place les entiers par ordre croissant 1, 2, 3, 4,... ;

– sur la deuxième, on place à nouveau les entiers par ordre croissant, mais en les espaçant d'une case;

– sur la troisième ligne, on place toujours les entiers par ordre croissant, cette fois en les espaçant de deux cases, etc.

Le premier intérêt du tableau est qu'il montre instantanément les diviseurs d'un nombre n: ce sont les nombres situés sur la diagonale partant du n de la première ligne (case $(1, n)$), et progressant sur cette diagonale vers le bas à gauche, nous dirons dans la direction SO.

On se persuade de cette propriété en examinant les lignes successives du tableau *(voir la figure 1A)* et on la démontre en considérant les coordonnées de la case $(1, n)$

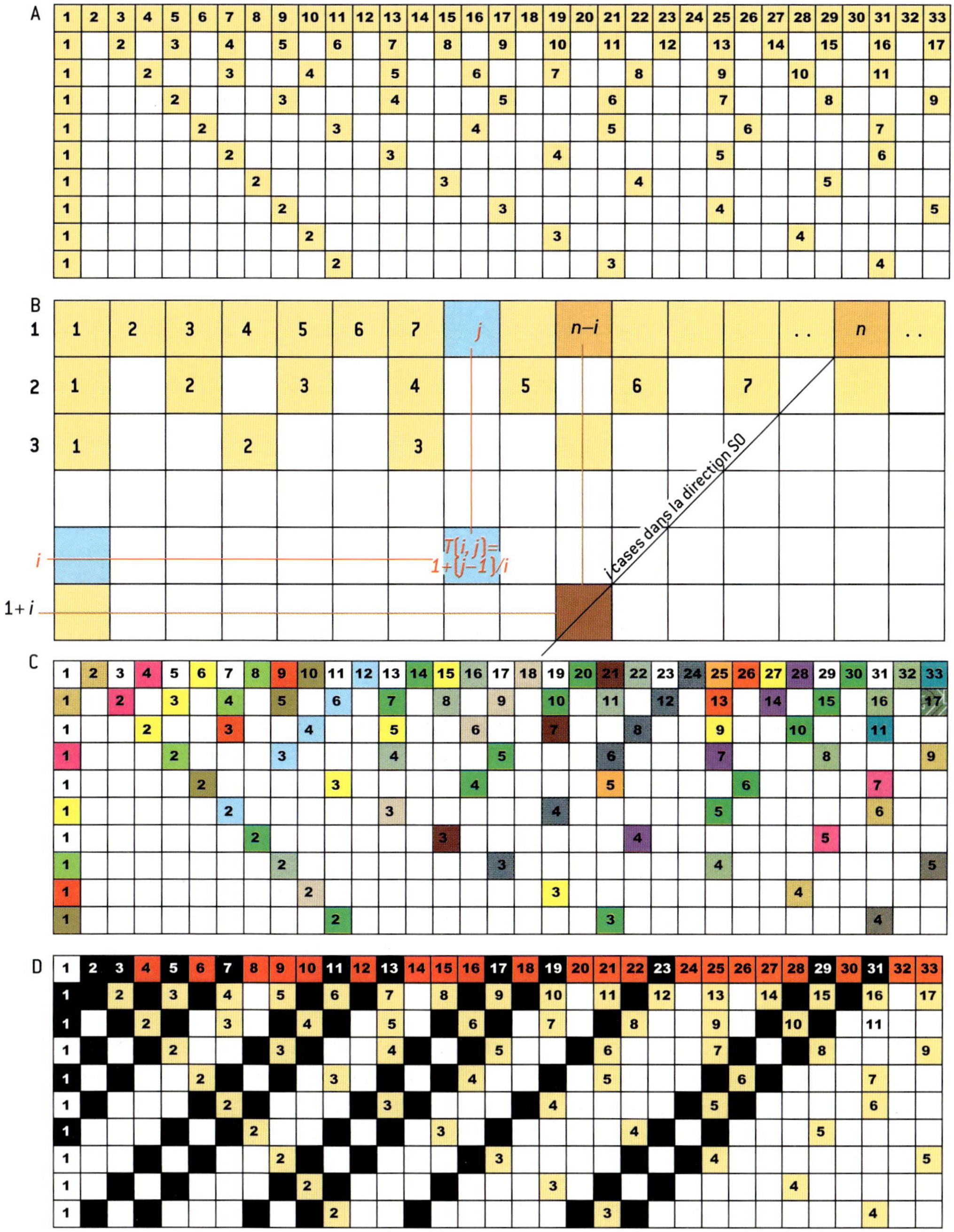

1 Le tableau arithmétique. (A) Les lignes successives du tableau contiennent les entiers, espacés d'une, deux, trois cases, etc. Ainsi, dans la deuxième ligne, les cases occupées de rang n indiquent les résultats de la division par 2 des cases $n + 1$ de la première ligne, et les cases de rang n occupées de la troisième ligne indiquent le résultat de la division par 3 des nombres des cases $n + 2$ de la première ligne. (B) Généralement, la valeur de la case $T(i, j)$ est non vide quand $j - 1$ est un multiple de i ; la valeur de la case est alors $1 + (j - 1)/i$. (C) Les diviseurs d'un nombre apparaissent sur les diagonales descendant vers la gauche, dans la direction Sud-Ouest. (D) Les nombres premiers sont donc les nombres n dont les cases (ici en noir) des diagonales Sud-Ouest associées ne rencontrent aucun entier, sauf 1 et n.

1	2	3	4	5	6	7	8	9	10	11	12	13	14	15	16	17	18	19	20	21	22	23	24	25	26	27	28	29	30	31	32	33
1		2		3		4		5		6		7		8		9		10		11		12		13		14		15		16		17
1			2			3			4			5			6			7			8			9			10			11		
1				2				3				4				5				6				7				8				9
1					2					3					4					5					6					7		
1						2						3						4						5						6		
1							2							3							4							5				
1								2								3								4								5
1									2									3									4					
1										2										3										4		
1											2											3										
1												2												3								

2 **Les nombres premiers jumeaux** sont géométriquement caractérisés par le fait que les deux diagonales tracées à partir du second élément d'une paire (son « sillage ») rencontrent uniquement 1 pour la première et 3 pour la seconde.

après i déplacements d'une case dans la direction SO *(voir la figure 1B)*. Les cases atteintes sont de coordonnées $(1 + i, n - i)$ pour $i = 0, 1, 2 \ldots$ Les cases non vides sont celles où $n - i - 1$ est divisible par $1 + i$, c'est-à-dire où n est divisible par $1 + i$. Ces cases contiennent l'entier : $T(1 + i, n - i) = (1 + i + n - i - 1)/(1 + i) = n/(1 + i)$, c'est-à-dire un diviseur de n. Aucun n'est oublié puisque, de ligne en ligne, tous les entiers inférieurs à n sont « essayés ».

De cette première propriété résulte une caractérisation géométrique des nombres premiers : un entier n est premier si et seulement si toutes les cases de la diagonale SO partant de n sont vides jusqu'au 1 de la première colonne. Ainsi 5, 7, 11 et 13 sont premiers comme indiqué sur la figure 1*D*.

Diviseurs et nombres premiers

Notons que la méthode graphique ne nous aiderait guère à trouver des records de nombres premiers, car le tableau à mettre en œuvre serait alors trop grand, même pour les mémoires d'un ordinateur puissant. L'intérêt du résultat est ici principalement de disposer d'une méthode visuelle de repérage des nombres premiers... et de fournir de jolis exercices pour les amateurs d'arithmétique.

Le résultat suivant concerne la conjecture non démontrée des nombres premiers jumeaux. On nomme paire de nombres premiers jumeaux tout couple de deux nombres premiers espacés de deux unités. Exemples : 5 et 7, 11 et 13, 17 et 19, 29 et 31. Bien que l'on connaisse des paires de nombres premiers jumeaux composés de nombres très grands, personne aujourd'hui n'a démontré qu'il existe une infinité de nombres premiers jumeaux.

Le nombre $3\,756\,801\,695\,685 \times 2^{666669} - 1$, un nombre premier de 200 700 chiffres, est le premier élément de la plus grande paire identifiée aujourd'hui (découverte en janvier 2011). Le tableau des 20 paires de nombres premiers jumeaux les plus grandes connues est donné sur : http://primes.utm.edu/top20/page.php?id=1.

Voyons la méthode qu'utilise B. Cloitre pour repérer géométriquement des nombres premiers jumeaux.

On considère simultanément la diagonale SO et la diagonale SE partant du n de la première ligne. Le nombre n est le second élément d'une paire de nombres premiers jumeaux si et seulement si la diagonale SO ne rencontre que le 1 de la première colonne du tableau et la diagonale SE ne rencontre rien d'autre qu'un 3. La figure 2 montre que (5, 7) et (11, 13) sont des paires de nombres premiers jumeaux.

La démonstration de cette caractérisation graphique repose sur une première remarque, déjà vue, que l'entier n est premier si la diagonale SO partant de n rencontre uniquement un 1.

Démontrons le second point : le nombre $n - 2$ est premier si et seulement si la diagonale SE, partant de n, rencontre en premier un 3. Les cases d'une diagonale SE partant de $(1, n)$ sont les cases $(1 + i, n + i)$ pour $i = 2, 3, \ldots$ Pour $i = n - 3$, nous avons : $T(1 + n - 3, n + n - 3) = T(n - 2, 2n - 3) = (3n - 6)/(n - 2) = 3$. La case de la diagonale SE atteinte après $n - 3$ sauts diagonaux d'une case est donc non vide et contient un 3.

Les cases i de cette diagonale pour $i = 1, 2, \ldots, n - 4$ sont vides si et seulement si l'entier $n + i + i + 1 - 1 = n + 2i$ n'est pas divisible par $1 + i$; autrement dit, si $n - 2 + 2(i + 1)$ n'est pas divisible par $i + 1$; autrement dit encore, si $n - 2$ n'est pas divisible par $i + 1$. En considérant toutes les cases pour $i = 1, 2, \ldots, n - 4$, on obtient donc que $n - 2$ est premier si et seulement si toutes les cases de la diagonale SE jusqu'au 3 sont vides.

La conjecture concernant les nombres premiers jumeaux se traduit alors en termes géométriques sous la forme : dans le tableau arithmétique, il existe une infinité de nombres n dont les diagonales SO et SE ne contiennent respectivement qu'un 1 et un 3. Comme précédemment, rien n'indique que cette traduction fera avancer la résolution de la conjecture, mais il est satisfaisant d'en avoir une version imagée.

Une autre conjecture célèbre concernant les nombres premiers est la conjecture de Christian Goldbach (1690-1764), qui affirme que tout nombre pair à partir de 4 est la somme de deux nombres premiers.

La conjecture de Goldbach

Goldbach, qui fut précepteur du tsar Pierre Ier, proposa cette conjecture à Leonhard Euler et, depuis, elle reste mystérieuse. Elle a été vérifiée pour tous les nombres pairs jusqu'à 3×10^{17}, mais cela ne prouve pas qu'elle est juste ! En 2000, dans le but de faire de la publicité pour le livre *Oncle Petros et la conjecture de Goldbach,* du romancier Apostolos Doxiadis, l'éditeur britannique Tony Faber offrit un prix de un million de dollars à qui proposerait une preuve de la conjecture de Goldbach (le thème central de l'histoire, parue en français aux éditions du Seuil en 2002). La démonstration devait être proposée avant avril 2002 ; personne ne réclama le prix, qui n'a donc jamais été attribué... et maintenant, même si vous prouvez la conjecture, il n'y a plus rien à gagner, sinon la gloire.

La caractérisation graphique de B. Cloitre considère cette fois des sauts de case en case de type $(-1, -k)$ « une case vers le bas, k cases vers la gauche », et de type $(-1, k)$ « une case vers le bas et k cases vers la droite ». Cette marelle, qui part du nombre n de la première ligne, dessine un « sillage ». Pour savoir si le nombre pair $2n$ s'écrit sous la forme d'une somme de deux nombres premiers, B. Cloitre propose de considérer tous les sillages de ce type (pour $k = 1, 2, 3, \ldots$) partant du nombre $n + 1$. Son résultat affirme que le nombre $2n$ est la somme de deux nombres premiers si et seulement si l'un des sillages de $n + 1$ correspondant à l'entier k ne rencontre que $k + 2$.

Par exemple, l'entier $16 = 2 \times 8 = 2n$ est la somme de deux nombres premiers, car le sillage pour $k = 3$, centré sur $n + 1 = 9$, ne rencontre que l'entier $k + 2 = 5$ *(voir la figure 3).*

La conjecture de Goldbach s'énonce donc sous forme géométrique et devient l'affirmation qu'en chaque entier n, une branche du sillage associé à un entier k ne rencontre que $k + 2$. Vous trouverez la démonstration que cette formulation géométrique est équivalente à la conjecture de Goldbach dans le document rédigé par B. Cloitre, sur http://www.les-mathematiques.net/articles/Chemins.pdf.

Parmi les chemins obliques simples, il est tentant d'examiner ceux correspondant au cavalier du jeu d'échecs. Curieusement, tous conduisent à des nombres premiers.

Voici quatre résultats rattachant les chemins de cavalier aux nombres premiers.

– Le cavalier se déplaçant dans la direction SSE *(en jaune sur la figure 4)* en partant de n atteint une case 2 sans rencontrer d'autres entiers si et seulement si $2n - 3$ est un nombre premier.

– Le cavalier se déplaçant dans la direction SEE *(en bleu)* en partant de n atteint une case 4 sans rencontrer d'autres entiers si et seulement si $n - 3$ est un nombre premier.

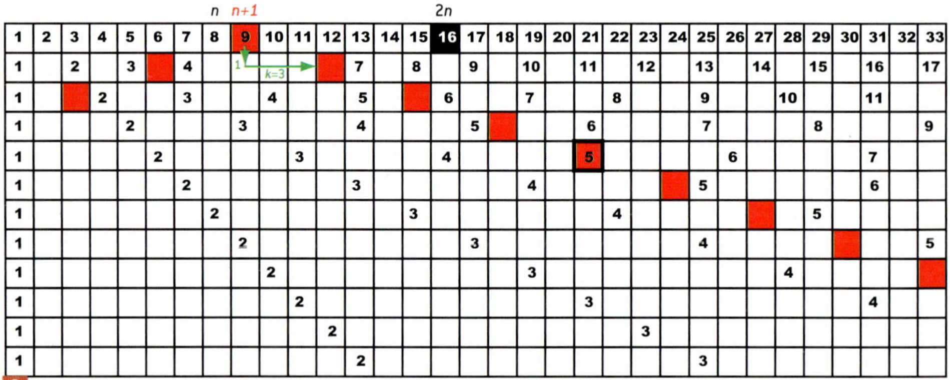

3 La conjecture de Goldbach exprime que tout nombre pair à partir de 4 est la somme de deux nombres premiers. Cela se traduit par le fait géométrique qu'un des sillages k (ici 3, en rouge) du nombre n (ici 8) correspondant à $2n$ (ici 16) ne rencontre que $k + 2$ (ici 5).

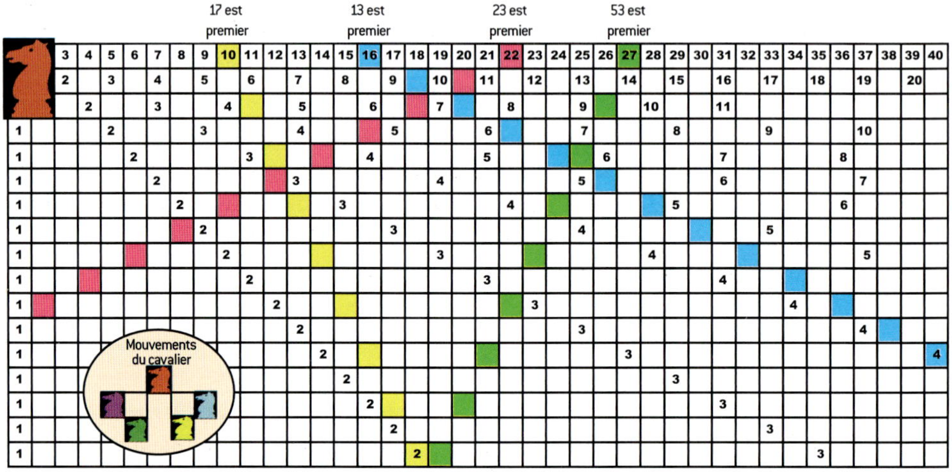

4 Les mouvements des cavaliers du jeu d'échecs qui partent d'une case n (ici 10) de la première ligne donnent, dans la direction SSE, des cases jaunes vides jusqu'à une case 2 si $2n - 3$ (ici 17), est premier. De même, les trajets du cavalier sur les cases bleues roses et vertes déterminent la primalité de nombres comme indiqués dans le texte : respectivement $(n - 3)$, $(n + 1)$ et $(2n - 1)$.

– Le cavalier se déplaçant dans la direction SSO *(en vert)* en partant de n atteint une case 1 sans rencontrer d'autres entiers si et seulement si $2n - 1$ est un nombre premier.

– Le cavalier se déplaçant dans la direction SOO *(en rouge)* en partant de n ne rencontre jamais d'entiers autres que 1 si et seulement si $n + 1$ est un nombre premier. La figure 4 montre ainsi que 17, 13, 23 et 53 sont des nombres premiers.

Le premier et le troisième résultats conduisent à une nouvelle caractérisation des nombres premiers jumeaux: $2n - 3$ et $2n - 1$ constituent une paire de nombres premiers jumeaux si et seulement si les chemins SSO et SSE partant de n ne rencontrent respectivement qu'un 1 et un 2.

Fractale, mélange et dragon

Le parcours du cavalier conduit à une suite étrange: la suite de Clark Kimberling et Harris Shultz, qui est la suite numéro A003602 dans l'Encyclopédie des suites d'entiers de Neil Sloane (http://www.oeis.org).

Avant d'indiquer les étranges propriétés de cette suite $K(n)$, voyons comment la marelle d'un cavalier la parcourt sur le tableau arithmétique. Pour obtenir le terme $K(n)$ de la suite, on place un cavalier juste au-dessous de n, c'est-à-dire sur la case $(2, n)$, et on lance alors le cavalier dans la direction SSO, jusqu'à atteindre une case non vide *(voir la figure 5)*. La valeur inscrite dans cette case est $K(n)$.

Cette suite est remarquable, car elle possède une structure fractale: en enlevant la première occurrence (indiquée en rouge) de chaque entier (elles occupent toutes les positions impaires), on retrouve la suite elle-même!

1, 1, 2, 1, 3, 2, 4, 1, 5, 3, 6, 2, 7, 4, 8, 1, 9, 5, 10, 3, 11, 6, 12, 2, 13, 7, 14, 4, 15, 8, 16, 1, 17, 9, 18, 5, 19, 10, 20, 3, 21, 11, 22, 6, 23, 12, 24, 2, 25, 13, 26, 7, 27, 14, 28, 4, 29, 15, 30, 8, 31, 16, 32, 1, 33, 17, 34, 9, 35, 18, 36, 5, 37, 19, 38, 10, 39, 20, 40, 3, 41, 21, 42... D'autres suites fractales sont présentées dans le chapitre *La suite du lézard et autres inventions*. La suite de Kimberling et Shultz vérifie les récurrences $K(2n) = K(n)$ et $K(2n + 1) = n + 1$. Elle est curieusement associée à un mélange de cartes. On saisit dans la main droite un paquet de cartes numérotées de 1 à n. Alternativement, on place la carte du dessus du paquet *(a)* sous le paquet qu'on tient et *(b)* sur la table (ce qui forme petit à petit un nouveau paquet), jusqu'à épuisement des n cartes. Avec n cartes, la position de la carte 1, quand elles ont toutes été posées sur la table, est $K(n)$ dans le paquet sur la table. Faites l'essai!

La suite $K(n)$ est fractale dans un second sens: en dessinant une ligne brisée qui tourne à gauche quand $K(n)$ est impair et à droite quand $K(n)$ est pair, on retrouve la célèbre courbe du dragon découverte par J. Heighway, B. Banks et W. Harter, de la NASA, et rendue populaire par Martin Gardner en 1967 *(voir la figure 5)*.

Chemins en zigzag et de Galton

Les chemins des marelles sur le tableau arithmétique ne sont pas nécessairement rectilignes. B. Cloitre considère par exemple un chemin courbé en arrière: lors du pas numéro n, on descend d'une case et on se déplace en arrière de n cases. B. Cloitre démontre qu'un tel chemin ne rencontre aucun entier si et seulement si le point de départ est de la forme $2^k + 1$.

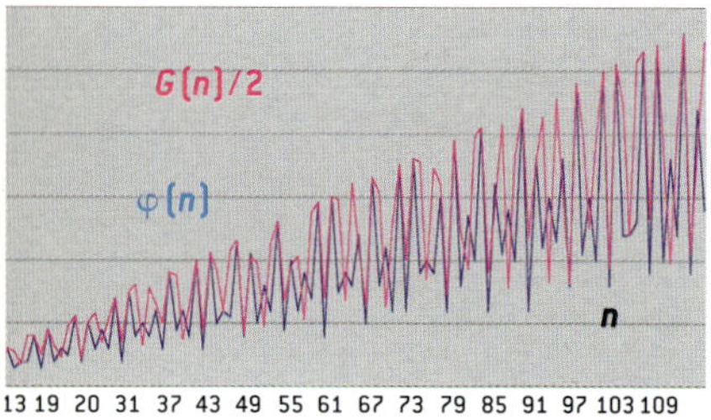

Ces nombres apparaissent avec les plus simples des marelles en zig-zag, quand on descend en faisant alternativement un pas à droite, un pas à gauche. Sur cette marelle, B. Cloitre a démontré que, partant de n, on ne rencontre aucun entier si et seulement si n est de la forme $2^k + 1$.

Tous les problèmes de parcours ne sont pas résolus, et B. Cloitre propose une double conjecture concernant « les chemins de Galton » : on part du 2 de la colonne n du tableau (dessiné ici en inversant l'ordre des lignes) et on descend en diagonale SE jusqu'à rencontrer une case non vide impaire, ce qui fait changer de direction pour la diagonale SO (comme les clous font changer de direction les billes lancées sur la planche de Galton *(voir la figure 6B)*. On poursuit ainsi en changeant de direction à chaque case non vide impaire rencontrée. Le parcours finit par arriver sur la première ligne du tableau dans une case, nécessairement paire, qu'on note $G(n)$. La figure 6 illustre que $G(9) = 10$.

B. Cloitre a noté que la suite numérique $G(n)/2$ possède une similitude avec la fonction indicatrice d'Euler j (pour n, sa valeur $j(n)$ est le nombre d'entiers inférieurs à n et premiers avec n), avec laquelle d'ailleurs elle coïncide pour les nombres premiers. La figure ci-dessus représente les valeurs superposées des deux suites.

Comme c'est le cas pour la fonction d'Euler, on peut conjecturer qu'une infinité de nombres pairs ne sont pas atteints par G (58 est l'un d'eux).

De plus, pour la fonction d'Euler, on sait que $\lim_{n \to \infty} \frac{1}{n^2} \sum_{k=1}^{n} \varphi(k) = \frac{3}{\pi^2}$.

Il est donc naturel de conjecturer que la limite : $\lim_{l \to \infty} \frac{1}{n^2} \sum_{k=1}^{n} G(k)$ existe… et qu'elle fait apparaître le nombre π.

1	2	3	4	5	6	7	8	9	10	11	12	13	14	15	16	17	18	19	20	21	22	23	24	25	26	27	28	29	30	31	32	33
1		2		3		4		5		6		7		8		9		10		11		12		13		14		15		16		17
1			2			3			4			5			6			7			8			9			10			11		
1				2				3				4				5								7				8				9
1					2					3					4					5					6					7		
1						2						3						4						5						6		
1							2							3							4							5				
1								2								3								4								5
1									2									3									4					
1										2										3										4		
1											2											3										
1												2												3								

n	1	2	3	4	5	6	7	8	9	10	11	12	13	14	15	16	17	18	19	20	21	22	23	24	25	26
$K(n)$	1	1	2	1	3	2	4	1	5	3	6	2	7	4	8	1	9	5	10	3	11	6	12	2	13	7

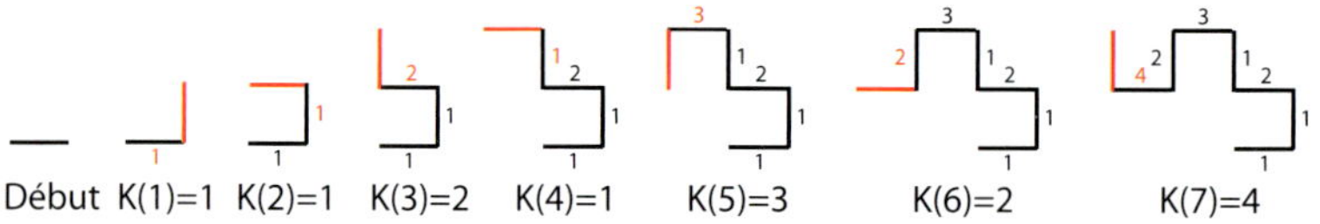

5 La suite *K(n)* est fractale : quand on élimine la première occurrence de chaque nombre, on retrouve la suite initiale. $K(n)$ s'obtient en plaçant un cavalier sur la case $(2, n)$ et en le faisant partir dans la direction SSO : le contenu de la première case non vide qu'il rencontre est $K(n)$. En bas, construction de la courbe du dragon dont les segments tournent à gauche ou à droite selon la parité des valeurs de $K(n)$.

A

1	1	2	3	4	5	6	7	8	9	10	11	12	13
2	1		2		3		4		5		6		7
3	1			2			3			4			5
4	1				2				3				4
5	1					2					3		
6	1						2						3
7	1							2					
8	1								2				
9	1									2			

B

9	1									2			
8	1								2				
7	1							2					
6	1						2						3
5	1					2					3		
4	1				2				3				4
3	1			2			3			4			5
2	1		2		3		4		5		6		7
1	1	2	3	4	5	6	7	8	9	10	11	12	13

C

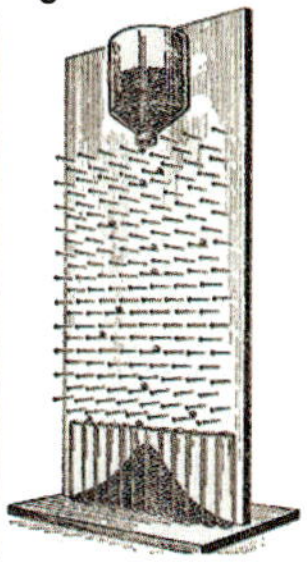

6 Chemins courbes et trajet de Galton : ces chemins courbes (A) et les trajectoires (B) analogues aux descentes sur une planche de Galton (C) permettent de trouver de nouvelles propriétés du tableau arithmétique et d'émettre des conjectures.

Un amateur bien éclairé

D'autres propriétés du tableau ont été étudiées par B. Cloitre, qui a collaboré sur ce sujet avec le mathématicien Olivier Bordellès. Ce n'est pas la première découverte mathématique de B. Cloitre, dont le travail fait en amateur n'a rien à envier à celui des chercheurs professionnels.

Outre plus de 4 000 contributions à l'*Encyclopédie des suites* de Neil Sloane, dont certaines ont donné lieu à des études détaillées menées par d'autres mathématiciens, une des plus belles découvertes de B. Cloitre est un lien inattendu entre π et *e*, deux constantes fondamentales des mathématiques. Par le biais de deux suites en miroir (u_n) et (v_n) définies par des formules assez proches, on obtient des convergences vers π et vers *e* (voir les démonstrations sur http://www.pi314.net/fr/miroir.php).

$$u_1 = 0 \quad u_2 = 1 \quad u_{n+2} = u_{n+1} + \frac{u_n}{n} \qquad v_1 = 0 \quad v_2 = 1 \quad v_{n+2} = \frac{v_{n+1}}{n} + v_n$$

$$\lim_{n \to \infty} \frac{n}{u_n} = e \qquad \lim_{n \to \infty} \frac{2n}{v_n^2} = \pi$$

Une formule très simple et nouvelle pour la constante $\zeta(2) = \pi^2/6$ a aussi été proposée et démontrée par B. Cloitre (voir http://mathworld.wolfram.com/RiemannZetaFunctionZeta.html).

Les méthodes de travail de ce mathématicien peu ordinaire sont fondées sur des essais numériques prolongés et patients. D'après lui, « l'époque est formidable, car l'expérimentation mathématique est accessible à tout le monde. N'importe qui par exemple peut utiliser PARI/GP qui est téléchargeable gratuitement (c'est un programme de l'Université de Bordeaux). Avec un peu d'imagination, on arrive à dénicher des choses en phase avec la recherche actuelle. »

Mille collections de nombres

Les amoureux des nombres tentent de repérer les plus intéressants et les réunissent en collections. Ils doivent faire face à l'infini et y mettre de l'ordre.

Dans tout foyer, il y a au moins un dictionnaire, souvent plusieurs, et parfois aussi une encyclopédie. Il s'agit bien sûr de dictionnaires ou d'encyclopédies de mots. Pourtant, il existe aussi des dictionnaires de nombres qui, même s'ils intéressent moins de lecteurs, sont aussi d'inépuisables mines d'informations et posent une multitude de questions mathématiques, logiques et divertissantes.

Un *Larousse* des nombres ?

Le premier obstacle avec les nombres est que contrairement aux mots, il y en a une infinité. Un choix s'impose !

Certains livres pour jeunes enfants sont composés d'une page par nombre de 1 à 10, ou de 1 à 20. Le problème du choix pour eux est donc résolu en prenant tous les entiers d'un intervalle donné commençant à 1. Il s'agit en général de livres illustrés où sur la page du « 1 » un objet est représenté une fois, sur la page du « 2 » un autre objet est représenté deux fois, etc. Ces dictionnaires ont pour seule ambition d'apprendre aux enfants à énumérer, lire et écrire les nombres. On pourrait aussi constituer un livre où chaque page serait une couverture d'un livre dont le titre comporte un nombre entier *(voir le début de la liste page ci-contre)*.

Ces livres ne posent guère de problèmes d'ordonnancement, contrairement aux dictionnaires de nombres pour adultes.

En France, le plus connu de ces dictionnaires est celui de François Le Lionnais, paru en 1983 aux éditions Hermann, et dont le titre est *Les nombres remarquables*. L'auteur explique comment, au cours des années, il créa l'ébauche de la collection qui allait le conduire à publier cet ouvrage singulier plusieurs fois réédité. Le livre présente 446 nombres méritant une attention particulière. « Je commençais à inscrire sur un carnet tous les nombres que je rencontrais et qui me semblaient dignes d'intérêt. Cette liste s'enrichit et s'affina après l'université. Elle contint bientôt plus d'une centaine d'éléments. Avant la Seconde Guerre mondiale, ma collection avait pris la forme d'un fichier où pour certains nombres, la même fiche présentait plusieurs propriétés différentes. »

Le critère utilisé par Le Lionnais pour retenir un nombre était l'intérêt que lui-même y trouvait parce qu'il se présentait dans un énoncé mathématique dont il avait connaissance ou qui lui avait été signalé. Le nombre 144 par exemple appartient à sa liste, car c'est le seul carré supérieur à 1 qui soit un nombre de Fibonacci (la suite 0, 1, 1, 2, 3... où chaque élément est la somme des deux précédents). La présence du nombre 1500 est justifiée parce qu'il est le

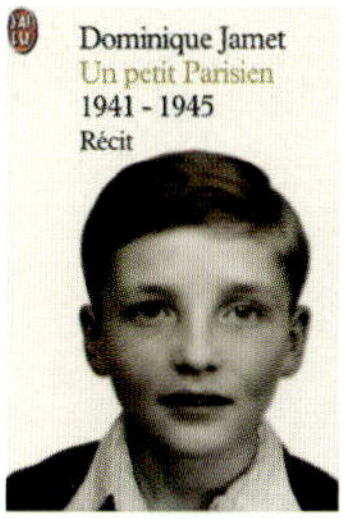

nombre de segments de droite déterminés par l'intersection des plans associés aux faces d'un icosaèdre régulier. L'entier 12 758 a une place dans la sélection de Le Lionnais parce que c'est le plus grand entier qui ne peut pas être écrit comme somme de cubes distincts. Notons que les nombres qui ne s'écrivent pas comme sommes de cubes distincts sont en tout exactement 2 788... qui, étrangement, n'est pas un nombre retenu par Le Lionnais !

Alors que l'ordre alphabétique s'impose pour un dictionnaire, pour une collection de nombres, la question est moins évidente. Le problème des nombres négatifs ou des nombres complexes – qu'il est impossible d'ordonner totalement, du moins en respectant la structure algébrique de corps – rend délicat le choix d'une méthode de présentation.

Le Lionnais a résolu la difficulté en ne retenant que les nombres positifs réels et en énumérant par ordre croissant ceux qu'il avait choisis. Un petit complément de trois pages vient s'ajouter à la liste principale et propose quelques nombres complexes, quelques nombres infinis et transfinis.

Un autre complément d'une page recense trois nombres qualifiés de « finis non déterminés ». Chacun d'eux mérite un commentaire, car le temps passé depuis la parution du dictionnaire a bouleversé les prétendues indéterminations.

Le premier est le nombre de Chaitin aujourd'hui nommé nombre oméga et noté Ω. Même s'il n'est pas totalement calculable – un système formel ne peut en connaître qu'un nombre fini de chiffres – c'est un nombre parfaitement déterminé (contrairement à ce que semble penser Le Lionnais) et il est même partiellement calculable. Rappelons qu'en 2002 Christian Calude, Michael Dinneen et Chi-Kou Shu ont déterminé les premiers chiffres binaires du nombre oméga : 0000001000000100000110001000011010001111110010111011101000010 0.

Le deuxième nombre « fini non déterminé » de Le Lionnais est le nombre de Mills. En 1947, W. H. Mills démontra qu'il existait au moins un nombre réel A tel que : $[A^{3^n}]$ est toujours un nombre premier. La notation $[x]$ désigne la partie entière de x, exemple : $[3{,}14159] = 3$.

Dans son article de 1947, Mills prouvait que A existait sans en donner aucun chiffre. On démontra ensuite qu'il y avait une infinité (non dénombrable) de tels nombres A et que l'un d'eux était plus petit que tous les autres. C'est lui que l'on nomme constante de Mills. Son calcul est particulièrement délicat; les seules méthodes connues pour l'approcher ne sont valides que si on considère vraie l'hypothèse de Riemann, un des plus difficiles problèmes irrésolus des mathématiques. On ne peut donc pas dire que Le Lionnais avait tort de classer le nombre de Mills dans la catégorie des nombres finis non déterminés, quoique sous l'hypothèse de Riemann, un calcul mené par Chris Caldwell et Yuangyou Cheng en 2005 en donne 6 850 chiffres décimaux dont voici le début: 1,30637788386308 069046 861449260260571291678458515671364436805375996643405376682659882150140370119739570729... Les nombres premiers qu'on obtient avec la formule de Mills indiquée précédemment sont: 2, 11, 1361, 2521008887,160222362 04009818131 831320183,4113 101149215104800030529537915953170486139623539759933135949994882770404074832568499. Le suivant n'est pas encore connu.

Les 7 présents dans π

Le troisième nombre «fini indéterminé» de Le Lionnais est noté N_{int}. Il est défini à partir des décimales du nombre π, lui-même présent bien sûr parmi les 446 élus de son dictionnaire. Là encore, les progrès mathématiques ont changé le statut de ce nombre remarquable qui, comme on va le voir, ne l'est plus aujourd'hui. Par définition: $N_{int} = (-1)^k$, où k est le chiffre qui suit la première occurrence de sept fois le chiffre «7» dans le développement décimal de π = 3,1415926...

Ce nombre a parfois été utilisé par les mathématiciens de l'école intuitionniste (d'où la notation N_{int}) pour illustrer qu'une vérité mathématique pourrait ne pas être fixée et que dans certains cas, il ne serait donc pas vrai que «A ou non A». Le nombre N_{int} est positif si k est pair (0, 2, 4, 6, 8) et négatif si k est impair (1, 3, 5, 7, 9); or d'après ce que soutenaient les intuitionnistes, tant qu'on ne sait pas déterminer k, le nombre N_{int} n'est ni positif ni négatif. Le Lionnais précise: «On ne sait d'ailleurs même pas si ce nombre existe.»

Le Lionnais serait sans doute heureux d'apprendre qu'aujourd'hui on sait que N_{int} existe. La suite 7777777 apparaît en position 3346228 dans les décimales de π et est suivie d'un 3, donc $N_{int} = -1$. C'est un entier négatif... et il n'est remarquable que parce que c'est le plus grand! Les chiffres qui entourent la première occurrence de 7777777 dans π sont: ...36838278458 5265877777773631422559893773..., ce que vous vérifiez sur le site: http://www.angio.net/ pi/bigpi.cgi.

À vrai dire, une mise à jour du dictionnaire de Le Lionnais ne serait pas difficile. En effet, si, au lieu de définir N_{int} en considérant la présence de sept «7» consécutifs, on le définissait de la même manière avec la présence de cent «7» consécutifs dans les décimales de π, alors on retomberait sur un exemple – valable pour de nombreuses années – de nombre fini non déterminé.

Il existe bien d'autres dictionnaires de nombres *(voir la bibliographie)*. Certains ne se limitent pas aux propriétés mathématiques des nombres et, par exemple, recensent les usages faits des nombres dans les expressions du langage courant, les proverbes, les titres de romans ou de films, et dans la culture populaire (c'est le cas du *Dictionnaire des chiffres en toutes lettres* de Pierre Réseau).

Nous nous limiterons aux dictionnaires de nombres portant sur les propriétés mathématiques des nombres. Certains sont spécialisés dans les nombres entiers (c'est le cas de celui de Jean-Marie De Konninck, paru en 2008), d'autres donnent une place prépondérante aux nombres réels (c'est le cas du magnifique ouvrage de Steven Finch, *Mathematical Constants*, paru en 2003 et qui donne des détails sur un choix restreint de 136 nombres). D'autres, suivant en cela Le Lionnais, acceptent plusieurs catégories de nombres. Le plus connu est sans doute le livre de David Wells paru en anglais en 1987 et traduit en français en 1995.

Le plus ou le moins remarquable ?

À ces dictionnaires, il faudrait bien sûr ajouter tous les formulaires et toutes les tables numériques (mathématiques ou physiques) et même les annuaires statistiques et autres *Quid* (édité annuellement entre 1963 et 2007 et qu'Internet a condamné).

Un nombre rarement oublié (présent par exemple dans la sélection de Le Lionnais, de De Konninck et de Wells) est le nombre 1 729 qui doit sa gloire à une anecdote racontée par Godfrey Hardy au sujet du mathématicien indien Srinivasa Ramanujan : « Je me souviens avoir été le voir quand il était malade à Putney. J'avais pris un taxi dont j'avais noté le numéro, 1 729. Je l'indiquais à Ramanujan en lui disant que ce nombre me semblait particulièrement sans intérêt et que j'espérais que ce n'était pas un mauvais présage. Non, me répondit-il, c'est un nombre très intéressant, c'est le plus petit nombre qui est la somme de deux cubes de deux façons différentes. »

Quitte à nuire un peu à la légende qui veut que Ramanujan ait calculé instantanément de tête l'étonnante propriété de 1729, De Konninck dans son dictionnaire indique que la remarque concernant 1 729 avait déjà été formulée dès 1657 par

1. Dictionnaire impossible

Le plus petit entier positif d'un dictionnaire de nombres remarquables qui n'est pas dans le dictionnaire – et il y a nécessairement un tel plus petit entier – est de ce fait un nombre remarquable. Un dictionnaire de nombres remarquables est donc impossible ! Ce paradoxe de l'autoréférence est facile à contourner. Par exemple, en interdisant dans la définition d'un nombre du dictionnaire de mentionner le dictionnaire lui-même.

Josh Sommers

Il est amusant d'examiner les plus petits entiers absents des dictionnaires classiques de nombres et de trouver (grâce aux autres dictionnaires !) des propriétés qui leur auraient valu d'être cités.

Dans le dictionnaire de Le Lionnais, le premier entier absent est 49 qui est pourtant remarquable puisque la somme des chiffres du carré de 49 (égal à 2401) est la racine carrée de 49.

Dans le dictionnaire de Wells, le premier entier absent est 43 qui pourtant est tout à fait extraordinaire puisque c'est le plus petit entier qu'on peut écrire comme la somme de deux, trois, quatre ou cinq nombres premiers différents : $43 = 41 + 2$; $43 = 11 + 13 + 19$; $43 = 2 + 11 + 13 + 17$; $43 = 3 + 5 + 7 + 11 + 17$.

Dans le dictionnaire de De Konninck, le premier entier absent est 95 qui est pourtant le nombre de nombres premiers inférieurs à 500 et un nombre présent dans le triangle de Pascal. C'est aussi le plus petit nombre dont la décomposition en facteurs premiers utilise tous les chiffres de son écriture, plus au moins un autre : $95 = 5 \times 19$.

Dans la version anglaise de *Wikipédia* du 14 février 2009, le premier nombre non mentionné (dans les pages dédiées aux nombres entiers) est 1004 alors que 1004 est la position de la première apparition de la séquence 1234 dans les décimales du nombre *e* (information trouvée grâce à l'encyclopédie de N. Sloane).

Le premier entier à ne pas apparaître dans l'encyclopédie de N. Sloane (en février 2009) est 11630 qui est pourtant le numéro de la norme ISO pour les appareils de levage à charge suspendue (ce n'est pas mathématique, mais mon moteur de recherche n'a rien proposé de mieux !).

Bernard Frénicle de Bessy, et qu'il est possible que Ramanujan n'ait fait que se souvenir d'une lecture.

L'intérêt porté à 1 729 a conduit à en identifier bien d'autres propriétés intéressantes dont voici trois exemples :

– 1 729 est le troisième nombre de Carmichaël (les deux premiers sont 561 et 1 105). Un nombre de Carmichaël est un nombre composé p qui se comporte comme un nombre premier vis-à-vis du test de Fermat (il vérifie que $a^p - a$ est multiple de p pour tout nombre a sans facteur commun avec p). Ces nombres jouent un rôle important en arithmétique et l'on sait depuis 1994 qu'il en existe une infinité.

– 1 729 est la position du début de l'emplacement dans les décimales de e de la séquence 0719425863 qui est la première occurrence d'une séquence de longueur 10 contenant chaque chiffre une et une seule fois.

– 1 729 est l'un des quatre nombres (les autres sont 81, 1 458 et 1) dont la somme des chiffres multipliée par le nombre inversé redonne le nombre de départ : $1 + 7 + 2 + 9 = 19$, $19 \times 91 = 1729$.

Toujours est-il qu'en souvenir de ce taxi, le nombre 1 729 est nommé nombre de Hardy-Ramanujan et que tous les nombres qui peuvent s'exprimer de plusieurs façons comme somme de cubes sont nommés les nombres *Taxicabs*.

Dans un dictionnaire de nombres entiers remarquables, un paradoxe semble nous guetter et rendre incohérent le dictionnaire de nombres « remarquables » ou « curieux », ou « intéressants ». En effet, le plus petit entier qui n'est pas présent dans le dictionnaire est remarquable du fait que son absence soit la première, donc il faut l'ajouter au dictionnaire. Mais si on l'ajoute, alors il cesse d'être le premier absent du dictionnaire et n'a donc plus aucune raison d'y être (d'ailleurs un autre nombre est devenu le plus petit absent). Serait-il impossible de s'en sortir *(voir l'encadré 1)* ?

Internet change la donne

Aujourd'hui, cependant, l'ère des dictionnaires imprimés de nombres est sur le point d'être révolue à cause d'Internet qui permet de gérer des listes incomparablement plus longues et riches de nombres ayant des propriétés particulières.

L'encyclopédie *Wikipédia* contient un dictionnaire de nombres entiers très conséquent. Vous vous intéressez par exemple à 181 ? Alors allez sur la page : http://en.wikipedia.org/wiki/181_(number).

Celle-ci vous apprendra que 181 est un nombre premier palindrome (en le lisant de droite à gauche, on obtient encore 181) ; que 181 est jumeau du nombre premier 179 ; que 181 écrit en base 3 est encore palindrome ; que 181 est la somme de cinq nombres premiers consécutifs 29, 31, 37, 41, 43. À côté d'autres propriétés numériques, vous découvrirez aussi que 181 était le numéro du dossard de Lance Amstrong en 1999 quand il gagna son premier tour de France.

Si vous vous intéressez aux nombres réels, en plus de *Wikipédia* qui traite, bien évidemment, de π, i, e, $\sqrt{2}$ (voir http://fr.wikipedia.org/wiki/Nombre_réel), il sera utile d'essayer l'« Inverseur de Simon Plouffe » à l'adresse : http://pi.lacim.uqam.ca/. Ce programme est construit sur une base de données de plus de 200 millions de constantes mathématiques collectées et calculées par S. Plouffe depuis mars 1986. Si vous rencontrez le nombre 8,53973422, par exemple dans un problème de physique, l'inverseur vous indiquera qu'il s'agit du nombre $\pi \times e$. Si cette valeur ne vous semble pas convenir, l'inverseur vous en propose d'autres, voisines.

Cependant pour un amateur de nombres remarquables, l'outil Internet le plus fascinant est l'encyclopédie en ligne de Neil Sloane: http://oeis.org/

Elle se présente comme une encyclopédie de suites de nombres entiers et non pas comme une encyclopédie de nombres. Cependant, la façon dont elle est conçue en fait aussi un dictionnaire de nombres permettant de rechercher quelles sont les propriétés particulières d'un entier donné et, comme nous allons le voir, d'étudier très finement le problème des nombres remarquables.

L'usage le plus courant de l'encyclopédie de N. Sloane consiste à rechercher quelle pourrait bien être la logique de suites d'entiers, par exemple: 3, 4, 6, 8, 12, 14, 18, 20,... En interrogeant la page Internet, vous obtenez instantanément qu'il s'agit de la suite des nombres premiers augmentés de 1 : 2+1, 3+1, 5+1, 7+1, 11+1, 13+1, 17+1, 19+1, ...

2. Des variations de richesses non expliquées

L'encyclopédie des suites numériques de Neil Sloane est une collection de suites de nombres entiers qu'il accumule depuis plus de 20 ans. Cette collection s'agrandit mois après mois avec l'aide de nombreux mathématiciens et amateurs qui proposent de nouvelles suites. Pour chaque suite de l'encyclopédie, quelques dizaines de termes sont stockés ainsi que des informations de nature mathématique (définitions, théorèmes, suites voisines) ou bibliographiques.

Philippe Guglielmetti a utilisé le fichier contenant toutes les suites de l'encyclopédie et a calculé pour chaque entier n (jusqu'à 10 000), le nombre P d'occurrences de n dans la base. Appartenir à une suite, c'est posséder la propriété qui définit la suite. Le nombre P calculé par Ph. Guglielmetti mesure donc la richesse en propriétés du nombre n.

Voici les premières valeurs des couples (n, P): (2, 308 154) ; (3, 221 140) ; (4, 159911) ; (5, 153 870) ; (6, 138364) ; (7, 122 762) ; (8,116657) ; (9, 102 899) ; (10, 52 834).

Le nuage composé de tous les points de coordonnées (n, P) est très régulier et a une caractéristique inattendue et inexpliquée: il est divisé en deux parties séparées par une zone claire, comme si les nombres se classaient en deux catégories: ceux qui ont beaucoup de propriétés et ceux qui en ont relativement peu. Comment sont constituées plus précisément ces deux populations n'est pas bien compris aujourd'hui.

Les lecteurs qui souhaitent disposer de la feuille Excel réalisée par Ph. Guglielmetti et contenant le calcul de la suite P, le dessin associé et quelques autres données, la trouveront à l'adresse: http://www.box.net/shared/3yefxar19b. On remarque aussi que certains nombres isolés sont nettement au-dessus du nuage et ont plus de propriétés que tous ceux du même ordre de grandeur. Voici le début de la liste de ces nombres ayant une quantité anormalement grande de propriétés: 120, 256, 512, 720, 729, 840, 1 000, 1 024, 1 260, 1 296, 1 440, 1 536, 1 597, 1 680, 1 728, 1 764, 1 800, 1 920, 2 016, 2 048.

On y reconnaît bien les puissances de 2 (256, 512, 1 024, 2 048), mais là encore, pas de caractérisation bien claire de ces nombres supérieurement intéressants. Un article étudie ce nuage, vous le trouverez en http://msh.revues.org/12014

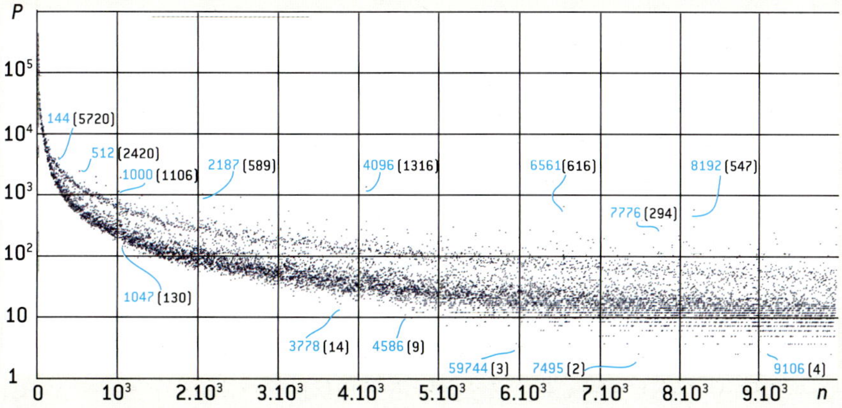

3. Les tables numériques

Parmi les dictionnaires de nombres, les tables de nombres premiers et de décompositions en facteurs premiers ont exercé une fascination particulière sur les mathématiciens et les amateurs. Ces tables comme les tables de logarithmes furent soigneusement élaborées et imprimées en milliers d'exemplaires jusqu'au milieu du XXe siècle *(voir l'illustration ci-dessous)*. Le calculateur prodige Zacharias Dase (1824-1861) a passé une partie de sa vie à mener des calculs pour compléter les tables de nombres premiers et de décompositions en facteurs premiers et a ainsi traité l'intervalle des entiers entre 7 000 000 et 10 000 000.

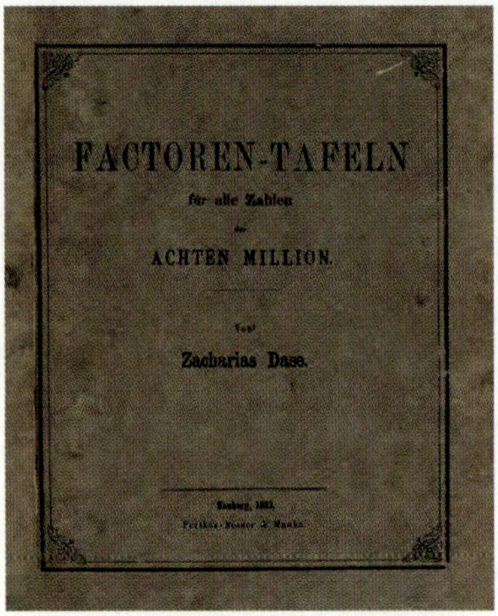

Ce type de tables est aujourd'hui inutile, car les puissances de calcul dont nous disposons sont trop grandes en regard des capacités de mémorisation que la technique met à notre disposition, ce qui n'était pas vrai avant la mise au point des ordinateurs. Le calcul systématique de tous les nombres premiers, un par un, a cependant été mené en février 2009 par Silva et Herzog jusqu'à $1{,}332 \times 10^{18}$ dans le but d'étudier les écarts entre nombres premiers.

Une fois exploités, les nombres premiers calculés sont effacés, car leur stockage demanderait trop d'espace mémoire. Pour stocker tous les entiers premiers jusqu'à 10^{18} en utilisant un moyen de compression permettant de représenter l'état « premier ou non » de 30 nombres consécutifs par un octet de mémoire (on connaît un tel moyen), il faut 3.10^{16} octets, soit 30 000 disques durs d'un téraoctet. À raison de 50 euros par disque dur, cela ferait 1 500 000 d'euros : personne ne s'est lancé dans cet investissement et, nous l'avons dit, opérer un tel stockage ne serait guère utile, puisqu'il serait plus long d'aller lire l'information sur les disques que d'utiliser un des algorithmes rapides testant la primalité.

Le plus grand nombre premier connu aujourd'hui est $2^{57885161} - 1$. Découvert en 2013, il possède environ 17 millions de chiffres. Des tables de nombres premiers se trouvent facilement sur Internet.

Plus intéressant peut-être, le programme permet d'interroger la base sur un nombre isolé. Reprenons le nombre de Hardy-Ramanujan 1 729. Le programme indique qu'il connaît plus de 350 suites auxquelles appartient 1 729. Chacune indique une propriété de 1729 que vous pouvez examiner. Celles-ci sont classées par ordre d'importance, notion fondée sur les citations des séquences dans les commentaires mathématiques et les références croisées que contient l'encyclopédie. Apparaît en premier la propriété que 1 729 est le troisième nombre de Carmichaël. La propriété qui avait retenu l'attention de Ramanujan est bien sûr mentionnée. En parcourant les listes de nombres contenant 1729, vous découvrirez toutes sortes de choses – uniquement de nature mathématique – que même *Wikipédia* ne donne pas.

– 1 729 est le treizième nombre de la forme $n^3 + 1$;

– 1 729 est le quatrième nombre « factoriel sextuple » c'est-à-dire un produit de termes successifs de la forme $6n + 1$: $1729 = 1 \times 7 \times 13 \times 19$;

– 1 729 est le neuvième nombre de la forme $n^3 + (n+1)^3$;

– 1 729 est la somme des diviseurs d'un carré parfait (33^2) ;

– 1 729 est le 24e nombre de l'alignement oblique passant par 1, quand on dispose les entiers en spirale sur un pavage hexagonal *(voir l'image page ci-contre)* ;

– 1 729 est un nombre dont la somme des chiffres est, en même temps, le plus grand facteur premier (car $1 + 7 + 2 + 9 = 19$ et $1729 = 7 \times 13 \times 19$) ;

– 1 729 est 1/6 de l'aire d'un triangle primitif de Pythagore (triangle rectangle à côtés entiers et premiers entre eux) ;

– 1 729 est le produit d'un nombre premier, 19, par son nombre inversé, 91 ;
– 1 729 est le nombre de façons d'écrire 33 comme somme de six entiers ;
– 1 729 est le 15e terme de la suite définie par la récurrence : $a_1=1$ $a_2=2$ $a_3=3$ et $a_n = a_{n-1} + 2a_{n-3}$ si $n > 3$. Etc.

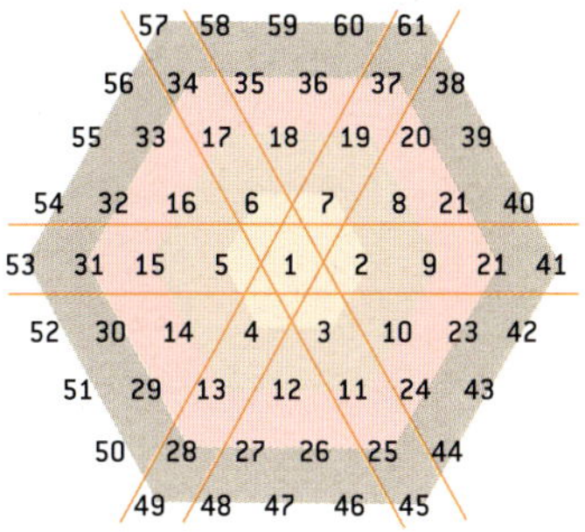

Cependant, le plus grand intérêt de l'encyclopédie numérique de N. Sloane est qu'elle est disponible sous la forme d'un fichier facilement exploitable. On peut le télécharger librement et l'utiliser – par exemple avec un tableur – pour mesurer l'intérêt de chaque nombre particulier en mesurant le nombre de fois qu'il apparaît dans l'encyclopédie.

L'idée de cette utilisation revient à Philippe Guglielmetti (connu aussi sous le nom de Docteur Goulu) qui s'est posé la question : quels sont les nombres qui n'apparaissent pas dans l'encyclopédie de N. Sloane ? Ph. Guglielmetti dénomme ces nombres acratopèges : http://drgoulu.com/2008/08/24/nombres-acratopeges/.

L'adjectif acratopège a été utilisé à propos des eaux de table qui n'ont pas de propriétés particulières. L'eau d'Évian par exemple est qualifiée d'acratopège.

Lors d'un premier calcul mené en août 2008, le plus petit nombre acratopège trouvé fut 8795, suivi dans l'ordre par 9935, 11 147, 11 446, 11 612, 11 630... Cependant, en reprenant les calculs en février 2009, l'encyclopédie ayant été complétée de quelques centaines de suites nouvelles, le premier nombre acratopège était devenu 11 630, suivi de 12 067, 12 407, 12 887, 13 258, ...

Bonnes fréquences

L'instabilité dans le temps de la notion de nombre acratopège est un peu ennuyeuse, mais elle suggère une autre idée. Considérons le nombre P de propriétés d'un entier en le mesurant par le nombre de fois qu'il est présent dans l'encyclopédie de N. Sloane. La valeur P mesure l'intérêt de n. La suite P, comme la notion de nombre acratopège, est instable dans le temps, mais elle varie lentement et certaines notions qu'on peut tirer des valeurs de P sont même très stables.

Les valeurs de P sont dessinées sur la figure 2. On obtient un nuage à l'allure assez élégante dans cette représentation en échelle logarithmique. La valeur de $P(1\,729)$ est 380, ce qui est assez élevé pour un nombre de cet ordre de grandeur. Pour son prédécesseur, on a cependant $P(1\,728) = 622$, ce qui est encore mieux ; 1 728 aurait donc été plus facile pour Ramanujan. À l'inverse, $P(1\,730) = 106$ et donc 1 730 aurait constitué une épreuve plus difficile que 1 729. Ramanujan aurait cependant pu découvrir que 1 730 était le septième nombre qui est somme de trois cubes de deux façons différentes, ou le troisième nombre qui est la somme de carrés consécutifs de plus d'une façon. L'intuition de Hardy que 1 729 est assez banal – c'est-à-dire a peu de propriétés remarquables – n'est donc pas validée par N. Sloane.

La suite $P(n)$ est globalement décroissante, cependant certains nombres n contredisent cette règle et possèdent plus de propriétés que leur prédécesseur : $P(n) > P(n-1)$.

Nous nommerons *intéressants* de tels nombres. Le premier nombre intéressant selon cette définition est 15, car $P(15) = 34\,183$ et $P(14) = 32\,487$. Viennent ensuite 16, 23, 24, 27, 28, 29, 30, 35, 36, 40, 42, 45, 47, 48, 52, 53, etc.

Il semble y avoir trop de nombres intéressants, aussi considérons qu'un nombre est *très intéressant* si son nombre de propriétés est au moins le double du nombre de propriétés du prédécesseur : $P(n) > 2\,P(n-1)$.

Le premier nombre très intéressant est 120, suivi de 210, 227, 239, 256, 263, 269, 288, 293, 307, 311, 317, 336, etc.

On peut aussi évaluer le nombre moyen de propriétés des voisins de n (par exemple $n-2$, $n-1$, $n+1$, $n+2$) et rechercher les nombres qui possèdent un nombre de propriétés supérieur au double de ce nombre moyen. Nous les nommerons nombres *profondément intéressants*. On trouve dans l'ordre 256, 353, 367, 373, 389, 397, 409, 457, 487, 491, 512, 541, 547, etc.

Profondément intéressants ?

Une multitude de questions se posent à la vue des valeurs de P ou en examinant les listes des nombres intéressants, très intéressants et profondément intéressants, listes qui ne peuvent varier que très peu maintenant, car l'encyclopédie après plus de 20 ans d'existence est bien stabilisée. Dans quelle mesure les résultats dépendent-ils des choix méthodologiques ou personnels de N. Sloane ? C'est lui qui accepte ou refuse les nouvelles suites proposées par les internautes, l'encyclopédie reflète donc en partie ses propres centres d'intérêts mathématiques ; il a aussi choisi certains principes généraux qu'on pourrait juger arbitraires concernant par exemple le nombre de termes stockés pour chaque suite, la taille des plus grands nombres acceptés, etc.

Bien qu'incontestablement dépendante de certaines décisions particulières de ceux qui participent à l'élaboration de cette base de suites, la base n'est pas arbitraire. Les contributeurs sont très nombreux, et chacun essaie sincèrement de ne faire apparaître dans la base que des suites ayant un certain d'intérêt. On peut donc défendre l'idée que la base représente une vue objective du monde numérique, vue indépendante de chaque personne qui y contribue et reflet d'une réalité mathématique immuable, même si elle est difficile à définir précisément. Il n'est pas absurde de soutenir qu'une encyclopédie martienne, s'il existait des Martiens et s'ils élaboraient une encyclopédie de ce type, serait semblable pour l'essentiel à celle de N. Sloane et ferait apparaître les mêmes nombres intéressants.

Une preuve indirecte de cette indépendance globale de l'encyclopédie, résultant du travail cumulé d'une communauté désintéressée de mathématiciens, est la forme générale du nuage de points déterminé par $P(n)$ qui est étonnamment régulier, ainsi que le serait un nuage provenant d'une expérience de physique.

Comme on le voit sur la figure 2, Ph. Guglielmetti a remarqué que ce nuage présente une caractéristique inattendue : il est divisé en deux parties séparées par une zone claire, comme si les nombres se classaient naturellement en deux catégories : les plus intéressants, au-dessus de la zone claire, et les moins intéressants en dessous.

Les nombres premiers insolites

Repérer les nombres premiers dotés des plus étranges propriétés est un passe-temps qui demande imagination, persévérance et savoir-faire arithmétique.

L'amour des mathématiques conduit les esprits sérieux à s'attaquer à des problèmes reconnus difficiles, dont la résolution nécessite abnégation, abstraction et aptitudes hors du commun. Pour les esprits simplement amoureux des nombres et des structures combinatoires, un travail mathématique d'une autre nature et plus facile à partager avec autrui demande uniquement imagination et patience.

Les Américains Chris Caldwell et Garland Honaker viennent de publier un livre, *Prime Curios ! The Dictionnary of Prime Number Trivia* (Curiosités premières. Le dictionnaire des nombres premiers futiles). Cet ouvrage est le meilleur exemple de mathématiques sans prétention, intéressantes, pratiquées pour le plaisir et l'amusement. Dans le chapitre précédent, nous parlions des dictionnaires de nombres de toutes sortes. Ici, il s'agit d'un dictionnaire très spécialisé et purement ludique. Nous allons voir cependant que son élaboration a exigé une créativité et une passion hors du commun.

Un nombre premier pour la nitroglycérine

Le jeu consiste à rechercher parmi les nombres premiers – ou parfois les nombres entiers ayant un rapport avec les nombres premiers – ceux qui ont un intérêt inattendu. Cet intérêt sera dû à une ou plusieurs propriétés surprenantes et simples, ou pas trop compliquées, qui montrent à l'évidence que le nombre sélectionné mérite d'être connu et mis en valeur... du moins pour tous ceux qui ont le goût de l'étrangeté mathématique.

Voici d'abord six exemples.

• 987 654 103 mérite une attention particulière, car c'est le plus grand nombre premier dont tous les chiffres sont différents.

• 3 539 est un premier remarquable, car $C_3H_5N_3O_9$ est la formule de la nitroglycérine.

• 21 322 319 est le plus petit nombre premier autodescriptif : quand on en compte les chiffres, cela le reconstitue, car il comporte deux « 1 », trois « 2 », deux « 3 » et un « 9 ».

• 85 837 vérifie l'égalité : $85\,837 = 8! + 5! + 8! + 3! + 7! + (8 + 5 + 8 + 3 + 7)$; c'est le seul nombre premier possédant cette propriété.

• 43 252 003 274 489 855 999 est le nombre de configurations dérangées du cube de Rubik et c'est le nombre premier préféré de G. Honaker. Avec la position rangée du cube, cela fait 43 252 003 274 489 856 000 configurations possibles au total.

• 905 est un entier intéressant. En effet, la plupart des nombres impairs s'écrivent comme la somme d'un nombre premier et d'une puissance de 2 : $3 = 2 + 1$, $5 = 3 + 2$, $7 = 3 + 4$, $9 = 7 + 2$, $11 = 7 + 4$, $13 = 5 + 8$, $15 = 7 + 8$, $17 = 13 + 4$, $19 = 3 + 16$, $21 = 5 + 16$, etc. Les exceptions, dénommées parfois *nombres obstinés*, sont en nombre infini, mais ont une faible densité. L'entier 905 est le plus petit nombre obstiné composé.

Le fruit d'un travail collaboratif

Le dictionnaire n'est pas le résultat du travail de deux auteurs seulement et se fonde sur les richesses patiemment accumulées du site Internet *Prime Curios* : http://primes.utm.edu/curios/

Toute une communauté d'amateurs depuis des années enrichit la collection de ce site auquel tout le monde peut contribuer. Le dictionnaire qui vient d'être publié est composé d'une sélection opérée en 2009 des meilleures trouvailles du site. Il est destiné à être emmené avec soi, en métro, dans la salle d'attente de votre médecin, sur la plage ou pour faire la queue à la poste. Un paragraphe à la fois, vous en dégusterez au hasard les meilleures définitions. Sur votre lieu de travail... vous pourrez discrètement poursuivre l'exploration en vous connectant au site Internet où vous utiliserez la fonction *random* de la page principale qui vous fera découvrir les nombres et définitions qui enrichissent chaque jour la base de données *Prime Curios*.

Peut-être voudrez-vous être l'un des collaborateurs du site et voir votre nombre premier personnel donner naissance à une nouvelle page où votre nom apparaîtra. Pour cela,

1. Le nombre premier 313 est particulièrement intéressant

Tous les nombres premiers assez petits possèdent bien sûr des propriétés particulières. Mais parmi les nombres premiers de trois chiffres, le nombre 313 est particulièrement intéressant. Voici quelques-unes de ses propriétés remarquables.

- **313** est un nombre premier palindrome (on peut le lire de droite à gauche ou de gauche à droite).
- **313** écrit en base 2 est encore un nombre palindrome : 100111001. Plus étonnant, le nombre dont l'écriture en base 10 est 100111001 est encore un nombre premier palindrome.
- $10^{313} + 313$ est encore un nombre premier.
- **313** est la somme de deux carrés consécutifs : $313 = 12^2 + 13^2$.
- Si **313** personnes sont choisies au hasard, la probabilité pour que cinq d'entre elles aient le même jour anniversaire dépasse 50 %, et **313** est le plus petit nombre ayant cette propriété.
- **313** est le plus petit nombre « faiblement premier » en base 5 : écrit en base 5, si vous changez un seul de ses chiffres, vous obtenez toujours un nombre composé.
- **313** est le numéro de la plaque d'immatriculation de Donald depuis 1938 quand il apparaît dans les dessins de Walt Disney.
- En intervertissant les 1 et les 3 dans **313**, ce qui donne 131, on obtient un autre nombre premier palindrome.
- L'équation $313\,(x^3 + y^3) = z^3$ est une équation remarquable, car ses plus petites solutions en nombres entiers comportent plus de 1 000 chiffres.
- **313** est le septième nombre premier dont la somme des chiffres est 7.
- 1/**313** donne une suite de chiffres décimaux qui ne se répète que lorsque l'on arrive à la **313**e décimale.
- D'autres propriétés sur : http://primes.utm.edu/curios/page.php?short=**313**

Phideaux : couverture CD

il faut imaginer une définition nouvelle qui n'exige pas plus de 100 caractères, à laquelle correspondra un nombre en rapport avec les nombres premiers. Il faut bien sûr que personne n'ait proposé la même curiosité avant vous.

Chaque responsable du site (et auteurs du livre) a son propre rôle. G. Honaker est l'éditeur de contenu et c'est lui qui est à l'origine de cette collection commencée il y une quinzaine d'années. Il décide de l'acceptation d'une proposition nouvelle et rédige les pages avec les définitions. Ch. Caldwell joue le rôle d'éditeur technique. Il gère les aspects informatiques du site et en particulier la mise en page des données, les programmes qui engendrent les index et les sauvegardes.

Sans Internet qui permet un travail collaboratif remarquable, cette collection n'aurait pas acquis sa richesse actuelle. L'informatique et l'existence des réseaux conduisent au développement de nouvelles formes d'activités et de savoirs mathématiques. Le 16 janvier 2014, il y avait 14 259 curiosités singularisant 9 206 nombres différents (des curiosités différentes donnent parfois le même nombre). Comme le disent les auteurs, cela laisse une place infinie à vos propres découvertes.

Bien sûr, la fameuse astuce du paradoxe de Bechembach s'applique au site : tout nombre mérite d'être présent dans la base de *Prime Curios*, le plus petit nombre qui n'y est pas étant intéressant parce qu'il possède la propriété de ne pas y être... et donc doit y être. Mais c'est une boutade et puisque ce plus petit nombre qui n'y est pas change au cours du temps, Ch. Caldwell et G. Honaker ont simplement choisi de considérer qu'il ne s'agit pas d'un nombre curieux et de ne pas l'y mettre : le paradoxe est contourné.

Des exercices de programmation

L'avantage du site est qu'on y trouve aussi un algorithme qui teste la primalité : http://primes.utm.edu/curios/includes/primetest.php. Pour la factorisation des nombres entiers, nous vous recommandons http://www.alpertron.com.ar/ECM.HTM, qui est remarquablement efficace et rapide. Cet algorithme vous permettra de tester vos idées et vous aidera à mener vos recherches dans le but de proposer un nombre premier intéressant. Le dictionnaire ou le site Internet seront utiles aux amateurs de programmation et aux enseignants à la recherche d'exercices informatiques nouveaux et parfois non triviaux.

Voici trois exemples d'exercices de programmation directement tirés du dictionnaire.

- Faire un programme qui trouve le plus petit nombre premier p tel que p et le nombre premier p' qui le suit soient composés uniquement de chiffres qui sont des cubes (0, 1, 8). La réponse est 100 801, qui est suivi par le nombre premier 100 811.

- Trouver le nombre premier p_1 qui commence une suite de six nombres premiers consécutifs $p_1, p_2, p_3, p_4, p_5, p_6$, chacun d'eux ayant pour somme de ses chiffres le même entier qui doit être un nombre premier.

La réponse est 354 963 229, dont la somme des chiffres est 43, et qui est suivi par les cinq nombres premiers : 354 963 283, 354 963 319, 354 963 337, 354 963 373, 354 963 391, dont la somme des chiffres est à chaque fois 43.

- Trouver le plus petit nombre entier ne se terminant pas par des zéros et qui peut s'écrire comme la somme du carré de deux nombres premiers distincts de quatre façons différentes.

La réponse est 39 338, qui s'écrit : $39\,338 = 23^2 + 197^2 = 97^2 + 173^2 = 107^2 + 167^2 = 113^2 + 163^2$.

2. Quelques différents types de nombres premiers

A. Les **bons nombres premiers** : par définition, ils doivent être strictement supérieurs à la moyenne géométrique du nombre premier qui les précède et du nombre premier qui les suit : $(p_n)^2 > p_{n-1}p_{n+1}$. Voici la liste : 5, 11, 17, 29, 37, 41, 53, 59, 67, 71, 97, 101, 127, 149, 179, 191, 223, 227, 251, 257, 269, 307, 311, 331, 347, 419, 431, 541, 557, 563, 569, 587, 593, 599, 641, 727, ...

B. Les **nombres premiers de Fibonacci** sont bien sûr les nombres de la suite de Fibonacci ($F(0) = 1$, $F(1) = 1$, $F(n + 2) = F(n) + F(n + 1)$ pour $n > 1$) qui sont, en outre, premiers.
2, 3, 5, 13, 89, 233, 1 597, 28 657, 514 229, 433 494 437, 2 971 215 073, 99 194 853 094 755 497, 1 066 340 417 491 710 595 814 572 169, 19 134 7 02 400 093 278 081 449 423 917...

C. Les **π-nombres premiers** qui sont les nombres premiers qu'on trouve quand on considère les n premières décimales du nombre $\pi = 3{,}141\,592\,653\,58$ 9 793 238 462 643 383... On en connaît aujourd'hui sept (nous donnons les premiers) correspondant à $n = 1$ (3), 2 (31), 6 (314 159), 38, 16 208, 47 577, 78 073.Celui correspondant à 78 073 a été trouvé en 2006.

D. Les **nombres premiers factoriels** : ce sont ceux de la forme $n! + 1$ ou $n! - 1$. Ceux de la forme $n! - 1$ correspondent aux valeurs de n suivantes : 3, 4, 6, 7, 12, 14, 30, 32, 33, 38, 94, 166, 324, 379, 469, 546, 974, 1 963, 3 507, 3 610, 6 917, 21 480, 34 790.

Ceux de la forme $n! + 1$ correspondent aux valeurs de n suivantes : 0, 1, 2, 3, 11, 27, 37, 41, 73, 77, 116, 154, 320, 340, 399, 427, 872, 1 477, 6 380, 26 951. On n'en connaît pas d'autres, car la fonction factorielle croît très vite et il devient difficile, voire impossible, de tester la primalité des nombres engendrés par les expressions $n! - 1$ et $n! + 1$.

Si on y réfléchit un peu, on est amené à conclure que le dictionnaire doit être considéré comme une immense collection de théorèmes mathématiques donnés sans démonstration. Dans la plupart des cas, un ordinateur et un programme sont nécessaires pour contrôler la justesse des affirmations proposées, car une démonstration directe avec un papier et un crayon est impossible ou demanderait bien trop de temps et de patience.

Démonstration automatique

Le dictionnaire et le site Internet peuvent donc être vus aussi comme des collections d'énoncés arithmétiques non démontrables par le mathématicien seul, qui est contraint de s'adjoindre une machine pour explorer ce type de vérités mathématiques. Il s'agit d'une base de résultats mathématiques démontrés par ordinateur et non démontrables humainement.

L'informatique est donc utile pour ce dictionnaire pas uniquement pour coordonner le travail entre amateurs et organiser la base de données des résultats ; elle joue aussi un rôle central dans la recherche, la preuve et le contrôle de chacune des milliers de propriétés sélectionnées. Les rapports entre mathématiques et informatique sont de plus en plus resserrés et c'est vrai aussi dans le domaine des mathématiques récréatives.

Le tableau d'honneur des plus prolifiques producteurs de nombres premiers curieux indique la liste de neuf noms d'amateurs ayant proposé chacun plus de 200 entrées. Le contributeur classé premier est Shyam Sunder Gupta, qui est à l'origine de plus de 600 entrées du dictionnaire. Il est suivi de Jonathan Vos Post. Il faut admirer la quantité de travail de programmation, la patience et l'inventivité extrême exigées pour arriver à de tels résultats.

Parmi les curiosités les plus troublantes, il y a celle des *nombres premiers exécutables.* Un nombre premier peut toujours être écrit en base 2, auquel cas il représentera parfois un programme informatique pour un type particulier de machines.

3. Quelques nombres premiers curieux

1 025 327

Le plus petit *reimerp* (nombre aussi premier quand on inverse l'ordre de ses chiffres), qui ne contient que des chiffres non composés et les contient tous.

37 330 116 097

En partant de 37 330 116 097 et en additionnant les deux nombres premiers qui suivent (ce qui fait une somme de trois nombres premiers), on obtient un nouveau nombre premier 111 990 348 347.

En partant de ce nombre et en additionnant les quatre nombres premiers qui suivent (ce qui en fait cinq consécutifs), on obtient un nouveau nombre premier.

En poursuivant de la même façon, on obtient toujours des nombres premiers, jusqu'à une somme de 19 nombres premiers.

122 334 444 555 553

Le plus petit nombre premier contenant un « 1 », deux « 2 », trois « 3 », quatre « 4 », cinq « 5 ».

7 469 789

Le premier nombre d'une paire de nombres premiers consécutifs qui sont tous les deux faiblement premiers (un nombre est faiblement premier si, en changeant l'un de ses chiffres par un autre, on tombe toujours sur un nombre composé).

7 284 717 174 827

Ce nombre premier palindrome (il peut se lire de droite à gauche ou de gauche à droite) donne encore un nombre palindrome si on l'écrit en base 2 : 110101000000001101011111010110 0000000101011. De plus, sa longueur en base 10, qui est 13, et la longueur de son écriture en base 2, qui est 43, sont tous les deux des nombres premiers.

14 444 999 999 999

Nombre premier qui est la mise bout à bout des chiffres qui sont des carrés non nuls (1, 4, 9) répétés autant de fois que leur valeur.

1 311 753 223 571 113

Ce nombre premier est obtenu comme la concaténation des nombres premiers de 13 à 2 par ordre décroissant, suivie de la concaténation des mêmes nombres par ordre croissant 13, 11, 7, 5, 3, 2, 2, 3, 5, 7, 11, 13. Ce qui donne une sorte de palindrome.

37 104 124

Ce n'est pas un nombre premier, mais il est très intéressant, car 37 104 124 est égal à la somme de $3! \times 7! \times 1! \times 0! \times 4! \times 1! \times 2! \times 4!$ et du nombre de nombres premiers plus petits que 37 104 124. C'est le seul nombre connu ayant cette propriété.

172 909 271

Le plus petit nombre premier palindrome qui contienne le célèbre nombre de Ramanujan 1 729 (le plus petit nombre représentable de deux façons comme somme de deux cubes $1\,729 = 1^3 + 12^3 = 9^3 + 10^3$).

15 618 090

Égal à $2 \times 3 \times 5 \times 487 \times 1\,069$, il n'est pas premier, mais c'est le plus petit entier dont la décomposition en facteurs premiers utilise chacun des dix chiffres une fois et une seule.

1 873

C'est en 1873 que Charles Hermite démontra que le nombre *e* était un nombre transcendant.

3 778 888 999

Le plus petit nombre premier ayant une persistance multiplicative de 10. La persistance multiplicative d'un nombre est le nombre d'étapes avant stabilisation qu'il faut faire quand on le remplace par le produit de ses chiffres.

Ainsi 721 → 14 → 4 → 4, donc 721 a une persistance multiplicative de 3.

16 719

Le 16719e siècle sera le premier siècle n'ayant aucune année égale à un nombre premier.

619 737 131 179

Le plus grand nombre tel que deux chiffres consécutifs donnent toujours un nombre premier et tel que tous les nombres premiers ainsi obtenus soient différents.

1000...00081918000...0001

(1001 chiffres en tout).Le plus petit nombre premier palindromique de plus de 1 000 chiffres.

Les microprocesseurs les plus courants ayant des instructions d'un octet (8 bits) sont ceux de la série x86. La plus petite instruction est alors celle associée au nombre 195 qui exécute l'instruction RET *(return)*. Cet octet peut être écrit dans un fichier de type .com et constituera alors un programme exécutable pour les machines DOS *(Windows)*. Malheureusement, 195 n'est pas un nombre premier.

Selon Phil Carmody, qui a étudié le problème de près, les trois plus petits nombres premiers exécutables sont :
$38 \times 256 + 195 = 9\,923$, $46 \times 256 + 195 = 11\,971$, $47 \times 256 + 195 = 12\,227$,
qui ne font rien de très intéressant, mais sont d'authentiques programmes !

Le premier nombre premier exécutable réalisant quelque chose d'intéressant (avec les mêmes règles du jeu que précédemment) est un nombre de 1 811 chiffres décimaux qui commence par : 4 9310835970 2850190027 5777672390 7649572849 0777215020 (voir http://primes.utm.edu/curios/page.php?number_id=1214 pour la liste complète des chiffres).

Ce nombre retraduit en binaire est équivalent à un petit programme écrit par Charles Hannum qui implémente DECSS, un programme déchiffrant les DVD contenant de la vidéo utilisant le système CSS *(Content Scrambling System)*. Fondé sur le même type d'idées, un nombre premier de 914 chiffres décimaux a été créé qui permet d'obtenir un programme interdit à la diffusion.

4. Nombres premiers étoilés

Parmi les nombres premiers remarquables, certains ont une structure particulière immédiatement visible, comme les palindromes. Mais il y a beaucoup mieux et plus esthétique encore : les nombres premiers étoilés.

Quand on dispose les chiffres d'un tel nombre ligne par ligne selon le modèle d'une étoile à six branches, les chiffres se placent de façon parfaitement symétrique. Si le nombre utilise *n* chiffres différents, on dit que c'est un nombre premier étoilé d'ordre *n*.

Voici quelques exemples de ces beautés premières et magiques :

```
   1
1 1 1 1
 1 8 1
1 1 1 1
   1
```

Le plus petit nombre premier étoilé d'ordre 2.

```
      1
     1 1
1 1 1 4 1 1 1
 1 4 4 4 4 1
  1 4 2 4 1
 1 4 4 4 4 1
1 1 1 4 1 1 1
     1 1
      1
```

Le plus petit nombre premier étoilé d'ordre 3

```
            1
           1 1
          1 0 1
         1 0 0 1
1 1 1 1 1 0 0 0 1 1 1 1 1
 1 0 0 0 0 0 0 0 0 0 0 1
  1 0 0 0 0 2 0 0 0 0 1
   1 0 0 2 2 2 2 0 0 1
    1 0 0 2 7 2 0 0 1
   1 0 0 2 2 2 2 0 0 1
  1 0 0 0 0 2 0 0 0 0 1
 1 0 0 0 0 0 0 0 0 0 0 1
1 1 1 1 1 0 0 0 1 1 1 1 1
         1 0 0 1
          1 0 1
           1 1
            1
```

Le plus petit nombre premier étoilé supérieur à un gogol (10^{100})

```
            7
           7 7
          7 2 7
         7 2 2 7
7 7 7 7 7 2 3 2 7 7 7 7 7
 7 2 2 2 2 3 3 2 2 2 2 7
  7 2 3 3 3 5 3 3 3 2 7
   7 2 3 5 5 5 5 3 2 7
    7 2 3 5 2 5 3 2 7
   7 2 3 5 5 5 5 3 2 7
  7 2 3 3 3 5 3 3 3 2 7
 7 2 2 2 2 3 3 2 2 2 2 7
7 7 7 7 7 2 3 2 7 7 7 7 7
         7 2 2 7
          7 2 7
           7 7
            7
```

Le plus petit nombre premier étoilé utilisant tous les chiffres premiers (2,3,5,7)

```
          1
         1 1
        1 0 1
1 1 1 1 0 0 1 1 1 1
 1 0 0 0 8 0 0 0 1
  1 0 8 8 8 8 0 1
   1 0 8 1 8 0 1
  1 0 8 8 8 8 0 1
 1 0 0 0 8 0 0 0 1
1 1 1 1 0 0 1 1 1 1
        1 0 1
         1 1
          1
```

Un nombre premier étoilé d'ordre 3 n'utilisant que des cubes : 0, 1, 8

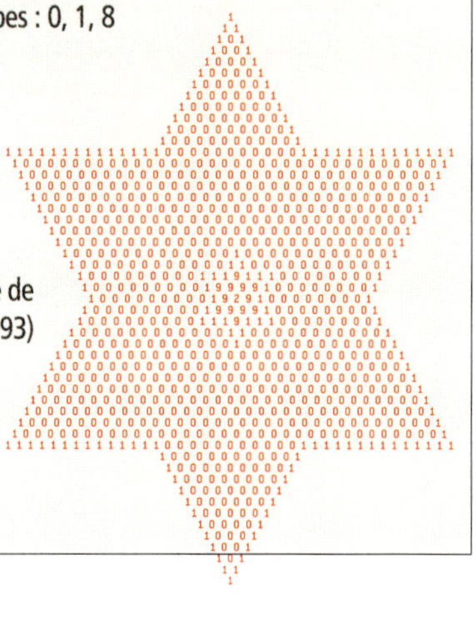

Le plus petit nombre premier étoilé de plus de 1 000 chiffres (il en a 1 093)

Ce serait en quelque sorte un nombre premier illégal. Notons cependant que ce nombre est présent sur le site *Prime Curios* qui n'a jamais été ennuyé par sa publication, et il n'est donc pas vraiment très dangereux de le faire circuler !

En revanche, en poursuivant la même idée, on pourrait certainement créer un nombre premier conduisant ceux qui le publient à de véritables poursuites correctionnelles. Il suffirait par exemple d'écrire un court texte insultant le président de la République ou constituant une incitation à la haine raciale. Ce texte serait alors traduit en chiffres binaires en utilisant le codage ASCII. Le nombre obtenu ne serait sans doute pas premier, mais en le faisant suivre de quelques chiffres supplémentaires recherchés en procédant systématiquement, on découvrirait un nombre premier qui, pour le coup, serait vraiment illégal. Cette recherche aboutirait avec certitude : en effet, on sait, grâce à un théorème de Waclau Sierpinski, que quelle que soit la suite s de chiffres, il existe un nombre premier qui commence par s.

Votre nom dans un nombre premier ?

Vous pouvez aussi, en utilisant le même procédé, rechercher un nombre premier qui commence par le codage de votre nom, ou par un poème que vous aimez particulièrement. La seule limite que vous rencontrerez pour mener ces recherches de nombres premiers est celle de la taille. Puisque la méthode procède par tâtonnements, pour la faire fonctionner, vous devez utiliser un algorithme de test de primalité. Pour les nombres de 100 chiffres ou moins, on n'a pas de problèmes majeurs. En revanche, pour les nombres plus longs, il faut se satisfaire d'algorithmes probabilistes qui, lorsqu'ils indiquent qu'un nombre est premier, ne le font qu'avec une certaine probabilité d'erreur qu'on peut rendre très petite, mais qu'on ne peut pas annuler.

Les jeux avec les nombres premiers offrent encore de nombreuses possibilités… Si l'on vous ennuie parce que vous y passez trop de temps, citez Nikolaï Lobatchevski : « Il n'existe pas un domaine des mathématiques, quelle que soit son abstraction, qui ne soit susceptible d'être un jour appliqué au monde réel. »

La suite du lézard et autres inventions

Éric Angelini généralise un crible inventé par Ératosthène il y a 2 300 ans et examine les propriétés de la décimation prônée par le terrible général romain Marcus Licinius Crassus, dit « le riche ».

Souvent, trop souvent, l'enseignement des mathématiques succombe à la facilité d'une délimitation précise de ce que les élèves doivent savoir, et le cours de mathématiques se ramène à l'apprentissage de quelques recettes de calcul, ou, dans les meilleurs des cas, de raisonnements. Bien sûr, l'avantage de cette conception est qu'un peu de travail assure de bonnes notes, ce qui satisfait les élèves, leurs parents et les enseignants. Malheureusement, les mathématiques sont le contraire de cette science ennuyeuse et sans imagination résultant de cette réduction didactique ; elles sont le domaine de l'invention perpétuelle et de la création libre, qui sans cesse se surpasse et va explorer des territoires inconnus. À l'étonnement général, se poursuit donc la découverte de concepts nouveaux, parfois simples, et de problèmes inattendus dont la résolution exige inventivité et efforts, ou reste inaccessible aux méthodes répertoriées qu'il faut donc compléter sans relâche.

Même dans le domaine millénaire des suites numériques, de nouvelles idées simples sont régulièrement introduites et conduisent à des questions d'une grande difficulté. Les deux familles de suites numériques inventées par Éric Angelini que nous allons examiner ici sont des exemples de cette ébullition créatrice ininterrompue de l'esprit

1. Le goût pour les suites d'Éric Angelini...

... l'ont amené à participer à la fête de la 100 000e suite entière de l'OEIS, l'encyclopédie électronique des suites entières *(On-Line Encyclopedia of Integer Sequences)*, une base de données en ligne destinée à la recherche de suites entières d'intérêt mathématique : elle contient plus de 100 000 suites. Elle a été créée par le mathématicien Neil Sloane lorsqu'il était étudiant en 1960, pour soutenir son travail en combinatoire. François Le Lionnais et Raymond Queneau, membres fondateurs de l'*Oulipo* (Ouvroir de littérature potentielle), figurent dans l'OEIS (Queneau pour ses recherches sur les suites *s*-additives). Éric Angelini participe aux travaux de la liste *Oulipo*, laquelle fut source d'inspiration pour de nombreuses suites. Élisabeth Chamontin lui a dédié un poème pour son anniversaire où tous les vers sont des anagrammes de « Les cinquante ans d'Éric Angelini », son nom se lit en acrostiche également. Autre hommage de Gilles Esposito-Farese sous forme d'ambigramme et de quasi-palindrome (*Il a l'âge égal à L*).

mathématique qui, même en arithmétique élémentaire, sait mettre au jour d'étincelantes nouveautés.

Après les nombres premiers : les nombres seconds

Ératosthène, mathématicien grec du IIIe siècle avant notre ère, inventa un procédé de calcul des nombres premiers, dénommé crible d'Ératosthène, qui est une définition algorithmique des nombres premiers. Son principe s'exprime en trois étapes :

A. On considère les nombres entiers plus grands que 1. Le *premier* de ces nombres, par définition, est un « nombre *premier* ».

B. Nommons ensuite « nombre *premier* » le *premier* entier non divisible par un nombre *premier* déjà trouvé et plus grand que ceux déjà trouvés.

C. Recommençons l'opération précédente tant que cela est possible. Cela définit la suite des nombres *premiers*.

Prenons l'ensemble des entiers plus grands que 1 :
2, 3, 4, 5, 6, 7, 8, 9, 10, 11, 12, 13, 14, 15, 16, 17, 18, 19, 20, 21, 22, 23, 24, 25, 26, 27, 28, 29, 30, 31, 32, 33, 34, 35, 36, 37, 38, 39, 40, 41, 42, 43, 44, 45, 46, 47, 48...

Marquons en bleu le premier de ces nombres, 2 ; ce sera le plus petit nombre premier. Marquons en rouge les autres multiples de 2 qui ne pourront pas être des nombres premiers (nous pourrions aussi les éliminer de la liste, mais nous préférons les garder en rouge pour bien visualiser la méthode et sa généralisation).
2, 3, 4, 5, 6, 7, 8, 9, 10, 11, 12, 13, 14, 15, 16, 17, 18, 19, 20, 21, 22, 23, 24, 25, 26, 27, 28, 29, 30, 31, 32, 33, 34, 35, 36, 37, 38, 39, 40, 41, 42, 43, 44, 45, 46, 47, 48, ...

D'après B, le nombre 3 (le premier nombre resté noir situé après 2) est un nombre premier. Marquons-le en bleu et marquons en rouge tous les multiples de 3 non déjà marqués.
2, 3, 4, 5, 6, 7, 8, 9, 10, 11, 12, 13, 14, 15, 16, 17, 18, 19, 20, 21, 22, 23, 24, 25, 26, 27, 28, 29, 30, 31, 32, 33, 34, 35, 36, 37, 38, 39, 40, 41, 42, 43, 44, 45, 46, 47, 48, ...

Les cinquante ans d'Éric Angelini

Éric qui est-il nain dans ce Glénan
Risquant l'indigence alsacienne
Il écrit dans quel ancien sang nié
Cinna l'ange désincarné qui est-il
Ancien quel sang l'incise rida net
N'est-il que le cancanier si gandin
Grandi à la science qu'en tennis il
Encadre qu'il signe Caïn en lisant
L'écran ni délinquance ni tissage
Il écrit quand l'ancienne assigne
Ne sait-il quel grain d'encens inca
Il a cinquante années gris déclin
...

Élisabeth Chamontin

Toujours d'après B, le nombre 5 (le premier nombre resté noir situé après 3) est un nombre premier. Nous le marquons en bleu et nous marquons en rouge tous les multiples de 5 non déjà marqués.
2, 3, 4, 5, 6, 7, 8, 9, 10, 11, 12, 13, 14, 15, 16, 17, 18, 19, 20, 21, 22, 23, 24, 25, 26, 27, 28, 29, 30, 31, 32, 33, 34, 35, 36, 37, 38, 39, 40, 41, 42, 43, 44, 45, 46, 47, 48...

En poursuivant, nous obtenons en bleu la liste des nombres premiers.
2, 3, 4, 5, 6, 7, 8, 9, 10, 11, 12, 13, 14, 15, 16, 17, 18, 19, 20, 21, 22, 23, 24, 25, 26, 27, 28, 29, 30, 31, 32, 33, 34, 35, 36, 37, 38, 39, 40, 41, 42, 43, 44, 45, 46, 47, 48...

En pratique, si nous nous intéressons aux nombres premiers jusqu'à N, il suffit de poursuivre le marquage en bleu jusqu'à la racine carrée de N, car alors tous les nombres qui ne seront pas rouges seront premiers. Cela provient de ce que, si un entier est composé, $N = a.b, a > 1, b > 1$ alors au moins un des deux nombres a ou b est inférieur ou égal à la racine carrée de N. Le crible d'Ératosthène est encore utilisé aujourd'hui lorsqu'on a besoin d'une liste exhaustive de nombres premiers.

Il y a quelques années, Éric Angelini a proposé de suivre la définition millénaire A-B-C en remplaçant le mot premier par le mot second ou le mot troisième, etc. Cette généralisation élémentaire de la définition des nombres premiers conduit donc aux

2. Nombres seconds, troisièmes, quatrièmes...

Nombres premiers

2, 3, 5, 7, 11, 13, 17, 19, 23, 29, 31, 37, 41, 43, 47, 53, 59, 61, 67, 71, 73, 79, 83, 89, 97, 101, 103, 107, 109, 113, 127, 131, 137, 139, 149, 151, 157, 163, 167, 173, 179, 181, 191, 193, 197, 199, 211, 223, 227, 229, 233, 239, 241, 251, 257, 263, 269, 271, 277, 281, 283, 293, 307, 311, 313, 317, 331, 337, 347, 349, 353, 359, 367, 373, 379, 383, 389, 397, 401, 409, 419, 421, 431, 433, 439, 443, 449, 457, 461, 463, 467, 479, 487, 491, 499, 503, 509, 521, 523, 541, 547, 557, 563, 569, 571, 5769, 773, 787, 797, 809, 811, 821, 823, 827, 829, 839, 853, ...

Nombres seconds

3, 5, 8, 13, 17, 22, 28, 31, 38, 43, 47, 53, 59, 67, 73, 77, 82, 89, 97, 101, 107, 113, 121, 127, 133, 139, 148, 151, 158, 163, 167, 179, 191, 197, 203, 209, 218, 227, 233, 241, 251, 257, 262, 269, 274, 281, 284, 293, 307, 313, 317, 322, 332, 343, 347, 353, 361, 367, 379, 386, 397, 401, 409, 419, 422, 431, 437, 443, 449, 457, 461, 467, 479, 491, 499, 509, 521, 526, 541, 547, 553, 557, 566, 571, 581, 7, 587, 593, 599, 601, 607, 613, 617, 619, 631, 641, 643, 647, 653, 659, 661, 673, 677, 683, 691, 701, 709, 719, 727, 733, 739, 743, 751, 757, 761, 7593, 599, 607, 617, 622, 631, 643, 653, 661, 667, 673, 677, 691, 698, 703, 718, 721, 727, 739, 746, 757, 763, 769, 778, 781, 796, 809, 821, 827, 839, 842, 853, 857, 863, 869, 878, 883, 892, 911, 916, 919, 929, 941, 947, 956, 967, 974, 983, 994, 1006, 1013, 1021, 1033, 1043, 1049, 1058, 1063, 1073, 1087, 1093, 1099, 1108, 1117, 1126, 1129, ...

Nombres troisièmes

4, 7, 11, 17, 23, 27, 31, 39, 45, 53, 59, 67, 74, 82, 87, 95, 103, 111, 122, 127, 131, 141, 146, 151, 163, 169, 178, 183, 193, 199, 211, 215, 223, 229, 237, 247, 251, 263, 271, 278, 290, 298, 307, 314, 325, 334, 342, 349, 358, 362, 369, 377, 383, 394, 401, 415, 421, 433, 445, 454, 463, 470, 479, 485, 498, 503, 514, 523, 537, 543, 551, 559, 565, 571, 582, 591, 601, 611, 617, 625, 634, 642, 653, 659, 673, 678, 685, 695, 703, 710, 719, 725, 734, 745, 750, 758, 771, 778, 787, 794, 807, 817, 822, 829, 838, 843, 857, 863, 877, 881, 887, 898, 909, 919, 925, 934, 941, 951, 963, 974, 982, 991, 998, 1011, 1018, 1025, 1033, 1041, 1051, 1063, 1070, 1079, 1087, 1093, 1097, 1109, 1119, 1129, 1138...

Nombres quatrièmes

5, 9, 14, 21, 26, 33, 39, 46, 51, 59, 67, 73, 79, 87, 93, 101, 109, 116, 123, 129, 137, 143, 152, 163, 169, 178, 187, 193, 203, 212, 221, 227, 239, 247, 253, 259, 269, 278, 284, 293, 301, 311, 318, 328, 334, 343, 349, 359, 367, 377, 383, 391, 398, 409, 419, 427, 437, 446, 452, 461, 471, 482, 491, 498, 503, 514, 523, 529, 541, 547, 559, 566, 577, 583, 592, 599, 611, 618, 628, 634, 642, 653, 664, 673, 679, 688, 694, 703, 713, 722, 731, 743, 752, 761, 769, 778, 787, 793, 802, 814, 824, 833, 842, 849, 857, 866, 883, 889, 899, 907, 916, 923, 932, 941, 951, 967, 974, 983, 992, 1004, 1013, 1021, 1034, 1041, 1049, 1057, 1067, 1079, 1086, 1093, 1103, 1117, 1126, 1133, 1146, 1156, 1164, 1174, 1182, 1191, 1202, 1211, 1219, 1229, 1238, 1252, 1261, 1267, 1282, 1291,...

définitions des nombres seconds, des nombres troisièmes, etc., définitions qui, très étrangement, ne semblent avoir été envisagées par personne avant novembre 2006 !

Examinons les nombres seconds. Leur définition est donnée par la généralisation du crible d'Ératosthène.

A- On considère les nombres entiers plus grands que 1. Le **second** de ces nombres, par définition, est un « nombre **second** ».

B- Nommons ensuite « nombre **second** » le **second** entier non divisible par un nombre **second** déjà trouvé et plus grand que ceux déjà trouvés.

C- Recommençons l'opération précédente tant que cela est possible. Cela définit la suite des nombres **seconds**.

Au départ, on a l'ensemble des entiers plus grands que 1 :
2, 3, 4, 5, 6, 7, 8, 9, 10, 11, 12, 13, 14, 15, 16, 17, 18, 19, 20, 21, 22, 23, 24, 25, 26, 27, 28, 29, 30, 31, 32, 33, 34, 35, 36, 37, 38, 39, 40, 41, 42, 43, 44, 45, 46, 47, 48,...

On marque en bleu le **second** de ces nombres, 3, ce sera un nombre **second**, et on marque en rouge tous les multiples de 3, ils ne pourront pas être des nombres **seconds**.
2, 3, 4, 5, 6, 7, 8, 9, 10, 11, 12, 13, 14, 15, 16, 17, 18, 19, 20, 21, 22, 23, 24, 25, 26, 27, 28, 29, 30, 31, 32, 33, 34, 35, 36, 37, 38, 39, 40, 41, 42, 43, 44, 45, 46, 47, 48,...

Le **second** nombre non marqué en rouge placé au-delà de 3 est 5. Par définition, il s'agit d'un nombre **second**. On le marque en bleu et on marque en rouge tous les multiples de 5 non déjà marqués.
2, 3, 4, 5, 6, 7, 8, 9, 10, 11, 12, 13, 14, 15, 16, 17, 18, 19, 20, 21, 22, 23, 24, 25, 26, 27, 28, 29, 30, 31, 32, 33, 34, 35, 36, 37, 38, 39, 40, 41, 42, 43, 44, 45, 46, 47, 48,...

Le **second** nombre non marqué en rouge placé au-delà de 5 est 8. Par définition, il s'agit d'un nombre second. On le marque en bleu et on marque en rouge tous les multiples de 8 non déjà marqués.
2, 3, 4, 5, 6, 7, 8, 9, 10, 11, 12, 13, 14, 15, 16, 17, 18, 19, 20, 21, 22, 23, 24, 25, 26, 27, 28, 29, 30, 31, 32, 33, 34, 35, 36, 37, 38, 39, 40, 41, 42, 43, 44, 45, 46, 47, 48,...

On obtient ainsi la liste en bleu des nombres seconds.
2, 3, 4, 5, 6, 7, 8, 9, 10, 11, 12, 13, 14, 15, 16, 17, 18, 19, 20, 21, 22, 23, 24, 25, 26, 27, 28, 29, 30, 31, 32, 33, 34, 35, 36, 37, 38, 39, 40, 41, 42, 43, 44, 45, 46, 47, 48...

Par construction, entre deux nombres seconds consécutifs, se trouve un seul nombre resté en noir. Notons que la définition n'assure pas que le procédé se poursuit indéfiniment. Tout se bloquerait si, à un moment du calcul, les nombres au-delà du dernier nombre bleu étaient tous marqués en rouge : nous n'aurions alors qu'un nombre fini de nombres seconds. Nous reviendrons sur ce problème plus loin.

Les nombres seconds jusqu'à 1000 (et au-delà) sont indiqués sur la figure 2. Cette suite des nombres seconds est répertoriée, sous le numéro A123929, dans l'encyclopédie des suites numériques de Neil Sloane : http://oeis.org

La définition des nombres troisièmes – on recopie les règles A-B-C en remplaçant premier par troisième – conduit de la même façon à un marquage des entiers en bleu, rouge et noir, avec dans chaque espace compris entre deux nombres bleus – les nombres troisièmes – deux nombres restés noirs exactement. Le début des listes de nombres troisièmes, quatrièmes, cinquièmes est donné sur la figure 2.

Bien sûr, même si ces suites semblent des généralisations simples et presque évidentes de la suite des nombres premiers, il est peu vraisemblable qu'elles soient amenées à jouer un rôle aussi essentiel que la suite des nombres premiers qui est au cœur de toute l'arithmétique et est importante pour l'ensemble des sciences mathématiques.

La première raison en est que la suite des nombres premiers peut être définie de plusieurs façons différentes, par exemple en disant qu'un nombre premier est un nombre plus grand que 1, divisible seulement par 1 et lui-même, alors que pour les nombres seconds (ou troisièmes, etc.) on ne connaît pas d'autres définitions que celle provenant du crible d'Ératosthène généralisé par Éric Angelini. De telles définitions alternatives des nombres seconds (ou troisièmes, etc.) existent peut-être, mais nul ne le sait aujourd'hui.

La découverte d'une généralisation aussi élémentaire d'un concept central et ancien des mathématiques est amusante et suggère de nombreuses questions, dont bien sûr la plus fondamentale est celle de leur infinité. L'infinité des nombres premiers est connue et démontrée depuis Euclide. Elle est vraie aussi pour les nombres seconds (troisièmes, etc.), car c'est une conséquence de celle des nombres premiers.

Une nouvelle ère arithmétique ?

Montrons par exemple l'infinité des nombres seconds : il nous suffit de prouver que le procédé de coloriage en rouge laisse à chaque étape au moins deux nombres en noir au-delà du plus grand nombre bleu (ce qui assurera qu'il n'y a jamais de blocage dans le déroulement de l'étape B du crible). Or cela est évident, car un nombre premier ne peut être colorié qu'en bleu : les nombres en rouge sont des multiples d'autres nombres et ne peuvent donc pas être des nombres premiers. À chaque instant du déroulement du calcul, seuls un nombre fini d'entiers sont coloriés en bleu et donc il reste une infinité de nombres premiers noirs, et donc une infinité de nombres noirs après le dernier nombre bleu, et donc au moins deux. Il n'y a jamais blocage, les nombres seconds sont une infinité.

Ce que l'on connaît des nombres premiers va bien au-delà de l'affirmation qu'ils constituent un ensemble infini. Le théorème de Hadamard et de la Vallée-Poussin, démontré en 1896, nous indique par exemple que la densité des nombres premiers autour de n est environ $1/\ln(n)$. Puisque $\ln(10^9)$ vaut 20,7232..., on en déduit que, parmi les nombres proches d'un milliard, un nombre sur 21 environ est premier.

Ce théorème se généralise-t-il aux nombres seconds, troisièmes, etc. ? Sous quelle forme ? Les théories dont disposent les mathématiciens permettent-elles de traiter facilement la question ? Voilà un défi posé aux spécialistes de théorie des nombres et aux expérimentateurs – amateurs ou professionnels – qui s'attacheront d'abord à trouver l'énoncé exact de la propriété correspondante. Dans ce travail, bien sûr, nos amis les ordinateurs auront sans doute leur rôle à jouer.

Ces nouveaux nombres suggèrent une multitude d'autres questions dont voici quelques exemples.

– Les nombres à la fois premiers et seconds sont-ils nombreux ? Comment les reconnaître ?

– De même, pour les nombres à la fois seconds et troisièmes, ou à la fois premiers, seconds et troisièmes, etc.

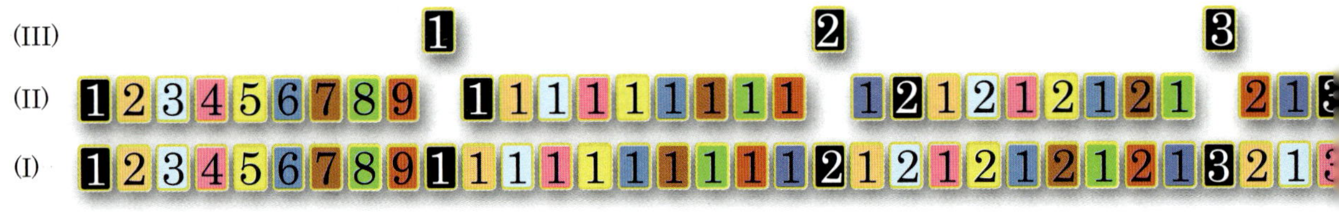

– Peut-on donner un sens à la notion de décomposition en facteurs seconds (ou troisièmes, etc.) ? Si oui, quelles sont les propriétés de ces décompositions ?

– Tout nombre pair assez grand est-il la somme de deux nombres seconds (généralisation de la conjecture de Goldbach) ? Qu'en est-il des nombres impairs ?

– Existe-t-il un algorithme polynomial de test de « secondarité » (adaptation du théorème de Agrawal-Kayal-Saxena démontré en 2002 indiquant qu'il existe un algorithme polynomial de test de primalité) ?

Éric Angelini, qui s'intéresse depuis longtemps à l'autoréférence (voir son site : http://www.cetteadressecomportecinquantesignes.com/), a proposé une autre nouvelle catégorie de suites numériques particulièrement étranges et fascinantes : les suites de décimation.

3. La suite de décimation

Une suite de décimation est telle que [voir la frise en bas de page figurant les suites (I), (II) et (III)] :
(a) si on enlève un terme sur dix de la suite (le dixième, le vingtième, le trentième, etc.) alors ce qu'on enlève, la suite (III), est identique à la suite (I) elle-même et,
(b) ce qui reste, la suite (II) quand on a enlevé ces termes, est encore identique à la suite initiale.

Construisons en une, la suite (I), en fixant les 9 premiers éléments, par exemple : 1 2 3 4 5 6 7 8 9.

Le dixième est nécessairement 1, car, d'après *(a)*, c'est le début de la suite extraite et elle doit être identique à la suite elle-même :

1 2 3 4 5 6 7 8 9 1. Le onzième terme est un 1, car d'après *(b)* quand on aura enlevé le dixième terme, on devra obtenir la suite initiale, or quand on enlève le dixième terme, le onzième prend la place du dixième. Donc : 1 2 3 4 5 6 7 8 9 1 1

De proche en proche, le même raisonnement oblige à mettre un 1 aux places 12, 13, 14, 15, 16, 17, 18, 19 :

1 2 3 4 5 6 7 8 9 1 1 1 1 1 1 1 1 1 1

Le vingtième terme, d'après *(a)*, est nécessairement un 2 :

1 2 3 4 5 6 7 8 9 1 1 1 1 1 1 1 1 1 1 2

Le 21ᵉ d'après *(b)* est nécessairement un 1, le 22ᵉ un 2, etc. :

1 2 3 4 5 6 7 8 9 1 1 1 1 1 1 1 1 1 1 2 1 2 1 2 1 2 1 2 1 3 2 1 3 2 1 3 ...

La suite est ainsi, de proche en proche, entièrement déterminée par la connaissance de ses neuf premiers termes.

Voici les 1 000 premiers termes de cette suite :

1234567891	1111111112	1212121213	2132132134
2134213425	1342513426	5134265137	4265137428
6513742869	5137428691	5137428691	1513742861
9115137421	8619115131	7421861911	1513174211
8619111511	3174211861	1911151131	1742118612
1911151131	1174211862	1219111511	1311174212
1862121911	1151113112	1742121861	2121911112
5111311211	7421218613	2121911112	2511131121
1174212183	6132121912	1112251111	3112111743
2121836132	2121912111	1225111133	1121117434
2121836132	2212191211	1112251113	1331121114
7434212182	3613222121	1912111113	2251113134
3112111472	4342121825	3613222121	1191211113
1322511134	1343112112	1472434215	2182536131
2221211193	1211113134	2251113412	3431121126
1472434215	5218253611	3122212113	1931211114
3134225112	1341234316	1211261475	2434215521
1825361133	1222121137	1931211114	4313422512
1213412346	3161211265	1475243421	1552118253
3611331227	2121137194	3121111442	3134225128
1213412346	6316121125	6514752431	4211552113
8253361137	3122721214	1371943122	1111442318
3422512816	2134123469	6316121125	5651475241
3142115523	1138253367	1137312274	2121413712
9431221118	1442318346	2251281629	1341234691

En prenant le dernier chiffre de chaque paquet de 10 *(en rouge)*, on reconstitue la suite toute entière et, de plus, ce qui reste est aussi la suite toute entière.

4. La suite du lézard

Si vous prenez un terme sur trois (le troisième, le sixième, le neuvième, etc.), vous obtenez la suite elle-même, et de plus ce qui reste est encore la suite elle-même. C'est la seule suite de 0 et de 1 commençant par 0, possédant cette propriété fractale.

0 1 0 0 0 1 0 1 0 0 1 0 0 0 0 1 0 1 0 0 0 0 1 1 0 1 0 0 0 0 0 0
1 1 1 0 0 1 0 0 0 0 0 0 0 0 1 1 1 0 1 0 1 0 1 0 0 0 0 0 0 0
0 0 0 0 1 0 1 1 1 1 0 0 1 1 0 1 0 0 1 0 0 0 0 0 0 0 0 0 0 0
0 0 1 0 0 1 1 0 1 1 1 0 1 1 0 0 0 1 1 1 0 0 1 0 0 0 0 1 0 0 0 0
0 0 0 0 0 0 0 0 0 0 0 0 0 0 1 0 0 1 1 0 1 0 1 0 1 0 1 1 1 0 1
0 1 1 1 0 0 0 1 0 1 0 1 1 0 0 0 0 1 0 0 0 0 0 0 1 0 0 0 0 0 0 0
0 0 0 0 0 0 0 0 0 0 0 0 0 0 1 0 0 0 0 0 1 0 1 1 0 0 1 1 1 1 0 1
0 0 1 0 0 1 1 0 1 1 1 1 0 0 1 1 0 1 0 1 1 0 0 0 1 0 1 0 0 1 0 0
1 0 1 0 0 0 0 0 0 1 0 0 0 0 0 0 0 0 0 0 1 0 0 0 0 0 0 0 0 0 0
0 0 0 0 0 0 0 0 1 0 0 0 0 0 0 0 0 1 0 0 1 1 0 0 0 0 1 0 0 1 1 0
1 1 1 0 0 0 1 1 1 ...

se sépare en deux morceaux :

0 1 0 0 0 1 0 1 0 0 1 0 0 0 0 1 0 1 0 0 0 0 1 1 0 1 0 0 0 0 0 0
1 1 1 0 0 1 0 0 0 0 0 0 0 0 0 1 1 1 0 1 0 1 0 1 0 0 0 0 0 0 0 0
0 0 0 0 1 0 1 1 1 1 0 0 1 1 0 1 0 0 1 0 0 0 0 0 0 0 0 0 0 0 0 0
0 0 1 0 0 1 1 0 1 1 1 0 1 ...

et 0 1 0 0 0 1 0 1 0 0 1 0 0 0 0 1 0 1 0 0 0 0 1 1 0 1 0 0 0
0 0 0 1 1 1 0 0 1 0 0 0 0 0 0 0 0 0 1 1 1 0 1 0 1 0 1 0 0 0
0 0 0 0 0 0 0 0 0 1 0 1 1 1 1 0 0 1 1 0 1 0 0 1 0 0 0 0 0 0 0
0 0 0 0 0 0 0 0 1 0 0 1 1 0 1 1 1 0 1 1 0 0 0 1 1 1 0 0 1 0
0 0 0 1 0 0 0 0 0 0 0 0 0 0 0 0 0 0 0 0 0 0 0 0 1 0 0 1 1 0 1
0 1 0 1 0 1 1 1 0 1 0 1 1 1 0 0 0 1 0 1
0 1 1 0 0 0 0 1 0 0 0 0 0 0 1 0 0 0 0
0 0 0 0 0 0 0 0 0 0 0 0 0 0 0 0 0 1 0
0 0 0 0 1 0 1 1 0 0 1 1 ... qui sont en fait la même suite, elle-même identique à la suite initiale.

En bas de cet encadré à gauche on a représenté 10 000 valeurs de la suite du lézard selon un tableau de 50 lignes de 200 petits carrés (noirs pour 1, blancs pour 0). Loin de produire un gris uniforme, cette représentation fait apparaître des zones plus claires (plus forte densité de 0) ou plus foncées (plus forte densité de 1) et on se surprend à y distinguer, vaguement écrit en noir sur blanc, les symboles d'une improbable écriture. À défaut de lire un texte secret peut-être peut-on s'amuser à en tirer un morceau de musique ?

Voici quelques fractales ayant une propriété géométrique équivalente à celle de la suite du lézard : on peut en enlever un tiers (semblable au tout) en laissant une figure elle-même semblable au tout. Pour des compléments sur ces fractales particulières, consulter : http://www.meden.demon.co.uk/Fractals/pisot.html

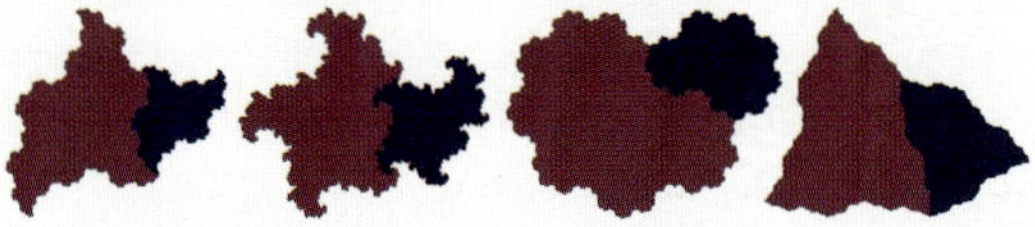

Ceux qui connaissent la sinistre invention du général romain Crassus l'ont deviné, l'opération de décimation d'une suite consiste à enlever un terme sur 10 de la suite, comme ce fut l'usage avec les soldats des armées romaines dont on était mécontent. On part de : $s_1, s_2, s_3, s_4, s_5, s_6, s_7, s_8, s_9, s_{10}, s_{11}, s_{12}, s_{12}, s_{14}, s_{15}, s_{16}, s_{17}, s_{18}, s_{19}, s_{20}, s_{21}, s_{22}, \ldots$ on enlève un terme sur 10 c'est-à-dire s_{10}, s_{20}, s_{30}, etc., ce qui donne : $s_1, s_2, s_3, s_4, s_5, s_6, s_7, s_8, s_9, s_{11}, s_{12}, s_{13}, s_{14}, s_{15}, s_{16}, s_{17}, s_{18}, s_{19}, s_{21}, s_{22}, \ldots$.

Une suite de décimation, S, est, par définition, une suite non constante, telle qu'après l'opération de décimation la suite restante est la même que celle de départ, et telle que, de plus, la suite enlevée ($s_{10}, s_{20}, s_{30}, \ldots$) est aussi identique à celle de départ. Si on note $S/10$ la suite obtenue en prenant un terme sur 10 de la suite S, les contraintes imposées à S s'écrivent symboliquement avec la double égalité : $S = S/10 = S - S/10$.

Ces conditions sont très fortes et l'existence de telles suites semble au premier abord improbable. Pourtant, il existe des suites de décimation et Eric Angelini a proposé un procédé général pour en construire, procédé qui d'ailleurs les trouvent toutes *(voir la figure 3)*.

Examinons une de ces étranges suites de décimation S :
1 2 3 4 5 6 7 8 9 1 1 1 1 1 1 1 1 1 1 2 1 2 1 2 1 2 1 2 1 3 2 1 3 2 1 3 2 1 3 4 2 1 3 4 2 1
3 4 2 5 1 3 4 2 5 1 3 4 2 6 5 1 3 4 2 6 5 1 3 7 4 2 6 5 1 3 7 4 2 8 6 5 1 3 7 4 2 8 6 9 5 1
3 7 4 2 8 6 9 1 5 1 3 7 4 2 8 6 9 1 1 5 1 3 7 4 2 8 6 1 9 1 1 5 1 3 7 4 2 1 8 6 1 9 1 1 5 1
3 1 7 4 2 1 8 6 1 9 1 1 1 5 1 3 1 7 4 2 1 1 8 6 1 9 1 1 1 5 1 1 3 1 7 4 2 1...

La suite bleue extraite de la suite S en prenant un terme sur 10 est identique à la suite S, et si on l'enlève à S, ce qui reste est encore identique à S.

Le nombre de suites de décimation vraiment différentes est fini ; on s'en aperçoit en regardant de près les règles de la définition qui montrent que les neuf premiers termes de la suite la déterminent entièrement.

De telles suites méritent plus que toutes autres le nom de suites fractales. En effet, une suite de décimation est présente en elle-même sous une double forme : la structure complexe du tout, S, est composée deux fois de S, une fois en version réduite de taille 1/10, et une autre fois en version réduite de taille 9/10.

On pourrait aussi appeler ce genre de suites numériques des suites lézard, car quand on leur arrache la queue (un dixième d'elle-même !), la suite, comme l'animal, n'en est pas vraiment changée : la queue repousse.

Le plus étrange dans les suites de décimation est que malgré leur définition simple et les procédés efficaces dont on dispose pour les calculer, elles semblent imprévisibles et il paraît délicat d'en déterminer les propriétés globales, par exemple la densité des 1.

La suite du lézard

Il se pourrait qu'on soit dans la situation caractéristique du monde de la complexité : aucune approche analytique ne semble fonctionner et pour connaître la suite très loin, on ne sait pas faire mieux que d'en calculer les termes en utilisant systématiquement la définition : pas de formule autre que celle provenant directement de la définition. Pour l'instant, l'inexistence d'une formule directe et efficace fournissant chaque terme n'a pas été démontrée ; il se peut d'ailleurs que ce soit faux et qu'un mathématicien, plus malin que les autres, démêle l'écheveau de la suite et en propose une définition explicite simple.

Au lieu d'enlever un terme sur 10, on peut n'en supprimer qu'un sur 9, ou un sur 8, etc. Le cas extrême, donc le plus intéressant, est le cas où on enlève un terme sur 3. Si on enlève un terme sur 2, il est immédiat de voir que la suite est nécessairement constante, autrement dit les seules solutions de la double équation de suites $S = S/2 = S - S/2$ sont les suites constantes.

Les solutions des équations de suites $S = S/3 = S - S/3$ ne sont pas toutes constantes. Celles qui ne le sont pas utilisent seulement deux nombres et se ramènent par substitution à la suite binaire :
0 1 0 0 0 1 0 1 0 0 1 0 0 0 0 1 0 1 0 0 0 0 1 1 0 1 0 0 0 0 0 0 1 1 1 0 0 1 0 0 0 0 0 0 0 0
0 1 1 1 0 1 0 1 0 1 0 0 0 0 0 0 0 0 0 0 0 0 1 0 1 1 1 1 0 0 1 1 0 1 0 0 1 0 0 0 0 0 0 0 0 0
0 0 0 0 0 0 1 0 0 1 1 0 1 1 1 0 1 1 0 0 0 1 1 1 0 0 1 0 0 0 0 1 0 0 0 0 0 0 0 0 0 0 0 0 0 0
0 0 0 0 0 1 0 0 1 1 0 1 0 1 0 1 0 1 1 1 0 1 0 1 1 1 0 0 0 1 0 1 0 1 1 0 0 0 0 1 0 0 0 0 0 0
1 0 0 0 0 0 0 0 0 0 0 0 0 0 0 0 0 0 0 0 0 0 1 0 0 0 0 0 1 0 1 1 0 0 1 1 1 1 0 1 0 0 1 0 0 1
1 0 1 1 1 1 0 0 1 1 0 1 0 1 1 0 0 0 1 0 1 0 0 1 0 0 1 0 1 0 0 0 0 0 0 1 0 0 0 0 0 0 0 0 0 0
1 0 0 0 0 0 0 0 0 0 0 0 0 0 0 0 0 0 0 0 1 0 0 0 0 0 0 0 0 1 0 0 1 1 0 0 0 0 1 0 0 1 1 0 1 1...

Cette suite que je propose de dénommer suite binaire du lézard est remarquable à cause de la propriété fractale extrême qu'elle possède. Elle est pour l'instant mal connue. Elle apparaît désordonnée et imprévisible. Pourtant elle n'est pas aléatoire, car aucune suite résultant d'un calcul algorithmique n'est aléatoire, ni même ne peut être considérée comme une suite pseudo-aléatoire, puisqu'elle comporte sensiblement plus de 0 que de 1. Le calcul des 100 000 premiers éléments de la suite montre qu'on y trouve 68967 fois le 0 et 31033 fois le 1. Il semble que le rapport du nombre de 0 sur le nombre de 1 converge. Qui saura le démontrer ? Quelle est la limite de ce rapport si elle existe ?

Parmi les questions qu'on peut se poser concernant la suite binaire du lézard, citons :

– la suite est-elle périodique à partir d'un certain rang ? (il est vraisemblable que non, mais comment l'établir rigoureusement ?) ;

– la suite comporte-t-elle des séquences de 0 aussi longues qu'on veut, ou au contraire, existe-t-il une longueur maximale pour une séquence consécutive de 0 ?

– la suite est-elle une suite univers ? (Une suite univers est une suite telle que chaque séquence finie de 0 et de 1 se trouve présente quelque part dans la suite ; on croit, sans l'avoir démontré, que les chiffres du nombre π écrit en binaire constituent une suite univers, de même que ceux de racine de 2 et de nombreuses constantes irrationnelles.)

– le nombre réel dont l'écriture en base 2 est donnée par les chiffres de la suite du lézard est-il un nombre transcendant (non-solution d'une équation polynomiale à coefficients entiers) comme c'est le cas pour π et la suite binaire de Thue-Morse 0110100110010110... ?

Si cette dernière question est sans doute assez difficile, ce n'est peut-être pas le cas des autres qu'on peut aborder expérimentalement à l'aide de petits programmes informatiques. Comme à propos des suites de nombres seconds, troisièmes... si vous découvrez des résultats intéressants, faites-les moi parvenir. Ces suites sont très récentes et si belles qu'on ne les oubliera plus. Elles ont été peu étudiées, aussi l'occasion est-elle bonne d'inscrire votre nom dans l'histoire des mathématiques...

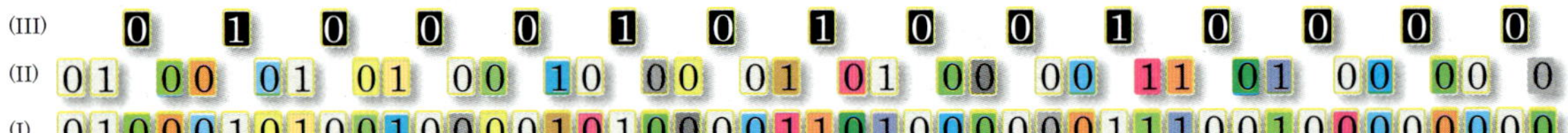

Déconcertantes conjectures

Certaines énigmes concernant les nombres sont si étranges et difficiles que les passionnés n'hésitent pas, pour les résoudre, à faire tourner des programmes pendant des années.

Une question peut être simple et sa réponse d'une extrême difficulté, surtout en arithmétique : le devenir palindromique du nombre 196 en est un fascinant exemple. Il semble que l'origine du problème soit un article de Charles Trigg intitulé *Palindrome in addition* publié dans *Mathematics Magazine* en 1967 (vol. 40, pages 26-28), mais peut-être est-elle plus ancienne ?

Partant d'un nombre N écrit en base 10, on inverse l'ordre de ses chiffres et on ajoute à N ce nombre inversé. En recommençant si nécessaire plusieurs fois l'opération, on trouve généralement un nombre palindromique : un nombre identique qu'on le lise de droite à gauche ou de gauche à droite.

Pour $N = 13$, on obtient 13 + 31 = 44, qui est un palindrome. Pour $N = 1048$, on obtient 1 048 + 8 401 = 9449, qui est aussi un palindrome. Il est évident que si, durant l'addition, aucune retenue n'est rencontrée, alors on obtient un palindrome. Les retenues gênent l'apparition d'un palindrome, mais elles ne les empêchent pas, comme le montre 29 : 29 + 92 = 121.

Pour $N = 64$, le calcul ne marche pas du premier coup, car 64 + 46 = 110, qui n'est pas un palindrome. En revanche, en recommençant à partir du résultat, 110, on obtient 110 + 011 = 121, qui est un palindrome. On remarque en passant que deux entiers différents, 29 et 110, conduisent en une étape de calcul au même palindrome 121.

Deux calculs ne sont parfois pas suffisants. Ainsi, pour $N = 87$, quatre étapes sont nécessaires : 1. 87 + 78 = 165 ; 2. 165 + 561 = 726 ; 3. 726 + 627 = 1 353 ; 4. 1 353 + 3 531 = 4 884.

1. Les calculs pour 89

1. 89 + 98 = 187 ; 2. 187 + 781 = 968 ; 3. 968 + 869 = 1 837 ; 4. 1837 + 7381 = 9218 ; 5. 9218 + 8129 = 17347 ; 6. 17347 + 74371 = 91718; 7. 91718 + 81719 = 173437 ; 8. 173437 + 734371 = 907808; 9. 907808 + 808709 = 1716517; 10. 1716517 + 7156171 = 8872688 ; 11. 8872688 + 8862788 = 17735476 ; 12. 17735476 + 67453771 = 85189247 ; 13. 85189247 + 74298158 = 159487405 ; 14. 159487405 + 504784951 = 664272356 ; 15. 664272356 + 653272466 = 1317544822 ; 16. 1317544822 + 2284457131 = 3602001953 ; 17. 3602001953 + 3591002063 = 7193004016 ; 18. 7193004 + 6104003917 = 13297007933; 19. 13297007933 + 33970079231 = 47267087164 ; 20. 47267087164 + 46178076274 = 93445163438 ; 21. 93445163438 + 83436154439 = 176881317877 ; 22. 176881317877 + 778713188671 = 955594506548 ; 23. 955594506548 + 845605495559 = 1801200002107 ; 24. 1801200002107 + 7012000021081 = 8813200023188

(voir http://www.jasondoucette.com/worldrecords.html)

2 Le nombre 79 donne, après six additions successives du résultat de l'addition précédente et de son inverse, le palindrome 44044.

Pour $N = 89$, le cheminement est long, car il faut faire le calcul 24 fois avant de trouver un palindrome *(voir la figure 1)*.

En appliquant la procédure à tous les entiers jusqu'à 100, on arrive toujours à un palindrome, dans la grande majorité des cas après un petit nombre d'opérations. Il vient donc à l'esprit qu'il se pourrait bien qu'avec un peu de patience, tout entier positif N soumis répétitivement à l'opération renversement-addition produise un palindrome.

Pour s'assurer de l'affirmation, on considère les nombres un à un, dans l'ordre et, aidé d'un ordinateur, on mène le calcul systématiquement jusqu'à associer un palindrome à tout entier. Tout se passe bien... jusqu'à 196. Pour 196, même après 50 étapes, on n'a pas de palindrome. Au bout de 100 étapes : rien. Toujours aucun palindrome au bout de 1 000 étapes et même au bout d'un million d'étapes !

Les nombres obtenus en partant de 196 ont une taille qui s'allonge régulièrement. Wade Van Landingham, un passionné du problème et détenteur du record actuel de calcul pour cette itération a réussi l'exploit inouï de calculer plus de 700 millions d'étapes de renversement-addition à partir du nombre 196. Les entiers atteints possèdent plus de 300 millions de chiffres... mais aucun palindrome n'est apparu.

De tels calculs, on s'en doute, exigent un programme très intelligemment conçu et ajusté avec un soin minutieux, ainsi que beaucoup de patience pour le faire tourner longtemps. Les records actuels correspondent à une quête prolongée qui dure depuis plus de 20 ans. Les calculs ont tourné en continu pendant des années et, malgré l'incroyable augmentation de puissance de nos ordinateurs (la puissance d'un ordinateur pour une somme d'argent donnée durant ces 20 ans a augmenté d'un facteur 10 000), aucun n'a abouti à un palindrome en partant de 196. La figure 3 indique quelques détails sur les incroyables efforts de calcul réalisés pour savoir si 196 donnait un palindrome.

On est tenté de formuler une première conjecture :

Conjecture du palindrome inévitable

Tout nombre entier soumis de manière répétée à l'opération renversement-addition finit par produire un palindrome.

En même temps, l'expérience avec 196 donne quelques raisons de croire qu'il constitue un contre-exemple. On énonce donc une autre conjecture.

Conjecture du devenir infini de 196

Le nombre 196 soumis à l'opération renversement-addition ne produit jamais un palindrome.

Une des deux conjectures au plus est vraie. Les deux peuvent être fausses si 196 donne un palindrome, mais qu'un nombre autre que 196 n'en donne jamais.

Ce problème évoque la fameuse conjecture de Syracuse, nommée aussi problème de Collatz, qui est toujours sans solution. Dans cette conjecture, N est divisé par 2 s'il est pair, et remplacé par $3N + 1$ s'il est impair. Le nombre 5 devient ainsi 16, puis 8, puis 4, puis 2, puis 1. Est-ce que tout N finit par donner 1 ? Cela a été constaté pour tous les entiers N jusqu'à $1{,}25 \times 2^{62} = 5{,}76 \times 10^{18}$, record atteint en novembre 2011 par Thomas Oliveira e Silva de l'Université de Aveiro au Portugal. L'affirmation qu'on arrivera toujours à 1 est la conjecture de Syracuse, l'un des thèmes de recherche favoris des mathématiciens amateurs et… de quelques professionnels.

Pour Syracuse, le programmeur obstiné espérera trouver un nombre de départ N qui conduira à un cycle : on reviendrait à N après quelques étapes. Un calcul pourrait donc invalider la conjecture de Syracuse et rendre célèbre son auteur ! Une telle boucle est impossible avec l'itération renversement-addition, car les suites engendrées sont croissantes.

Dans le problème de l'itération renversement-addition, la recherche d'un palindrome par les amateurs qui procèdent à des calculs prolongés pourra peut-être trancher la conjecture du devenir infini de 196 (si le calcul tombe sur un palindrome), mais les programmeurs n'ont aucun espoir de résoudre la conjecture du palindrome inévitable (contrairement à ce qui se passe pour la conjecture de Syracuse). Obtenir un palindrome en partant de 196 ne réglera pas la question pour l'infinité des autres nombres, dont aucun calcul ne dira définitivement qu'ils aboutissent tous à un palindrome.

Le calcul ne sera pas suffisant

Pour résoudre la conjecture du palindrome inévitable, il faudra un raisonnement mathématique. En attendant, les nombres dont on ignore si l'opération renversement-addition conduit à un palindrome sont nommés nombres de Lychrel. L'origine de ce nom est assez obscure, mais sans doute liée au prénom Cheryll dont c'est l'anagramme.

La suite des nombres de Lychrel est la suite A023108 de l'encyclopédie des suites de Neil Sloane (http://oeis.org). En voici les 40 premiers éléments : 196, 295, 394, 493, 592, 689, 691, 788, 790, 879, 887, 978, 986, 1495, 1497, 1585, 1587, 1675, 1677, 1765, 1767,

3. Les calculs pour 196

La longue quête d'un palindrome produit par 196 a ses héros, dont les noms sont gardés en mémoire par les amateurs passionnés de cette énigme. Voir : http://www.jasondoucette.com/worldrecords.html#196

John Walker entama la recherche d'un palindrome produit par 196 en août 1987 sur un ordinateur Sun 3/260. Son programme était écrit en langage C et il tournait lorsque la machine était inutilisée. À l'arrêt de la machine, le programme mémorisait le point où il en était arrivé et reprenait lorsque la machine était à nouveau mise en marche. Il fonctionna ainsi pendant trois ans atteignant le 24 mai 1990 le terme fixé par le programmeur avec un message indiquant que 2415836 itérations avaient conduit à un entier d'un million de chiffres, sans qu'aucun palindrome ne soit rencontré. Walker publia sur Internet les détails sur son point d'arrêt, invitant d'autres programmeurs à poursuivre sa recherche au-delà du million de chiffres.

En 1995, Tim Irvin s'empara du défi et, utilisant un ordinateur puissant, il poussa le record à deux millions de chiffres en trois mois de calcul.

Jason Doucette prit la relève et atteignit 12,5 millions de chiffres en mai 2000.

Puis Wade Van Landingham utilisa le programme de J. Doucette et d'autres programmes ajustés pour aller de plus en plus vite. De 12,5 millions de chiffres, il poussa le calcul jusqu'à atteindre un entier de 300 millions de chiffres en mai 2006… toujours sans avoir jamais rencontré de palindrome. Le 2 octobre 2011, Romain Dolbeau de Rennes a calculé un milliard d'itérations le conduisant à un nombre de 413 millions de chiffres… mais sans jamais rencontrer de palindrome.

4. Conjecture fausse en base 2

Le cas de la base 2 montre qu'il ne faut pas désespérer de résoudre le cas de la base 10 par le raisonnement. Le nombre 22 s'écrit 10110 en base 2. L'addition avec le nombre renversé donne:

```
  10110
+ 01101
 ------
 100011
```

Quand on recommence le calcul, la suite des résultats est :

10110
100011
1010100
1101001
10110100
11100001
101101000
110010101
1011101000
1101000101
10111010000
11000101101
101111010000
110010001101
1011110100000
1100001011101
10111110100000
11000100011101
101111101000000
110000010111101
1011111101000000
1100001000111101
10111111010000000
11000000101111101
101111111010000000
...

On remarque que toutes les 4 étapes un même schéma se reproduit. Ce schéma, dont on prouve sans mal qu'il se poursuit jusqu'à l'infini, ne comporte aucun palindrome. Il n'y a donc aucun palindrome dans la suite engendrée en binaire à partir de 22 par l'opération renversement-addition.

Des raisonnements analogues dus à David Seal conduisent de la même façon à trouver des suites infinies sans palindrome pour les bases de la forme 2^i pour tout $i > 0$ et pour les bases 11, 17, 20 et 26. Voir: http://www.mathpages.com/home/dseal.htm

1855, 1857, 1945, 1947, 1997, 2494, 2496, 2584, 2586,2674, 2676, 2764, 2766, 2854, 2856, 2944, 2946, 2996, 3493.

Cette suite est différente des autres suites de l'encyclopédie de Sloane : elle est incertaine et sujette à modifications. Il se peut en effet que, grâce à un calcul aboutissant à un palindrome, l'un des nombres, par exemple 196, doive en être retiré. Pire, si la conjecture du palindrome inévitable est vraie, alors chaque nombre finira par être enlevé et la suite de Lychrel définitive sera vide !

Même s'ils ne peuvent résoudre la conjecture du palindrome inévitable, les calculs peuvent être utiles en suggérant un raisonnement simple qui donnera la réponse. Pour le comprendre, le cas de la base 2 est parfait, car la conjecture associée à cette base 2 a été résolue par la négative en s'aidant d'un calcul qui a guidé le raisonnement *(voir la figure 4)*.

En partant de $N = 22$, qui s'écrit 10110 en base 2, on tombe sur une suite de nombres dont, avec un peu d'attention, on remarque qu'elle possède une régularité simple : un motif revient dans les chiffres toutes les quatre itérations. Le mathématicien, quand il a repéré cette régularité, la démontre facilement. Puisque dans le cas de la base 2, on sait prouver que $N = 22$ n'aboutit jamais à un palindrome, la conjecture du palindrome inévitable est fausse en binaire. Aujourd'hui seules les bases 2^i (avec $i > 0$), 11, 17, 20 et 26 ont été résolues, à chaque fois négativement, en découvrant un nombre de départ dont on a prouvé par le raisonnement qu'il ne donne jamais de palindrome.

Les cas résolus n'indiquent rien concernant la base 10. Les passionnés ont donc mené une étude détaillée de l'opération renversement-addition pour tenter d'y voir clair et pour peut-être en repérer des propriétés conduisant à résoudre les conjectures du palindrome inévitable et du devenir de 196.

Plusieurs milliers de nombres de Lychrel ont été découverts par l'exploration systématique de milliards de nombres. Le principe de ces recherches est de se fixer une borne M, en général assez petite, et d'effectuer l'opération renversement-addition M fois, en considérant temporairement que si, après M étapes, on n'a pas atteint un palindrome, c'est qu'on en trouvera jamais et donc que l'entier N dont on est parti est vraisemblablement un nombre de Lychrel.

Recherche et décompte des nombres de Lychrel

Le graphique de la figure 5 indique, pour les entiers N ayant 1 chiffre, 2 chiffres, 3 chiffres, ..., 18 chiffres, le pourcentage d'entre eux n'ayant jamais atteint un palindrome en un nombre raisonnable d'itérations, et qu'on s'autorise (temporairement) à considérer comme des nombres de Lychrel. (voir http://www.jasondoucette.com/worldrecords.html)

Ces tableaux permettent-ils de formuler des pronostics sérieux concernant la conjecture du palindrome inévitable ? Le fait d'avoir calculé en partant de 196 pendant plusieurs centaines de millions d'étapes sans jamais rencontrer de palindrome rend-il probable que 196 n'en donnera jamais ? On est tenté de répondre oui ! Pourtant, un calcul fini est toujours dérisoire en regard de l'infini des itérations qu'il reste à faire. Il est délicat d'affirmer que le palindrome ne peut pas apparaître ou même que, dans l'infini des calculs restants, cela est improbable ; cette impossibilité de conclure concernant 196 s'étend bien sûr à tous les nombres qui, pour l'instant, n'ont pas donné de palindromes. En conséquence, même si l'augmentation de la proportion apparente de nombres de Lychrel est régulière et sensible, elle ne permet pas d'affirmer de manière sérieuse que la conjecture du palindrome inévitable est « probablement fausse ».

Une série complémentaire de calculs de renversement-addition a été menée pour déterminer le nombre maximal d'itérations nécessaires pour atteindre un palindrome. Le nombre 89 cité plus haut est exceptionnel : parmi tous les nombres inférieurs à 10 000 dont on a prouvé qu'ils donnent des palindromes, il est le plus lent à produire son palindrome (24 étapes de calcul).

Le tableau des durées maximum et des nombres records trouvés aujourd'hui, pour tous les entiers à 2 chiffres, puis pour tous les entiers à 3 chiffres, etc.(voir http://www.jasondoucette.com/pal/89) est donné sur la droite de la figure 5. Le calcul pour les entiers à 19 chiffres n'a pas été terminé : il attend un programmeur intelligent et patient.

Ce tableau, comme la liste de nombres de Lychrel, est temporaire : rien n'interdit de penser qu'en prolongeant le calcul pour 196 on aboutira à un palindrome qui ferait de 196 un record nouveau surpassant tous les records connus aujourd'hui. On remarque dans le tableau que le délai avant d'atteindre un palindrome n'est jamais très long. Le record actuel, trouvé à la suite de milliers d'heures de calcul, n'est que de 261 étapes. Plus un calcul dure longtemps, plus les nombres manipulés sont grands et donc moins il est probable que le nombre calculé soit un palindrome. Le tableau suggère « expérimentalement » que si l'apparition d'un palindrome ne se produit pas rapidement, elle risque fort de ne pas survenir du tout.

Doit-on maintenant en conclure que la conjecture du palindrome inévitable est probablement fausse ? Je n'en suis pas certain, toujours pour la même raison élémentaire : tenter sa

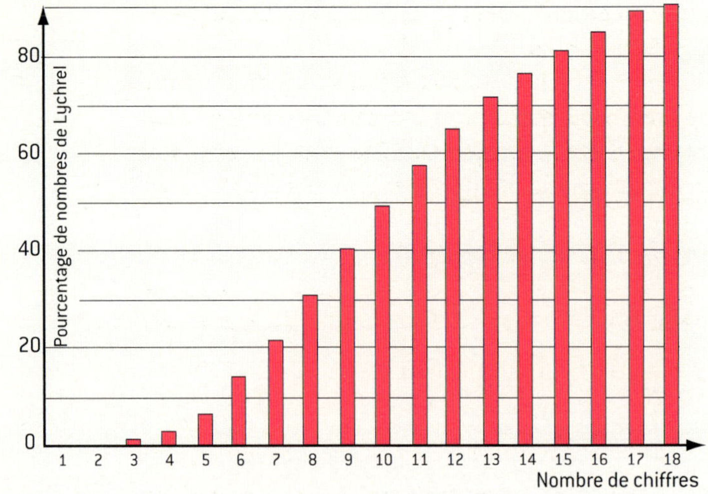

Nombre de chiffres	Détenteur du record	Nombre d'itérations
2	89	24
3	187	23
4	1297	21
5	10911	55
6	150296	64
7	9008299	96
8	10309988	95
9	140669390	98
10	1005499526	109
11	10087799570	149
12	100001987765	143
13	1600005969190	188
14	14104229999995	182
15	100120849299260	201
16	1030020097997900	197
17	10442000392399960	236
18	170500000303619996	228
19	1186060307891929990	261

5 **Pourcentages de nombres de Lychrel** en fonction du nombre de chiffres des nombres testés *(à gauche)* et records du plus grand nombre d'itérations en fonction du nombre de chiffres avant d'arriver à un palindrome, quand on l'atteint *(à droite)*.

chance une infinité de fois, même si les chances sont petites et diminuent, peut donner une probabilité élevée de réussite, voire une certitude. Je sais que si je lance une pièce pendant longtemps, je tirerai une série de 100 piles.

Laissons aux amateurs passionnés la joie de mettre au service de leur curiosité et de leurs recherches quelque peu déraisonnables les nouvelles machines et moyens distribués de calcul et évoquons maintenant une série toute nouvelle de conjectures étranges découvertes à l'aide d'ordinateurs qui suscitent déjà bien des curiosités, car elles concernent les nombres premiers.

Suites de nombres premiers

Il existe diverses formules donnant les nombres premiers, soit partiellement (la formule produit des nombres premiers, mais ne les engendre pas tous), soit en les produisant tous, et pourquoi pas par ordre croissant. La formule de J. Minac est un peu compliquée, mais remarquable car elle donne pour $p(n)$ le n-ième nombre premier exactement.

La notation $[x]$ désigne la partie entière de x, $[7{,}321] = 7$. On obtient ainsi : $p(1) = 2$, $p(2) = 3$, $p(3) = 5$, $p(4) = 7$, $p(5) = 11$, $p(6) = 13$, $p(7) = 17$, etc.

$$p(n) = 1 + \left(\sum_{m=1}^{2^n} \left[\left[\frac{n}{1 + \left(\sum_{j=2}^{m} \left[\frac{(j-1)! + 1}{j} - \left[\frac{(j-1)!}{j} \right] \right] \right)} \right]^{\left(\frac{1}{n}\right)} \right] \right) \quad \text{pour } n \geqslant 1$$

Hélas, les formules étonnantes telles que celle-ci ne sont guère utiles et n'aident pas en pratique à calculer de grands nombres premiers, car leur mise en œuvre demande des calculs intermédiaires importants. De plus, ces formules sont artificielles et elles cachent des algorithmes de calcul des nombres premiers qu'il serait plus efficace et plus simple de programmer directement sans les déguiser en formule.

C'est pourquoi la découverte en 2003 d'un procédé naturel et élémentaire donnant des nombres premiers, probablement tous, a étonné l'équipe de mathématiciens qui travaillait autour de Matt Frank à l'Université de l'Illinois. En explorant à l'aide de programmes des formules élémentaires plus ou moins au hasard, il apparut que l'itération de M. Frank avait un pouvoir remarquable :

$$f(1) = 7, \quad f(n) = f(n-1) + \mathrm{pgcd}(n, f(n-1))$$

Rappelons que le plus grand commun diviseur (pgcd) de deux nombres a et b se calcule très rapidement par l'algorithme d'Euclide expliqué ici avec les deux nombres $a = 120$ et $b = 42$:

– on divise 120 par 42 : $120 = 42 \times 2 + 36$,
– on divise 42 par 36 (le reste obtenu) : $42 = 1 \times 36 + 6$,
– on divise 36 par 6 : $36 = 6 \times 6 + 0$.

Le dernier reste non nul, 6 est le pgcd de 120 et 42. On vérifie sans peine que 6 est bien un diviseur commun à 120 et à 42, et qu'il n'y en pas de plus grand.

Nous aurions pu aussi utiliser la décomposition en facteurs premiers des deux nombres ($120 = 2^3.3.5$; $42 = 2.3.7$) et trouver leur pgcd (2×3) en prenant le minimum de chaque exposant, mais ce calcul est moins rapide que l'algorithme d'Euclide.

La suite $f(n)$ de l'itération de M. Frank augmente petit à petit : $f(2) = 7 + \mathrm{pgcd}(2, 7) = 8$; $f(3) = 8 + \mathrm{pgcd}(3, 8) = 9$; $f(4) = 9 + \mathrm{pgcd}(4, 9) = 10$; $f(5) = 10 + \mathrm{pgcd}(5, 10) = 15$, etc.

L'observation intéressante provient des différences entre termes consécutifs $f(n) - f(n-1) = \mathrm{pgcd}(n, f(n-1))$. Ce sont souvent des 1, et assez rarement d'autres nombres. Ces différences, qui constituent la suite A132199 de l'encyclopédie de Sloane, sont successivement :

1, 1, 1, 5, 3, 1, 1, 1, 1, 11, 3, 1, 1, 1, 1, 1, 1, 1, 1, 1, 1, 23, 3, 1, 1, 1, 1, 1, 1, 1, 1, 1, 1, 1, 1, 1,
1, 1, 1, 1, 1, 1, 1, 1, 1, 47, 3, 1, 5, 3, 1, 1, 1, 1, 1, 1, 1, 1, 1, 1, 1, 1, 1, 1, 1, 1, 1, 1, 1, 1, 1, 1,
1, 1, 1, 1, 1, 1, 1, 1, 1, 1, 1, 1, 1, 1, 1, 1, 1, 1, 1, 1, 1, 1, 1, 1, 1, 1, 1, 101, 3, 1, 1, 7, 1, 1, 1, 1,
11, 3, 1, 1, 1, 1, 1, 13, 1, 1, 1, 1, 1, 1, 1, 1, 1, 1, 1, 1, 1, 1, 1, 1, 1, 1, 1, 1, 1, 1, 1, 1, 1, 1, 1, 1,
1, 1, 1, 1, 1, 1, 1, 1, 1, 1, 1, 1, 1, 1, 1, 1, 1, 1, 1, 1, 1, 1, 1, 1, 1, 1, 1, 1, 1, 1, 1, 1, 1, 1, 1, 1,
1, 1, 1, 1, 1, 1, 1, 1, 1, 1, 1, 1, 1, 1, 1, 1, 1, 1, 1, 1, 1, 1, 1, 1, 1, 1, 1, 1, 1, 1, 1, 1, 1, 1, 1, 1,
1, 1, 1, 1, 1, 1, 1, 1, 1, 1, 1, 1, 1, 233, 3, 1, 1, 1, 1, 1, 1, 1, 1, 1, 1, 1, 1, 1, 1, 1, 1, 1, 1, 1, 1, 1,
1, 1, 1, 1, 1, 1, 1, 1, 1, 1, 1, 1, 1, 1, 1, 1, 1, 1, 1, 1, 1, 1, 1, 1, 1, 1, 1, 1, 1, 1, 1, 1, 1, 1, 1, 1,
1, 1, 1, 1, 1, 1, 1, 1, 1, 1, 1, 1, 1, 1, 1, 1, 1, 1, 1, 1, 1, 1, 1, 1, 1, 1, 1, 1, 1, 1, 1, 1, 1, 1, 1, 1,
1, 1, 1, 1, 1, 1, 1, 1, 1, 1, 1, 1, 1, 1, 1, 1, 1, 1, 1, 1, 1, 1, 1, 1, 1, 1, 1, 1, 1, 1, 1, 1, 1, 1, 1, 1,
1, 1, 1, 1, 1, 1, 1, 1, 1, 1, 1, 1, 1, 1, 1, 1, 1, 1, 1, 1, 1, 1, 1, 1, 1, 1, 1, 1, 1, 1, 1, 1, 1, 1, 1, 1,
1, 1, 1, 1, 1, 1, 1, 1, 1, 1, 1, 1, 1, 1, 1, 1, 1, 1, 1, 1, 1, 1, 1, 1, 1, 1, 1, 1, 1, 1, 1, 1, 1, 1, 1, 1,
1, 1, 1, 1, 1, 1, 1, 1, 1, 1, 1, 1, 1, 1, 1, 1, 1, 1, 1, 1, 1, 1, 1, 1, 1, 1, 467, 3, 1, 5, 3, 1, 1, 1, 1, 1,
1, 1, 1, 1, 1, 1, 1, 1, 1, 1, 1, 1, 1, 1, 1, 1, 1, 1...

Quand ce n'est pas un 1, c'est un nombre premier ! Le calcul, en supprimant les 1, donne la suite de Sloane A13761 qui ne comporte que des nombres premiers :

5, 3, 11, 3, 23, 3, 47, 3, 5, 3, 101, 3, 7, 11, 3, 13, 233, 3, 467, 3, 5, 3, 941, 3, 7, 1889, 3, 3779, 3, 7559, 3, 13, 15131, 3, 53, 3, 7, 30323, 3, 60647, 3, 5, 3, 101, 3, 121403, 3, 242807, 3, 5, 3, 19, 7, 5, 3, 47, 3, 37, 5, 3, 17, 3, 199, 53, 3, 29, 3, 486041, 3, 7, 421, 23, 3, 972533, 3, 577, 7, 1945649, 3, 163, 7, 3891467, 3, 5, 3, 127, 443, 3, 31, 7783541, 3, 7, 15567089, 3,

19, 29, 3, 5323, 7, 5, 3, 31139561, 3, 41, 3, 5, 3, 62279171, 3, 7, 83, 3, 19, 29, 3, 1103, 3, 5, 3, 13, 7, 124559609, 3, 107, 3, 911, 3, 249120239, 3, 11, 3, 7, 61, 37, 179, 3, 31, 19051, 7, 3793, 23, 3, 5, 3, 6257, 3, 43, 11, 3, 13, 5, 3, 739, 37, 5, 3, 498270791, 3, 19, 11, 3, 41, 3, 5, 3, 996541661, 3, 7, 37, 5, 3, 67, 1993083437, 3, 5, 3, 83, 3, 5, 3, 73, 157, 7, 5, 3, 13, 3986167223, 3, 7, 73, 5, 3, 7, 37, 7, 11, 3, 13, 17, 3, . . .

Un calcul prolongé confirme qu'on ne trouve que des nombres premiers dans la suite nettoyée de ses 1. On dispose donc d'un procédé élémentaire et inattendu pour engendrer une suite de nombres premiers dont certains sont assez vite grands. Cette constatation conduit à :

Conjecture de Matt Frank

La suite $f(n) - f(n-1)$ n'est composée que de 1 et de nombres premiers.

Tous les nombres premiers ?

En janvier 2008, cinq ans après la découverte et la formulation de la conjecture, Eric Rowland, du Département de mathématiques de l'Université de Rutgers aux États-Unis, l'a démontrée. La conjecture de Matt Frank est devenue le théorème d'Eric Rowland. E. Rowland a aussi réussi à éclaircir ce qui se passe lorsqu'on ne part pas de $f(1) = 7$. Pendant un certain temps, il se peut qu'on ne rencontre pas uniquement des 1 et des nombres premiers, mais arrive un point (qui dépend de la valeur utilisée à la place de 7) au-delà duquel on ne trouve plus que des 1 et des nombres premiers.

L'étude des nombres premiers que donne le procédé de M. Frank montre que tout nombre premier (sauf 2) semble apparaître pourvu qu'on attende assez longtemps. Le plus petit nombre premier manquant autre que 2, quand on considère les 1 000 premiers nombres premiers que donne le procédé, est 191. L'affirmation qu'on obtient tous les

6. Les suites de Benoît Cloitre

Benoît Cloitre, s'inspirant de la formule de Matt Frank, a étudié une première itération : $g(1) = 1$, $g(n) = g(n-1) + \text{ppcm}(n, g(n-1))$, où ppcm$(a, b)$ désigne le plus petit commun multiple de a et b. On peut le calculer à partir du pgcd par la formule $\text{ppcm}(a,b) = ab/\text{pgcd}(a,b)$. Notons que cette formule se démontre facilement avec la décomposition d'un nombre en facteurs premiers. Les premiers termes de la suite sont : 1, 3, 6, 18, 108, 216, 1728, 3456, 6912, 41472, 497664, 995328, 13934592, 27869184, ...

En posant $a(n) = [g(n)/g(n-1)] - 1$, on trouve : 2, 1, 2, 5, 1, 7, 1, 1, 5, 11, 1, 13, 1, 5, 1, 17, 1, 19, 1, 1, 11, 23, 1, 5, 13, 1, 1, 29, ...

Comme dans le cas de l'itération de M. Frank, la suite ne donne que des 1 et des nombres premiers, ce qui reste à démontrer rigoureusement. Le 3 n'apparaît jamais, il semble le seul exclu. Des pistes sérieuses sont en cours d'exploration par B. Cloitre.

Une autre itération de B. Cloitre de la même catégorie est intéressante et encore plus troublante :
$h(1) = 1$, $h(n) = 2h(n-1) + \text{ppcm}(n, h(n-1))$.

En posant $b(n) = [h(n+1)/h(n)] - 2 = \text{ppcm}(h(n), n)/h(n)$, on obtient : 2,3,1,1,1,7,2,1,1,11,1,1,7,1,1,17,1,1,1,7,11,2, 1,1,1,1,7,29,1,1,2,11,17,7,1,37,1,1,1,41,7,1,...

En enlevant les 1, on obtient : 2, 3, 7, 2, 11, 7, 17, 7, 11, 23, 7, 29, 2, 11, 17, 7, 37, 41, 7, 11, 23, 47, 17, 53, 29, 59, 67, 17, ...

À nouveau, on n'a que des nombres premiers. B. Cloitre remarque que les nombres premiers supérieurs à 7 qui n'apparaissent pas sont les seconds éléments des paires de nombres premiers jumeaux, ce qui est très étrange. Le nombre 31, par exemple, n'apparaît pas, car c'est le second élément de la paire de nombres premiers jumeaux (29, 31).

7. Variantes d'une conjecture

Une découverte concernant la suite de nombres premiers publiée tout récemment mérite un peu d'attention. L'ancienne conjecture de Proth-Gilbreath – toujours non démontrée – affirme que lorsque l'on réalise le tableau suivant, le premier nombre de chaque ligne (sauf la première) est un 1.

Sur la première ligne du tableau, on écrit la suite des nombres premiers, puis on calcule la ligne N en faisant la différence des termes consécutifs de la ligne $n - 1$, sans tenir compte du signe :

2 3 5 7 11 13 17 19 23...
  1 2 2 4 2 4 2 4...
    1 0 2 2 2 2 2...
      1 2 0 0 0 0...
        1 2 0 0 0...
        ....

La conjecture de Proth-Gilbreath a été largement étudiée et vérifiée en 1993 par Andrew Odlyzko pour les 3.10^{11} premières lignes, ce qui est énorme !

Joseph Pe, reprenant la même idée, place sur la première ligne le carré des nombres premiers.

Il observe alors que le premier terme de chaque ligne est bien plus souvent un nombre premier qu'un nombre composé.

4 9 25 49 121 169 289 361 529 841 961...
  5 16 24 72 48 120 72 168 312 120...
    11 8 48 24 72 48 96 144 192...
      3 40 24 48 24 48 48 48...
        37 16 24 24 24 0 0...
          21 8 0 0 24 0...
            13 8 0 24 24...

Sa conjecture est donc que « le premier terme de chaque ligne du tableau est plus d'une fois sur deux un nombre premier » ; précisément : « En considérant les N premiers débuts de ligne, on trouvera toujours plus de nombres premiers que de nombres composés. » On vérifie par exemple que 897 des 1 000 premières lignes commencent par des nombres premiers. D'autres tests valident la conjecture, mais pour l'instant, pas plus que la conjecture de Gilbreath, elle n'a été démontrée.

nombres premiers sauf 2 n'est pas démontrée et il est à craindre qu'elle constitue une conjecture bien plus difficile que la première.

Conjecture d'Eric Rowland
À l'exception de 2, tout nombre premier apparaît dans la suite $f(n) - f(n-1)$.

D'autres suites s'inspirant de la suite de M. Frank ont été proposées et étudiées par Benoît Cloitre en février 2008. Il y a, on le voit, de quoi occuper les amateurs de calculs qui peuvent tenter de mettre en défaut les conjectures et en proposer de nouvelles s'inspirant du filon mit au jour par M. Frank. Les mathématiciens doivent de leur côté rechercher la démonstration des nouvelles conjectures qui viennent s'ajouter à celles déjà en attente !

Le travail conjoint de l'ordinateur et du cerveau humain dans l'exploration des mystères de l'arithmétique prend de nouvelles formes. S'il répond un peu mieux à certaines questions anciennes, c'est surtout à une multitude d'observations nouvelles non démontrées – les conjectures – qu'il donne naissance.

Bricoles, babioles et surprises numériques

Les jugements esthétiques des professionnels et des amateurs de jeux mathématiques diffèrent. Pourtant, ces derniers formulent des énigmes dont certaines sont aussi difficiles que les conjectures sérieuses de l'establishment.

Les mathématiciens considèrent avec sérieux les nombres premiers (qui, comme 13 ou 19, n'ont que deux diviseurs : 1 et eux-mêmes), les nombres parfaits (qui, comme 6 ou 28, sont la somme de leurs diviseurs propres 6 = 1+2+3, 28 = 1+2+4+7+14), les nombres sommes de deux carrés, et bien d'autres. Ces nombres envisagés pour leurs propriétés numériques et combinatoires simples depuis des siècles, dans certains cas des millénaires, ont acquis leurs lettres de noblesse : s'y intéresser est respectable. En revanche, les mathématiciens regardent avec un air amusé et sans y accorder d'importance d'autres catégories de nombres entiers, définies pourtant par des propriétés numériques ou combinatoires qui n'ont, peut-être, que le défaut d'avoir été introduites trop récemment. C'est à quelques-uns de ces nombres futiles que nous consacrerons ce chapitre.

Proposés et étudiés il y a peu par Erich Friedman, les nombres de Friedman sont les nombres entiers qui s'écrivent avec seulement les chiffres qui les composent. On combine ces chiffres avec les cinq opérations arithmétiques : addition (+), soustraction (–), multiplication (×), division (/) et élévation à la puissance (x^y) ; ainsi, $25 = 5^2$, $289 = (8 + 9)^2$, $37\,668 = 6 \times 73 \times 86$, $6455 = (6^4 - 5) \times 5$, $43691 = 4^9 / 6 + 1 / 3$.

Le quatrième nombre de cette liste possède la propriété supplémentaire que les chiffres utilisés dans l'expression avec opérations le sont dans le même ordre que les chiffres du nombre lui-même : de tels nombres se nomment des nombres de Friedman *agréables* (l'idée de les considérer est due à Mike Reid).

Bien sûr, ces deux définitions dépendent de la base de numération 10. On les généralise donc en considérant une base quelconque et l'on parle alors de nombres de Friedman en base *b*, et de nombres de Friedman agréables en base *b*.

Voici la liste des premiers nombres de Friedman en base 10 : 25, 121, 125, 126, 127, 128, 153, 216, 289, 343, 347, 625, 688, 736, 1 022, 1 024, 1 206, 1 255, 1 260, 1 285, 1 296, 1 395, 1 435, 1 503, 1 530, 1 792, 1 827, 2 048, 2 187, 2 349... *(voir la figure 2, ou le site de Erich Friedman)*. La recherche de la formule qui justifie l'appartenance d'un nombre à la liste est un jeu. On peut le pratiquer avec un crayon et un papier, ou en s'aidant d'un ordinateur pour lequel on aura écrit un programme. L'ordinateur est inévitable si on souhaite contrôler que la liste est complète !

1 **Les vampires ressemblent aux humains,** mais vivent cachés parmi nous les mortels. Des métaphores numériques des vampires sont les nombres comme 2 187, car deux nombres parents 27 et 81 donnent le nombre vampire quand on les multiplie : $27 \times 81 = 2\,187$. Ces vampires habitent secrètement notre système de nombres, mais seuls quelques-uns ont été identifiés. La peinture de cette page est l'œuvre du peintre et écrivain Neil Gaiman.

2. Premiers nombres de Friedman

Ces nombres sont accompagnés de leur expression algébrique justificatrice (voir pour plus de détail http://www.stetson.edu/~efriedma/mathmagic/0800.html). En rouge, les nombres de Friedman agréables, dont l'ordre des chiffres est respecté dans l'expression qui les définit.

$25 = 5^2$	$121 = 11^2$	$125 = 5^{1+2}$	$126 = 6 \times 21$	$127 = -1 + 2^7$	$128 = 2^{8-1}$
$153 = 3 \times 51$	$216 = 6^{2+1}$	$289 = (8 + 9)^2$	$343 = (3 + 4)^3$	$347 = 7^3 + 4$	$625 = 5^{6-2}$
$688 = 8 \times 86$	$736 = 7 + 3^6$	$1022 = 2^{10} - 2$	$1024 = (4 - 2)^{10}$	$1206 = 6 \times 201$	$1255 = 5 \times 251$
$1260 = 6 \times 210$	$1285 = (1+2^8) \times 5$	$1296 = 6^{(9-1)/2}$	$1395 = 15 \times 93$	$1435 = 35 \times 41$	$1503 = 3 \times 501$
$1530 = 3 \times 510$	$1792 = 7 \times 2^{9-1}$	$1827 = 21 \times 87$	$2048 = 8^4/2 + 0$	$2187 = (2 + 1^8)^7$	$2349 = 29 \times 3^4$
$2500 = 50^2 + 0$	$2501 = 50^2 + 1$	$2502 = 2 + 50^2$	$2503 = 50^2 + 3$	$2504 = 50^2 + 4$	$2505 = 50^2 + 5$

Toutes sortes de questions se posent au sujet des nombres de Friedman qu'une petite communauté d'amateurs tente de résoudre, tombant, ce faisant, sur des problèmes parfois difficiles.

Nombres pandigitaux et à un chiffre répété

Les nombres utilisant tous les chiffres non nuls, une et une seule fois, sont intéressants (bien qu'en quantité finie !), on les nomme parfois nombres pandigitaux. Les plus simples sont bien sûr 123 456 789 et 987 654 321. Lesquels de ces nombres sont-ils des nombres de Friedman ? Philippe Fondanaiche et Erich Friedman ont établi que les deux nombres pandigitaux les plus simples le sont : $123\,456\,789 = ((86 + 2 \times 7)^5 - 91)/3^4$ et $987\,654\,321 = (8 \times (97 + 6/2)^5 + 1)/ 3^4$. On en connaît plusieurs dizaines d'autres. En existe-t-il d'agréables ? Friedman répond oui : $268\,435\,179 = -268 + 4^{(3 \times 5 - 1^7)} - 9$.

Un nombre qui s'écrit en répétant un unique chiffre – par exemple 5555 – peut-il être de Friedman (évidemment s'il l'est, ce sera nécessairement un nombre de Friedman agréable) ? La réponse est oui. Elle a été donnée par Ph. Fondanaiche qui affirme que le plus petit d'entre eux est 99999999, qui est égal à $(9 + 9/9)^{9 - 9/9} - 9/9$. Donnons d'autres nombres de ce type :
$11111111111=((11-1)^{11}-1\times1)/(11-1-1)$;
$22222222222222=(2((22-2)/2)^{22+2-2}-2)/(2+2/2)^2$;
$333333333=((3\times3+3/3)^{3\times3}-3/3)/3$;
$444444444444444=(4(44/4-4/4)^{4\times4-4/4}-4)/(4+4+4/4)$;
$5555555555=(5(5+5)^{5+5}-5)/(5+5-5/5)$; $6666666666666666=(6((66-6)/6)^{6+(66-6)/6}-6)/(6+(6+6+6)/6)$; $77777777777777=(7((77-7)/7)^{7+7}-7+7-7)/(7+(7+7)/7)$;
$888888888888888=(8((88-8)/8)^{8+8-(8+8)/8}-8)/(8+8/8)$.

Plus intéressant encore, Brendam Owen a démontré qu'il existe une infinité de tels nombres, ce qui établit en même temps qu'il existe une infinité de nombres de Friedman, et une infinité de nombres de Friedman agréables.

La méthode, astucieuse, s'appuie sur l'étrange identité :

$$aaaa...a = \frac{a \times a}{(aa - a - a)} \times \left(\left(\frac{(aa-a)}{a} \right)^{A + (a + a + \ldots + a)/a} - a/a \right)$$

$$A = \Big((a + a + a + a + a)/a \Big)^{(a+a)/a} - a/a$$

Le nombre de gauche comporte n fois a, avec $n \geqslant 24$.

L'expression $a + a + ... + a$ dans l'exposant de la partie droite de l'égalité représente $(n - 24)$ fois a, ce qui, avec les 24 a qui y sont présents en plus, fait un total de n répétitions de a : il y a donc bien autant de a à droite du signe = qu'à gauche.

Nous allons démontrer l'égalité en faisant les calculs avec soin :
$A = ((5a)/a)^{2a/a} - a/a = 5^2 - 1 = 24$, $a \times a\ /(aa - a - a) = a/9$, $(a + a + ... + a)/a = n - 24$, $A + (a + a + ... + a)/a = n$, $(aa - a)/a = 10$. La puissance de 10 auquel on enlève 1 donne le nombre : 999...9 (avec n fois le 9). Le 9 du dénominateur de $a/9$ se simplifie laissant $a \times 111...1$ (avec n fois 1) c'est-à-dire $aaa...a$ avec n fois a, ce que nous voulions. Voici un cas de l'identité avec 25 fois 7 de chaque côté du signe = : $7777777777777777777777777 = (7 \times 7/(77 - 7 - 7))\ (((77-7)/\ 7)^{A + (7)/7} - 7/7)$, avec $A = ((7+7+7+7+7)/\ 7)^{(7+7)/7} - 7/7$.

Cette égalité remarquable est vraie pour tout $n \geqslant 24$ et elle est vraie aussi en base de numération b quelconque ($b > 1$). La formule de B. Owen démontre qu'il existe une infinité de nombres de Friedman (respectivement de nombres de Friedman agréables, respectivement de nombres de Friedman à chiffre unique) dans toute base de numération b. Calculer à la main ou avec un ordinateur, c'est bien ; raisonner avec des paramètres et de l'astuce, c'est mieux !

B. Owen a aussi démontré que les nombres de Friedman ne se raréfient pas, alors que c'est le cas pour les nombres premiers dont la densité tend vers 0 quand on prend des entiers de plus en plus grands : la densité des nombres premiers autour du nombre n est environ $1/\ln(n)$ d'après le *Théorème des nombres premiers* démontré en 1896 par Hadamard et de La Vallée-Poussin.

On sait que la densité des nombres de Friedman est au moins $1/10^8$. Là encore la méthode est élémentaire. Il suffit de remarquer que pour tout nombre $N \geqslant 1$:
$N12588304 = N \times 10^8 + 3548^2$ (exemple : $55512588304 = 555 \times 10^8 + 3548^2$).

L'égalité établit qu'au-delà de 3548^2, il y au moins un nombre de Friedman dans toute tranche de longueur $1/10^8$, autrement dit que leur densité limite est au moins $1/10^8$.

Propriétés et conjectures

L'égalité établit une autre propriété intéressante des nombres de Friedman : pour toute suite finie de chiffres $c_1\ c_2\ ...\ c_k$, il existe un nombre de Friedman qui commence par $c_1\ c_2\ ...\ c_k$. Un résultat analogue avait été démontré pour les nombres premiers en 1959 par le grand mathématicien polonais Waclau Sierpinski (1882-1969) : pour toute séquence donnée de chiffres, il existe un nombre premier qui commence par ces chiffres. D'autres égalités permettent d'affirmer que la densité limite des nombres de Friedman est supérieure ou égale à 0,000011196. Friedman pense qu'on peut faire mieux et il conjecture que la densité limite est 1, ce qui signifierait (comme c'est

3. Rareté des nombres de Friedman

Il y a 837 nombres de Friedman inférieurs à 100 000. On trace ce graphe en plaçant en abscisse le rang de tous les nombres de Friedman, et en mettant en ordonnée leurs valeurs. Les parties plates du graphe correspondent à des nombres de Friedman consécutifs. Les sauts brusques correspondent à des zones sans nombre de Friedman.

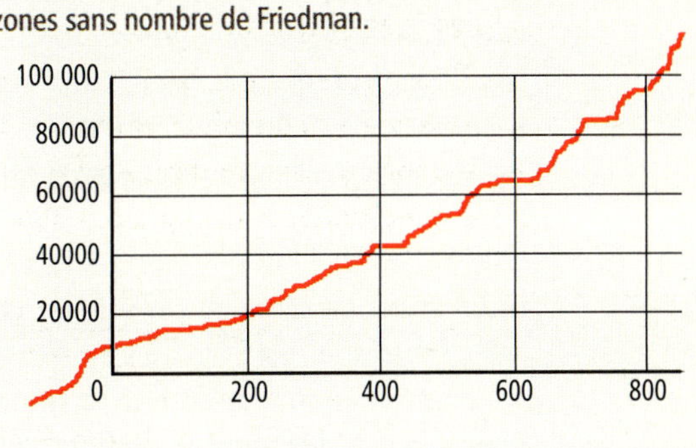

4. Les nombres de Friedman romains

Ces nombres ont été inventés par Robert Happelberg. Le signe de multiplication est noté * et l'exponentiation indiquée comme d'habitude.

Nombres de Friedman romains

VIII = IV*II	XVIII = IV*II + X	XXVII = IX*(X/V – I)	XXVIII = IV*II + XX
XXXIII = XI*(X/X + II)	XXXVI = $VI^{XX/X}$	XXXVII = IX*(X/V – I) + X	XXXVIII = IV*II + XXX
XLIV = L – V – I^{X}	XLVI = L – V + I^{X}	XLVII = L – X/V – II	XLVIII = IV * II + XL
XLIX = L – I^{XX}	LVIII = IV * II + L	LXVIII = IV*II + LX	LXXV = L*XV / X
LXXVI = L * XV / X + I	LXXVII = L * XV / X + II	LXXVIII = IV*II + LXX	LXXXI = $IX^{X*X/L}$
LXXXII = $IX^{X*X/L}$ + I	LXXXIII = $IX^{X*X/L}$ + II	LXXXV = L*XV / X + X	LXXXVI = L*XV / X + XI
LXXXVII = L*XV / X + XII	LXXXVIII = IV * II + LXXX	LXXXIX = X*(X – I^{L}) – X/X	XCIV = C – V – I^{X}
XCVI = C – V + I^{X}	XCVII = C – X/V + I * I	XCVIII = IV*II + XC	XCIX = C – I^{XX}

le cas pour les nombres composés) que plus on prend un nombre grand, plus il est probable de tomber sur un nombre de Friedman, la probabilité devenant 100 % à l'infini. Qui saura dénicher la bonne identité établissant cette hypothèse ?

Notons que même si la conjecture est vraie, cela n'interdit pas de trouver des nombres aussi grands qu'on le veut qui ne sont pas des nombres de Friedman. C'est d'ailleurs facile, car 10^n, avec $n \geqslant 1$, ne peut être un nombre de Friedman.

Concernant les puissances exactes, on constate expérimentalement que tout nombre de la forme 2^n pour $n > 9$ est un nombre de Friedman. Est-ce vrai ? Existe-t-il une méthode simple permettant de le démontrer ? Un résultat analogue semble valable aussi pour les puissances de 5 et, finalement, Ulrich Schimlk conjecture que pour tout k qui n'est pas de la forme 10^m, il existe un point au-delà duquel tous les nombres de la forme k^n sont des nombres de Friedman. Là encore, on attend les démonstrations.

Rares sont les nombres de Friedman premiers. Voici les 10 plus petits : 127, 347, 2503, 12101, 12107, 12109, 15629, 15641, 15661, 15667. Ron Kaminsky a pu démontrer que, malgré leur rareté, les nombres de Friedman premiers sont en quantité infinie. L'idée repose sur le théorème de Gustav Dirichlet (1805-1859) qui indique que dans toute progression arithmétique $an + b$ (n variant de 0 à l'infini) avec a et b sans facteurs communs, on trouve une infinité de nombres premiers. Ce théorème implique, par exemple, qu'il existe une infinité de nombres premiers de la forme $6n + 1$ ou $12n + 5$.

Or tous les nombres de la progression arithmétique :
$n\,10^{14} + 19683 = n \times 10^{6+8} + 3^9 + 0+0+0+0+0+0+0+0$ sont des nombres de Friedman. Ainsi : $44400000000019683 = 444 \times 10^{6+8} + 3^9 + 0+0+0+0+0+0+0+0$. Comme 10^{14} et 19683 n'ont pas de facteurs communs, il existe une infinité de nombres premiers parmi eux, donc de nombres de Friedman premiers.

Un autre résultat intéressant dû à Friedman est qu'on peut trouver des suites de nombres de Friedman consécutifs aussi longues qu'on le veut (démonstration à chercher soi-même ou aller voir son site Internet), ce qui a pour conséquence l'intéressant résultat : pour toute suite finie de chiffres $c_1\, c_2 \ldots c_k$, il existe un nombre de Friedman qui se termine par $c_1\, c_2 \ldots c_k$.

Parmi les nombres de Friedman particuliers, il y a ceux qu'on nomme les nombres vampires. Ce sont les nombres entiers, comme 1260, qui s'écrivent sous la forme d'un produit de deux nombres de longueurs moitié, les facteurs du produit utilisant les mêmes chiffres: 1260 = 21 × 60. Les facteurs (21 et 60 dans notre exemple) se nomment les crocs du vampire. Pour éviter les cas trop faciles, on interdit que les crocs se terminent tous les deux par une série de zéros (l'égalité 126000 = 210 × 600 ne prouve pas que 126000 est un nombre vampire).

Voici les premiers nombres vampires: 1260, 1395, 1435, 1530, 1827, 2187, 6880, 102510, 104260, 105210, 105264, 105750, 108135, 110758, 115672, 116725, 117067, 118440, 120600, 123354, 124483, 125248, 125433, 125460, 125460, 125500, 126027, 126846, 129640.

Un nombre vampire possède parfois plusieurs paires de crocs. Le plus petit d'entre eux de ce type est: 125460 = 204 × 615 = 246 × 510. Le plus petit avec 3 paires de crocs est: 13078260 = 1620 × 8073 = 1863 × 7020 = 2070 × 6318, etc. Un cas extrême a été proposé par Jens Andersen. Le nombre de 70 chiffres:
1067781345046160692992979584215948335363056972783128881420721375504640
possède un nombre faramineux de paires de crocs (100 025), dont la première est:
1067848081094217464565739302522649 × 99993750417382556182683103817340672.

On démontre qu'il existe une infinité de nombres vampires en découvrant des formules ayant un paramètre *k* et donnant un nombre vampire pour chaque valeur du paramètre *k*. Voici une telle formule:
$[25.10^k + 1][100(10^{k+1} + 52)/25] = 8\ (26+5.10^k)(1 + 25.10^k)$. Exemple avec $k = 2$: 2501×4208= 10524208. Le nombre de nombres vampires ayant 2 chiffres, 4 chiffres,

5. Les nombres vampires

Nombre de chiffres	Proportion de nombres vampires	Nombre de nombres vampires ayant au moins *f* paires de crocs				
		$f = 1$	$f = 2$	$f = 3$	$f = 4$	$f = 5$
4	1/1286	7	0	0	0	0
6	1/6081	148	1	0	0	0
8	1/27881	3228	14	1	0	0
10	1/82984	108454	172	0	0	0
12	1/204980	4390670	2998	13	0	0
14	1/431813	208423682	72630	140	3	1

Les nombres vampires sont les nombres entiers, comme 1260, qui s'écrivent sous la forme d'un produit de deux nombres de longueurs moitié, les facteurs du produit (les crocs du vampire) utilisant les mêmes chiffres que le vampire: 1260 = 21 × 60. Si le nombre vampire s'écrit de deux façons différentes, on dit qu'il a deux paires de crocs, comme 125460 = 204 × 615 = 246 × 510.

Les nombres vampires de 4 chiffres (longueur 4) sont au nombre de 7, ceux de longueur 6, 148, etc. Pete Hartley a trouvé une propriété utile des nombres vampires. Si *xy* (concaténation de *x* et *y*) est un nombre vampire alors $xy = x + y \pmod 9$, ce qui signifie que le reste de la division par 9 de *xy* est le même que le reste de la division par 9 de $x + y$. Démontrons-le: notons $d(x)$ la somme des chiffres (décimaux) de *x*. On sait que: $d(x) \bmod 9 = x \bmod 9$ (cela provient de ce que 10 = 1 mod 9, 100 = 1 mod 9, etc., raisonnement utilisé pour démontrer la «preuve par neuf»).

Si *xy* est un nombre vampire, il résulte de sa définition que $d(xy) = d(x) + d(y)$ et donc: $(xy) \bmod 9 = d(xy) \bmod 9 = (d(x)+d(y)) \bmod 9 = (d(x) \bmod 9 + d(y) \bmod 9) \bmod 9 = ((x \bmod 9) + (y \bmod 9)) \bmod 9 = (x + y) \bmod 9$.

Le résultat réduit le nombre de cas à explorer dans la recherche des nombres vampires. Pour que $(x\ y)$ soit un nombre vampire, il faut que $(x \bmod 9)(y \bmod 9) = x \bmod 9 + y \bmod 9$. Parmi les 81 cas possibles pour le couple (x mod 9, y mod 9), seuls six vérifient la condition demandée: (0,0), (2,2), (3,6), (5,8), (6,3), (8,5). Cela permet d'éliminer plus de 90 pour cent des cas sans faire de calcul.

6 chiffres, ..., 14 chiffres est donné par la suite 0, 7, 148, 3228, 108454, 4390670, 208423682 qui est recensée (numéro A048935) dans l'encyclopédie des suites de Neil Sloane comme nombre d'autres de cette rubrique :
http://oeis.org

Nombres narcissiques

Les nombres narcissiques en base b sont les nombres égaux à la somme des puissances k-ièmes de leurs k chiffres. Le nombre 153 est un nombre narcissique en base 10, car il possède trois chiffres et qu'on a : $153 = 1^3 + 5^3 + 3^3$. En base 10, il n'existe que trois autres nombres narcissiques à trois chiffres : $370 = 3^3 + 7^3 + 0^3$; $371 = 3^3 + 7^3 + 1^3$; $407 = 4^3 + 0^3 + 7^3$.

Dans une base fixée, il n'existe qu'un nombre fini de nombres narcissiques. En effet, la somme des puissances k-ièmes des chiffres d'un nombre de k chiffres en base b est inférieure à $k(b-1)^k$. Si k est assez grand, $k(b-1)^k < b^{k-1}$, et donc dès que cette inégalité est vérifiée, aucun nombre narcissique en base b ne peut avoir plus de k chiffres. D. Winter prouva en 1985 qu'en base 10, il y a 88 nombres narcissiques et que le plus grand, qui comporte 39 chiffres, est : 1151322 190187639925650955979739 7522401.

Le travail de programmation pour arriver à un tel résultat demande un peu d'astuce, car même avec les plus puissants des ordinateurs ou un réseau d'ordinateurs, il n'est pas possible de tester tous les nombres jusqu'à 10^{60} (borne à partir de laquelle il ne peut plus y en avoir d'après le raisonnement indiqué précédemment).

Voici la liste des nombres narcissiques ayant 1, 3, ..., 10 chiffres : 0, 1, 2, 3, 4, 5, 6, 7, 8, 9 ; 153, 370, 371, 407 ; 1634, 8208, 9474 ; 54748, 92727, 93084 ; 548834 ; 1741725,

6. Nombres narcissiques radicaux

On reprend la définition des nombres de Friedman agréables. Les chiffres utilisés dans l'expression des nombres de Friedman normaux sont les nombres entiers qui s'écrivent sans répétition avec seulement les chiffres qui les composent.

On combine ces chiffres avec les cinq opérations arithmétiques, addition, soustraction, multiplication, division et élévation à la puissance entière.

Dans les nombres de Friedman agréables, on opère sur les chiffres dans le même ordre que les chiffres du nombre lui-même).

Les nombres narcissiques ajoutent aux cinq opérations autorisées dans les nombres de Friedman l'opération racine carrée ($\sqrt{\ }$).

Colin Rose s'est intéressé à ceux de ces nombres qui utilisent obligatoirement le symbole radical (c'est-à-dire qui n'appartiennent pas déjà à la liste des nombres de Friedman agréables). Il les nomme nombres narcissiques radicaux. Ils sont rares *(voir ci-contre)* et l'on en trouve seulement 12 inférieurs à 10 000.

$$729 = (7+2)^{\sqrt{9}}$$

$$1296 = \sqrt{\sqrt[\sqrt[-1]{2}^{\sqrt{9}}]{6}} = \sqrt{\sqrt[\frac{1}{2^{\sqrt{9}}}]{6}} = \sqrt{\sqrt{\sqrt{\sqrt{\sqrt{\sqrt{\sqrt{\sqrt[\frac{1}{2^9}]{6}}}}}}}}$$

$$1764 = (1 \times 7 \times 6)^{\sqrt{4}}$$

$$2378 = -23 + \sqrt{7^8}$$

$$2744 = \sqrt{2 \times 7}^{\sqrt{4}+4}$$

$$2746 = 2 + \sqrt{7\sqrt{4}}^{6}$$

$$3645 = \sqrt{3^{6\sqrt{4}}}\,5 = \sqrt{\sqrt{3^{6\times 4}}}\,5$$

$$4372 = \sqrt{4}\,3^7 - 2 = -\sqrt{4} + (3^7 \times 2)$$

$$4374 = \sqrt{4\sqrt{3^7}^{4}} = \sqrt{4 \times 3^{7\sqrt{4}}} = 4 \times 3^7/\sqrt{4}$$

$$4913 = (\sqrt{4}\,9 - 1)^3$$

$$5184 = \sqrt{5+1}^{8}\,4$$

$$6495 = (6^4 + \sqrt{9})5$$

4210818, 9800817, 9926315 ; 24678050, 24678051, 88593477 ; 146511208, 472335975, 534494836, 912985153 ; 4679307774.

Le mathématicien britannique Godfrey Hardy (1877-1947) dans son livre *A Mathematician's Apology* exprime clairement le peu d'intérêt qu'il voit dans les nombres narcissiques : « Il existe seulement quatre nombres plus grands que 1 qui sont la somme des cubes de leurs chiffres. Il s'agit là d'un fait curieux, très approprié pour une rubrique de problèmes et il amusera probablement les amateurs, mais il n'y a rien en lui qui intéresse le mathématicien. »

Il est difficile de comprendre ce mépris pour certains problèmes particuliers pas plus absurdes que bien d'autres étudiés en arithmétique avec le plus grand sérieux par des générations de mathématiciens, comme ce fut le cas du grand théorème de Fermat qui monopolisa tant d'énergie pendant plusieurs siècles avant sa résolution en 1995 par Andrew Wiles. Qui nous dit que les théories conduisant à l'élucidation des questions posées au sujet des nombres narcissiques, ou d'autres, ne seraient pas belles et potentiellement utiles comme le sont les théories développées pour le grand théorème de Fermat ?

Les nombres radicaux

Reprenons la définition des nombres de Friedman agréables en ajoutant aux cinq opérations autorisées l'opération racine carrée ($\sqrt{}$). On obtient une notion assez délicate, car la possibilité d'utiliser plusieurs fois le symbole radical rend leur recherche plus difficile à programmer. Colin Rose s'est intéressé à ceux de ces nombres qui utilisent obligatoirement le symbole radical. Il les nomme nombres narcissiques radicaux. Ils sont peu nombreux et 729 est le plus petit d'entre eux (assez étrangement, ce nombre est évoqué par Platon, qui, dans *La République*, indique que le roi juste est 729 fois plus heureux que le tyran !).

Il n'y a que 14 nombres narcissiques radicaux inférieurs à 10 000. Bien d'autres catégories de nombres sont envisageables (et le sont !), rendant infini le plaisir que l'amateur de problèmes arithmétiques peut tirer de l'exploration attentive du monde numérique… et infinie aussi la puissance de calcul dont il doit disposer pour faire fonctionner ses ordinateurs à la recherche des perles immatérielles qu'il collectionne.

Les sites web sont indiqués en bleu

PARTIE I - ARTS GÉOMÉTRIQUES SUR UN PLAN

1. Impossible ! En êtes-vous certain ?

A. Aronsson, *Impossible Figures*, 2014 : http://andreasaronsson.com/impossible-figures/

S. Macknik et S. Martinez-Conde, *Sculpting the Impossible : Solid Renditions of Visual Illusions, Scientific American Mind,* 22:22-24, 2011.

P. Varley, R. Martin et H. Suzuki, *Can Machine Interpret Line Drawings ? Eurographics Workshop on Sketch-Based Interfaces and Modeling*, J. Hughes, J. Jorge Editors, 2004 : sketch.inesc.pt/sbm04/papers/12.pdf

G. Savransky, D. Dimerman et G. Gotsman, *Modeling and Rendering Escher-Like Impossible Scenes, Computer Graphics*, 18/2:173-179, 1999 : http://citeseerx.ist.psu.edu/viewdoc/download?doi=10.1.1.98.6523&rep=rep1&type=pdf

D. Simanek, *Adding depth to illusion*, 1996 : www.lhup.edu/~dsimanek/3d/illus2.htm

B. Ernst, *L'aventure des figures impossibles*, Taschen, Paris, 1990.

D.L. Waltz, *Understanding line drawings of scenes with shadows, The Psychology of Computer Vision*, 19:91-97, 1975.

L. et R. Penrose, *Impossible objects : A Special Type of Visual Illusion, British Jour. of Psychology*, 49/1:31-33, 1958.

G. Elber, *Escher for Real and Beyond Escher for Real* : http://www.cs.technion.ac.il/~gershon/EscherForReal/
http://www.cs.technion.ac.il/~gershon/BeyondEscherForReal/

C. Khoh et P. Kovesi, *Animating Impossible Objects* : http://www.csse.uwa.edu.au/~pk/Impossible/impossible.html

2. Infini et impossible

D. Caudron, *Impossible mais visible*, 2014 : http://oncle.dom.pagesperso-orange.fr/art/impossible/impossible.htm

J.-F. Colonna, *Structures impossibles*, Lactamme, Polytechnique, 2014 :
http://www.lactamme.polytechnique.fr/Mosaic/descripteurs/ImpossibleStructures.01.Ang.html

J. Leys, *Impossible Geometry*, 2014 : http://www.josleys.com/show_gallery.php?galid=232

C. Browne, *Impossible Fractals*, 2007 : http://eprints.qut.edu.au/15013/1/15013.pdf

3. Non, la géométrie du triangle n'est pas morte

Ed Pegg, mathématicien spécialiste de jeux mathématiques, m'a indiqué que les configurations présentées sur la figure 5 sont connues depuis 1991 (pour les cas N=5 et N=6) et depuis 2006 (pour N=7). Ces configurations ont été découvertes lors de travaux menés sur les triangles de Heilbronn. Voir la référence aux pages de Weisstein, ci-dessous.

E. Weisstein, *Heilbronn Triangle Problem*, 2014 : http://mathworld.wolfram.com/HeilbronnTriangleProblem.html

F. De Comité, J.-P. Delahaye, *Automated Proof in Geometry: Computing Upper Bounds for the Heilbronn Problem for Triangle, Geombinatorics Quaterly*, 20/2:21-26, 2010 : http://arxiv.org/pdf/0911.4375v3.pdf

A. Soifer, *How Does One Cut a Triangle* ? Springer, 2009.

M. Kahle, *Points in a Triangle Forcing Small Triangles, Geombinatorics Quaterly*, 18/3:114-128, 2009.

Ch. Audet, P. Hansen et F. Messine, *La saga des trois petits octogones, Pour la Science*, 380, 62-68, 2009.

Collectif, *Le triangle : Trois points c'est tout*, Bibliothèque Tangente, Éditions Pole, 2005.

Y. Sortais et R. Sortais, *La géométrie du triangle*, Hermann, 1997.

4. Le pizzaïolo mathématicien

G. Frederickson, *The Proof is in the Pizza, Math. Mag*, 85:26-33, 2012.

K. Knauer, P. Micek et T. Ueckerdt, *How to eat 4/9 of a pizza, Discrete Mathematics,* 311/16:1635–1645, 2011 : http://arxiv.org/abs/0812.2870

R. Mabry et P. Deiermann, *Of Cheese and Crust : A Proof of the Pizza Conjecture, The American Mathematical Monthly*, 116:423-438, 2009 : http://www.lsus.edu/sc/math/rmabry/pizza/Pizza_Conjecture.pdf

J. Cibulka *et al.*, *Solution of Peter's Winkler Pizza Problem,* dans *IWOCA 2009, Lecture Notes in Computer Science* n° 5874, *Springer*, 356-367, 2009.

J. Hirschhorn *et al.*, *The Pizza Theorem* in *Austral. Math. Soc. Gaz.*, 26:120-121, 1999 :

http://web.maths.unsw.edu.au/~mikeh/webpapers/paper57.pdf

J. Konhauser *et al.*, *Which Way Did the Bicycle Go ?, Mathematical Association of America*, 1996.

L. Carter et S. Wagon, *Proof Without Words* : *Fair Allocation of a Pizza, Math. Mag.*, 67:267, 1994.

5. Tangram

Ph. Moutou, *Le Tangram*, 2014 : http://mathadomicile.fr/Puzzles/appletPolygen/AppletPolGen.html

R. Read, *The Snug Tangram Number and Some Other Contributions to the Corpus of Mathematical Trivia, Bull. Inst. Comb. Appl.*, 40:31-39, 2004.

J. Slocum, *The Tao of Tangram*, Barnes & Noble, 2001.

J. Botermans *et al.*, *The World of Games : Their Origins and History, How to Play Them, and How to Make Them*, Facts on File, 1989.

M. Gardner, *Mathematical Games. On the Fanciful History and the Creative Challenges of the Puzzle Game of* Tangrams, *Scientific American*, 98-103, août 1974.

M. Gardner, *More on* Tangrams, *Scientific American*, 187-191, septembre 1974.

S. Loyd, *Sam Loyd's Book of Tangram Puzzles. The 8th Book of Tan*, 1903. Nouvelle édition, Dover Pub, 1968.

F. T. Wang, *A Theorem on the Tangram, The American Mathematical Monthly*, 49/9:596-599, 1942.

PARTIE II - JEUX EN TROIS DIMENSIONS

1. Deux sculpteurs de mathématiques

B. Grossman, *Bathsheba Sculptures*, 2014 : http://www.bathsheba.com/

G. Hart, *Rapid Prototyping Web page*, 2014 : http://www.georgehart.com/rp/rp.html

G. Hart, *4D Polytope Projection Models by 3D Printing* 2014 : http://www.georgehart.com/hyperspace/hart-120-cell.html

G. Hart, *Creating a mathematical museum on your desk, Mathematical Intelligencer*, 27:4, 2005 :

www.georgehart.com/MathIntel/Mathematical-Museum.doc

G. Hart, *Solid-segment sculptures*, *Proc. Colloque on Math and Arts*, Maubeuge, France, septembre 2000.

2. Surplombs maximaux

B. Polster *et al.*, *A Case of Countinuous Hangover*, *The American Mathematical Monthly*, 19/2:132-139, 2012.

M. Paterson et U. Zwick, *Overhang*, *The American Mathematical Monthly*, 116:763-787, 2009.

M. Paterson et U. Zwick, *Overhang*, *Proceedings of the 17th Annual ACM-SIAM Symposium on Discrete Algorithms*, 231-240, 2006.

J. F. Hall, *Fun with Stacking Blocks*, *American Journal of Physics*, 73/12:1107-1116, 2005.

M. Gardner, *Mathematical games : Some Paradoxes and Puzzles Involving Infinite Series and theCconcept of Limit*, *Scientific American*, 126-133, novembre 1964.

J. G. Coffin, *Problem 3009*, *The American Mathematical Monthly* 30/2:76-78, 1923.

3. Les 27 petits cubes de Piet Hein

T. Bundgaard, SOMA, 2014 : http://www.fam-bundgaard.dk/SOMA/SOMA.HTM

H. Alt *et al.*, *Wooden Geometric Puzzles : Design and Hardness Proofs*, *Theory Comput. Syst.*, 44:160-174, 2009.

I. Verner, *Robot Manipulations: A Synergy of Visualization, Computation and Action for Spatial Instruction*, *International Journal of Computers for Mathematical Learning* 9:213-234, 2004.

E. Berlekamp *et al.*, *Winning Ways for Your Mathematical Plays*, V2, Ch. 24 , Academic Press, 1982, Nouvelle édition : A. K. Peter, 2003.

J. Reeve et G. Nix, *Expressing Intrinsic Motivation Through Acts of Exploration and Facial Displays of Interest in Motivation and Emotion*, 21/3 : 237-250, 1997.

M. Gardner, *The Soma Cube* in *The Second Scientific American Book of Mathematical Puzzles and Diversions*, Ch. 6, Simon and Schuster, New York, 1961.

M. Gardner, *Mathematical Games : A Game in Which Standard Pieces Composed of Cubes are Assembled into Larger Forms*, *Scientific American*, 199:182-192, septembre 1958.

4. L'accrochage des tableaux

E. Demaine *et al.*, *Picture-Hanging Puzzles*, *Proceedings of the 6th International Conference on Fun with Algorithms*, 2012, Lecture Notes in *Computer Science*, Venice, Italy, June 4-6, 2012 : http://arxiv.org/pdf/1203.3602v1.pdf

A. Spivak, *Brainteasers B 201* : Strange Painting, *Quantum*, 13, mai-juin 1997.

5. Le Rubik's cube : pas plus de 20 mouvements !

Francocube, 2014 : http://www.francocube.com

Cubeland, 2014 : http://cubeland.free.fr/indexfr.html

Site officiel du cube de Rubik, 2014 : http://www.rubiks.com/

World Cube Association, 2014 : http://www.worldcubeassociation.org/index.php

Wikipedia, *Optimal solutions for Rubik's Cube*, 2014 :
http://en.wikipedia.org/wiki/Optimal_solutions_for_Rubik's_Cube

T. Rokicki, *Twenty-two moves suffices for the Rubik's cube*, *The Mathematical Intelligencer*, 32/1:33-40, 2010 :
http://www.springerlink.com/content/q088143tn805k124/fulltext.pdf

T. Rokicki *et al.*, *God's Number is 20*, 2010 : http://www.cube20.org/

J. Slocum, *Le cube. Le guide définitif du puzzle le plus vendu au monde,* Edition Pole, 2010.

J. Slocum, *The Cube. The Ultimate Guide to the World's Bestselling Puzzle, Black Dog &* Leventhal Publisher Inc., 2009.

D. Joyner, *Adventures in Group Theory : Rubik's Cube, Merlin's Magic and Other Mathematical Toys*, The Johns Hopkins University Press, 2008.

1. Les plaisirs du rectangle

S. Anderson, *Tiling by squares*, 2014 : www.squaring.net/index.html

B. Sury, *Group theory and Tiling Problems, Symmetry : A Multi-Disciplinary Perspective*, 16:97-117, 2011.

F. Ardila et R. Stanley, *Tilings, The Mathematical Intelligencer*, 32/4:32-43, 2010.

C. Freiling *et al.*, *Rectangling a Rectangle, Discrete & Computational Geometry*, 17/2 :217-225, 1997.

M. Reid, *Tiling Rectangles and Half Strips with Congruent Polyominoes, Journal of Combinatorial Theory*, 80/1:106-123, 1997.

J. H. Conway et J. C. Lagarias, *Tiling with Polyominoes and Combinatorial Group Theory, Journal of Combinatorial Theory*, 53 :183-208, 1990.

S. Wagon, *Fourteen Proofs of a Result About Tiling a Rectangle, The American Mathematical Monthly*, 94:601-617, 1987.

2. L'automate des chiffres

É. Angelini, site personnel, 2014 : www.cetteadressecomportecinquantesignes.com/

É. Angelini, pages de résultats sur *SoupAutomat*, 2014 : www.cetteadressecomportecinquantesignes.com/AutomateNBR01.htm

G. Esposito-Farèse, page permettant de jouer à *SoupAutomat*, 2014 : www.gef.free.fr/automate.php

J. Tramu, page permettant de jouer à *SoupAutomat,* 2014 : www.echolaliste.com/seq.htm

F. Buss, *Programme pour calculer un grand nombre de générations de SoupAutomat*, 2014 :
www.frank-buss.de/automaton/SoupAutomat/

M. Cook, *Universality in Elementary Cellular Automata, Complex Systems,*15:1-40, 2004.

3. Le jeu des pousses

J. Lemoine et S. Viennot, *Combinatorial Game Solver, Records, Programs & Publications*, 2014 :
http://sprouts.tuxfamily.org/wiki/doku.php?id=home

G. Cairns et K. Chartarrayawadee, *Brussels Sprouts and Cloves, Mathematics Magazine*, 46-58, février 2007.

R. Focardi et F. L. Luccio, *A modular approach to sprouts, Discrete Applied Mathematics*, 144/3:303-319, 2004.

E.R. Berlekamp, J.H. Conway et R.K. Guy, *Winning Ways for your Mathematical Plays,* vol. 2, Academic Press, Nouvelle édition en 2003.

D. Applegate, G. Jacobson et D. Sleator, *Computer Analysis of Sprouts, Tech. Report CMU-CS-91-144*, Carnegie Mellon Univ., 1991.

M. Gardner, *Mathematical games : Sprouts and Brussels Sprouts, Games With a Topological Flavor, Scientific American*, 217, juillet 1967.

4. La cryptographie visuelle

Wikipedia, *Visual cryptography*, 2014 : http://en.wikipedia.org/wiki/Visual_cryptography

S. Cimato et C.-N. Yang, *Visual Cryptography and Secret Image Sharing*, CRC Press Inc., 2011.

M. Naor et A. Shamir, *Visual Cryptography*, 1-12, *EUROCRYPT 1994* : www.wisdom.weizmann.ac.il/~naor/PUZZLES/visual_sol.html

5. Le problème de l'ange est résolu

Wikipedia, *Angel Problem*, 2014 : http://en.wikipedia.org/wiki/Angel_problem

O. Kloster, *A Solution to the Angel Problem, Theoretical Computer Science*, 389/1 :152-161, 2007 :
http://home.broadpark.no/~oddvark/angel/Angel.pdf

A. Máthé, *The Angel of Power 2 wins, Combinatorics, Probability and Computing*, 16/3:363-374, 2007.

B. Bollobás et I. Leader, *The Angel and the Devil, Three Dimensions, Journal of Combinatorial Theory,* A113, 176-184, 2006.

B. Bowditch, *The Angel Game in the Plane, Combinatorics, Probability,* 16/3 :345-262, 2007:

J. Conway, *The Angel Problem* in R. Nowakowski, *Games of No Chance,* vol. 29 de *MSRI Publications*, 3-12, 1996.

P. Gács, *The Angel Wins*, 2006 : http://www.cs.bu.edu/~gacs/papers/angel.pdf

M. Kutz, A. Pór, *Angel, Devil, and King, Proceedings of* COCOON 2005, 925-934, 2005.

M. Gardner, *Knotted Doughnuts*, Freeman, ch 19, 1996.

E. Berlekamp, J. Conway, R. Guy, *Winning Ways for your Mathematical Plays*, vol 2 : *Games in Particular,* Academic Press, 1982.

PARTIE IV - L'INSONDABLE MYSTÈRE DES NOMBRES ENTIERS

1. La marelle arithmétique

H. Cohen et K. Belabas, logiciel PARI/GP, 2014 : http://pari.math.u-bordeaux.fr/

B. Cloitre, *Chemins dans un tableau arithmétique,* 2007 : http://www.les-mathematiques.net/articles/Chemins.pdf

C. Kimberling et H. Shultz, *Card Sorting by Dispersions and Fractal Sequences, Ars Combinatoria*, 53:209-218, 1999.

C. Kimberling, *Fractal Sequences and Interpersions*, *Ars Combinatoria,* 53:157-168, 1997.

2. Mille collections de nombres

D. Lignon, *Dictionnaire de (presque) tous les nombres entiers,* Ellipses, 2012.

P. Bentley, *The Book of Numbers,* Firefly Books, 2008.

A. Hodges, *One to Nine : The Inner Life of Numbers,* W.W. Norton & Co., 2008.

J.-M. de Konninck, *Ces nombres qui nous fascinent,* Ellipses, 2008.

J.-C. Bologne, *Une de perdue, dix de retrouvées*, Larousse, 1994, 2004.

S. Finch, *Mathematical Constants,* Cambridge University Press, 2003.

D. Wells, *Le dictionnaire Penguin des nombres curieux,* Eyrolles, 1995.

N. Sloane et S. Plouffe, *The Encyclopedia of Integer Sequences,* Academic Press, 1995.

P. Rézeau, *Petit dictionnaire des chiffres en toutes lettres*, Seuil, 1993.

J. Roberts, *Lure of the Integers, The Mathematical Association of America*, 1992.

F. Le Lionnais, *Les nombres remarquables*, Hermann, 1983.

3. Les nombres premiers insolites

Ch. Caldwell, *The Prime Pages* (records, listes diverses, etc.), 2014 : http://primes.utm.edu/

Ch. Caldwell et G. L. Honaker, *Prime Curios* ! 2014 : http://primes.utm.edu/curios/

J. Moyer, *Some Prime Numbers* (listes de nombres premiers et programmes pour les calculer), 2014 : http://www.rsok.com/~jrm/printprimes.html

Wikipedia, *List of prime numbers* (des catégories particulières de nombres premiers) 2014 : http://en.wikipedia.org/wiki/List_of_prime_numbers

J.-P. Delahaye, *Merveilleux nombres premiers,* Pour la Science/Belin, 2000, et 2013 (réédition).

Chr. Caldwell et G. L. Honaker, *Prime Curios ! The Dictionary of Prime Number Trivia*, BookSurge, 2009.

4. La suite du lézard et autres inventions

É. Angelini, *One, two, three... thousand Zeta functions !*, 2014 : http://www.cetteadressecomportecinquantesignes.com/ThousandZetas.htm

É. Angelini, *Decimation-like sequences*, 2014 : http://www.cetteadressecomportecinquantesignes.com/Decimation.htm

J.-P. Delahaye, *Des mots magiques infinis*, *Pour la Science*, 90-95, septembre 2006.

5. Déconcertantes conjectures

Wikipedia, *Lychrel numbers*, 2014 : http://en.wikipedia.org/wiki/Lychrel_number.

Mathpage. *Digit Reversal Sums Leading to Palindromes*, 2-2008 : http://www.mathpages.com/home/kmath004.htm

Ch. W. Trigg, *Palindromes by Addition*, *Mathematics Magazine*, 40-1:26-28, 1967.

M. Gardner, *Mathematical Circus*, 242-245, 1979.

E. Rowland, *A Simple Prime-Generating Recurrence*, *Abstracts Amer. Math. Soc., 29-1*, 2008, p. 50 (Abstract 1035-11-986) : http://arxiv.org/abs/0710.3217

B. Cloitre, *On sequence related to primes*, Communication personnelle, février 2008.

6. Bricoles, babioles et surprises numériques

E. Weisstein, Vampire Number, MathWorld, 2014 : http://mathworld.wolfram.com/VampireNumber.html

C. Pretty, Wild Narcissistic Numbers, 2014 : http://www.numq.com/pwn/ http://www.numq.com/pwn/radicalnarcs.html

IMPRIM'VERT®

Imprimé en France par I.M.E. – 25110 Baume-les-Dames
Dépôt légal : juin 2014
N° d'édition : 84245128-01